文化发展与传播丛书 | 数字创意系列教材 |

Game Interactive Narrative
游戏互动叙事

丁 宁 ……… 编著

中国传媒大学出版社
·北京·

目 录

第一章　数字游戏作为一种叙事媒介 / 1
　　第一节　游戏与叙事媒介 / 2
　　第二节　数字游戏作为新的叙事媒介 / 10

第二章　游戏互动叙事中的冲突 / 21
　　第一节　面向过程的叙事 / 22
　　第二节　互动与叙事的冲突 / 24
　　第三节　数字媒介下的游戏的互动叙事 / 32
　　第四节　数字游戏中机制与叙事的冲突 / 51

第三章　叙事学与传统故事结构 / 57
　　第一节　有关叙事的基础概念 / 58
　　第二节　三幕式（戏剧） / 62
　　第三节　六单元结构（民间故事） / 64
　　第四节　英雄之旅（电影） / 70
　　第五节　叙事结构分析 / 77
　　第六节　回溯时间：解谜、侦探类故事结构 / 86
　　第七节　章回体以及电视剧结构 / 90

第四章　桌面游戏的互动叙事　/　97

　　第一节　叙事类桌面游戏　/　98
　　第二节　桌面游戏视野下互动叙事的设计方法　/　108
　　第三节　桌面叙事游戏设计实践　/　128

第五章　数字游戏互动叙事结构　/　137

　　第一节　链状故事结构　/　138
　　第二节　多结局故事结构　/　140
　　第三节　分支型故事结构　/　151
　　第四节　开放式故事结构　/　161
　　第五节　玩家驱动式故事结构　/　166
　　第六节　大型多人在线角色扮演型叙事结构　/　173

第六章　数字游戏的空间叙事　/　186

　　第一节　数字游戏中的空间　/　187
　　第二节　线性空间布局与游戏故事　/　205
　　第三节　分支型空间布局和分支故事　/　210
　　第四节　开放世界与模块化叙事　/　228
　　第五节　使用空间塑造角色故事　/　245
　　第六节　空间作为叙事机制与环境叙事　/　257

第七章　情绪体验与动态故事的创建　/　269

　　第一节　游戏的情绪节奏与叙事　/　270
　　第二节　动态故事的创建　/　278
　　第三节　"自上而下"式设计中故事与机制的结合　/　283

参考文献　/　300

第一章　数字游戏作为一种叙事媒介

　　德国诗人席勒曾说:"只有当人充分是人的时候,他才游戏;只有当人游戏的时候,他才是完整的人。"游戏是人的本性之一,只有在游戏时人们才有可能忘记现实的沉重,暂时告别眼前的世界,沉浸在虚拟的世界中,并感受到有别于现实的惊险与刺激。通过游戏的愉悦感,人的身体和灵魂能获得短暂的放松。

　　人类渴求故事,它代表着理解和学习,这种渴求来自我们的DNA。叙事修辞学家沃尔特·费舍尔认为,人类所有沟通、传播的形式及类型都可算作叙事。叙事的呈现形态不单是故事,更是关于人类沟通、行为的完整的理论和实践。人类运用叙事来探索、接触"真实"。格雷厄姆·斯威夫特在《水之乡》中写道:"我要给人类下个定义——人类就是会说故事的动物。不管他走向何处,他希望身后留下的不是一片混乱的痕迹,不是一团虚空,而是一个抚慰人心的标志指引与故事线索……即使在人生的最后一刻……他所看见的,在眼前快速掠过的,将是他这一生的故事。"

　　时间快进到当下,在技术手段下游戏与故事实现了结合,游戏可以提供给我们一种全新的聆听故事和讲述故事的方式,使我们可以亲身体验那些曲折离奇的情节,亲自创造属于自己的故事。一种全新的能够让人们亲历其境的叙事方式诞生了。

　　本章从叙事及叙事媒介入手,探讨人类叙事媒介的历史发展与演变过程,在此基础上对比分析游戏作为一种全新的叙事媒介与传统媒介的相似与不同之处,为后续进一步讨论提供相应的基础。

第一节　游戏与叙事媒介

一、游戏中的叙事

有些研究者认为数字游戏的叙事是随着数字技术的进步以及电脑图形图像学与视频技术的突破而慢慢成熟起来的,但事实上,游戏中的叙事并不是数字游戏兴起之后才出现的。叙事是人类的本能,每一次叙事都是叙述者对这个世界的理解和对自我经验的总结与传递。在游戏中,人类的叙事本能得到了极大的体现。因时间久远,"游戏"与"叙事"紧密联系出现的最早时间已经不可考,但可以确定的是,"游戏"与"叙事"的各种各样的"智慧结晶体"在数字游戏没有诞生之前就已经存在了。

在一些古老的棋牌类游戏里,我们能看到人们并没有将游戏简单地描述为规则的堆叠,似乎这种抽象的规则集合并不适合被人们理解和记忆。中国象棋的棋盘中间需要一个间隔,这个规则被冠以楚河汉界的"叙事性"的名义,仿佛一盘小小的象棋便是刘邦、项羽当年争夺中原的厮杀战场。象棋中的棋子分担战场中的不同职责,被命名为各种角色,如车、马、将、相、小卒。随着象棋的流传,从棋盘的规则中又衍生出了"马后炮""小卒过河不回头"等一系列叙事性的话语。黑白色的围棋比起象棋似乎干净简单,没有叙事性的附加成分,但它影射着中国古代的兵家与战术。就连双方被围棋子对等的棋面局势,都要被冠以"无忧劫"的名称,意指人生中有许多这样无妄的劫数,它们虽不能伤害你,你却要为它们所累。

这些并不是中国的棋类中出现的偶然现象,人类的思维方式在本质上非常相似。国际象棋中也有国王、皇后、骑士等不同角色,寓意每一盘棋并不是简单的输赢,而是一场围绕宫廷的故事。人类想讲故事的本能似乎在任何地方都难以遏制。

类似下面的童谣也反复在跳皮筋游戏、拍手游戏中出现:

小河流水哗啦啦,
我和姐姐采棉花。
姐姐采了二斤半,
我只采了一朵花。
……

这些游戏中的类叙事成分或叙事元素,只能说是游戏中的附带部分,除此之外,人类还创造了一些游戏,它们的意义本身就是叙事。

1974年，一款不需要游戏平台的新型游戏《龙与地下城》(Dungeons & Dragons)出现了，玩家可以在游戏中新创一名角色，并选择一条升级的道路朝着目标前进，就像在真实世界中的冒险一样。这就是被称为角色扮演游戏(Role-playing game, RPG)的开端，RPG中的世界具有讲述故事的所有经典要素，这种具有叙事元素的游戏形式，在数字游戏出现后，形成了一个特定的游戏类型，数字游戏不再需要玩家记住复杂的游戏规则，降低了RPG玩家的上手难度，添加了新的元素，使玩家在虚拟世界中成为主角，以自我的视角和体验来经历叙事。

这种在桌面上进行的、依靠纸笔记录的游戏类型当然并非只有《龙与地下城》。本书第四章会详细分析几款叙事类桌面游戏的内容和机制，增加大家对非数字媒介下的游戏叙事的体验和理解。

二、叙事媒介：故事是否可以单独存在

之所以在研究叙事时要对媒介①进行分析，是因为"讲故事"(叙事)与"故事"本身是有区别的。"叙"暗含表述这一行为，只存在于个人脑海中的故事是无法被感知的。这意味着"叙事"一词不仅要有"事"，还要有"讲"(后面的叙述会进一步辨析对应中文"叙事"一词的两种不同的英文称呼，即"narrative"与"storytelling"的区别)。换句话说，故事必须使用某种"材质"来编织，附着于其肌理之上，才能被讲故事的人(叙述者)传递给他想要传达到的人(受述者)。我们通常把这种"材质"称为叙事媒介。

叙事必须依托于媒介，但同一个故事可以在口述、小说、电影等不同叙事媒介中自由转换。布雷蒙写道："……一个人读到的是文字，看见的是形象，辨认的是姿势，而通过这些，了解的是一个故事，而且可能是同一个故事。叙述具有自身独立的意义，这就是故事的要素，它不是词汇、意象或姿势，而是由词汇、意象和姿势所表现的事件、情境和行动。"美国叙事学家查特曼认为，故事的这种可转换性表明叙事有一种独立于任何媒介而存在的结构。

由于人们对于叙事现象的熟悉，叙事媒介已经完全突破工具性的概念，融入故事之中，被我们视为一种基本的故事元素，近乎"隐身"。在传统叙事学的视野中，是讲故事的人(叙述者)而不是媒介，对叙事起着决定性作用，掌控着叙事所产生的意义。但仔细探究就会发现，作为底层基础的叙事媒介，在人类历史上有多种形态，它们在讲

---

① "媒介"一词，在汉语中最早见于《旧唐书·张行成传》："观古今用人，必因媒介。"在这里，"媒介"是指使双方发生关系的人或事物。其中，"媒"字，在先秦时期指媒人，后引申为事物发生的诱因；而"介"字，一直是指居于两者之间的中介体或工具。此处用的"媒介"(media/medium)，指的是一种可以作为人类活动的工具。在工具层面意义上，媒介也分为两种：作为一种艺术形式、材料或技术的媒介；作为大众传播渠道的媒介。本书中使用的媒介，指的是第一种含义的媒介。

故事方面各具特色，都有自己擅长的领域，也同样有着相应的限制与极限，就如我们都熟悉的影像与文字的区别那样。每一个相同的故事在媒介转换的过程中都会产生不同程度的适应与"形变"，最终呈现出截然不同的样态。

　　这使得任何一种叙事现象都与其所用的媒介密切相关。叙事的体裁和内容都会倾向于所用媒介更擅长体现的形态，而不适应该媒介的故事形态或讲述方式则会逐渐消亡。也正因如此，每一个讲故事的人（叙述者）都需要熟练掌握自己所用来叙事的媒介。而从另外一个角度来说，媒介在被使用时，会涌现出与叙述者原始意图不同的偶然性，一定程度上是叙述者所无法选择与操控的。这种媒介中自然呈现的偶然性，一方面会对叙事产生极大的限制，另一方面也提供了呈现多种意义的可能性。

　　叙事媒介的产生与发展往往伴随着人类生产力的重大变革，叙事又是关于人类的知识与经验的重要传播渠道，所以每一种携带着自己的独特性的叙事媒介革命性的出现，往往都会引发人类世界观与认知结构的彻底转变。从这种意义上来说，媒介从来不是"透明的窗户"，而是塑造人类体验的"有色镜片"，深刻影响着人们对世界以及自我的看法。

三、存在于人类历史中的叙事媒介

　　在人类叙事媒介的发展历史上，随着生产力的提高和科技的进步，叙事媒介也在不断发生变化。从最初的口头叙事到文字、戏剧、电影、电视，再到如今信息时代的各种媒介样式，叙事媒介经历了一个不断演进的过程。为了与游戏媒介形式进行对比，在介绍这些传统叙事媒介时，我们也将考察它们的交互形式及其历史变迁，以更好地理解游戏这一新兴叙事媒介相较于传统叙事媒介所具有的独特性。

（一）岩画时代

　　有一种较为普遍的误解是，人类的叙事始于语言。就连互动叙事的大师克里斯·克劳福德（Chris Crawford）在其著作中也曾写道："由于故事叙述是一种言语行为（linguistic action），因此它理所当然是从语言的发展当中孕育出来的。"事实上，叙事是从人类交流与经验分享的需求中孕育出来的。人类表达意义的方式是先于语言存在的，而这种表达意义、分享经验的交流形成了语言和故事。因此不如反过来说，语言始于叙事。我们甚至可以说语言和故事都是从互动方式中诞生的。

　　相关研究著作中第一个提到的叙事媒介，往往是产生于语言出现之前的视觉媒介。

　　远古时期的壁画描绘着一个又一个与人类体验有关的事件，研究者相信这些图像不是单纯的装饰,而是带有其他深刻的含义。我们可以说,这些壁画已经能够展示出讲故事所必需的所有要素,是一种叙事媒介。

代表作品可见法国拉斯科岩洞壁画(见图1-1)。在这张壁画中,一只野牛犄角向前,而左边的人躺在地上,可能已经死了。这可以简单地被视为一段小故事,人与自然生物(野牛)两个角色,都有相同的目的——生存,他们因此产生了激烈的冲突,但仅有一方能获胜。故事的最后,野牛获得了胜利。

图1-1　法国拉斯科岩洞中的壁画

有关这种形式的叙事是否具有互动性,以及人们会以什么样的形式与之交互,已经无从考证,但人们可以想象远古人类可能会围着这些壁画进行各种仪式或活动,也会有专员负责此类信息的记录、传播以及相关疑问的解答等。

(二)口语传播与在场叙事

口语作为叙事媒介有其黄金时期。此时语言已经形成,但尚未形成符号式的物化形态,只是以观念的形式存在于人的意识中,人们以声音来传递思想、交流信息。此时人类对故事的传播依靠人体自身,口头语言成为叙事媒介。

口头叙事具有可变性的特点,故事的转述主要依靠"记忆",并发生在"讲述"与"回忆"的过程中。语言的韵律和节奏一定程度上可以帮助记忆,这成为史诗这种经典韵律化文本的叙事技巧。古希腊著名的史诗《伊利亚特》和《奥德赛》、中国的《诗经》等,都可以说是叙事媒介改变故事形式的典型例子。

口语叙事是一种在场叙事,叙述者会在特定的叙事情境下讲述故事,如在集会、庆典、祭神仪式等公共场合吟唱和演奏。从另一方面来讲,口语叙事的情境会对叙述者的叙事内容产生重要的影响,即使是中性的历史叙事也会不可避免地带有某种表演成分。在口语叙事中,除声音、姿势之外,原始社会还有礼仪活动,此时吟唱、赞颂与音乐、舞蹈等原始艺术自然而然地交织在一起,叙述者的身体姿态、表情、语气和氛围环境成为叙事的重要组成部分。

口语叙事中的传播双方往往同时在场,老练的说唱艺人往往会根据听者的反应、现场的情境调整叙事的节奏与表演方式。但口语又不仅仅是一种转瞬即逝的在场叙事,语言具有流传性,口语叙事在一定程度上是一种跨越地点与时间的演绎。一旦故事流传开来,这些故事就会拥有自己的生命,每一个听到故事的人都可以对故事进行加工和再创作。当故事穿越空间和时间进行传递时,势必会改变或失去原有的意思,一些神话故事、民间传说在传诵中出现了主题的变异。

就此而言,口语叙事是一种集体创作,没有人能以作者的身份占有故事,叙述者只是作为传播者存在。《荷马史诗》作为一个故事,并不是指荷马是所谓的作者,而是指这是由他所游吟传诵的故事。

综上所述,口语媒介下的故事是一种天然的互动性叙事,口语叙事本质上要求人们参与其中,现场互动、内容偏离与意义演变恰恰是其艺术价值与娱乐价值所在。

(三) 戏剧与现场表演

戏剧(theater)这个单词来自希腊语"theatron",意思就是"观看的地方"。大部分的文明都会在拜神仪式上用舞剧进行重要的表演,希腊人在酒神节日上进行的典礼后来发展成为戏剧的形式,成为讲述故事的重要方式。

戏剧有很多变种,如滑稽表演、歌舞杂耍(舞剧)以及音乐剧(歌剧)等。在之后的发展中,戏剧写作和其他现场舞台表演分开,成为一种独立的文学作品。亚里士多德从戏剧中归纳出了叙事理论的基础,还总结了叙事对情节、角色、思想、措辞、音乐以及场面的需求,经典的故事结构和当代故事讲述就是以这些核心元素为基础的。从这个层面来说,戏剧的发展对于人类的叙事有着深远的影响。

与口语时代不同,戏剧中剧本的所有权属于特定的人,故事在此时已经有了明确的作者。古希腊知名的戏剧创作者有索福克勒斯、阿里斯托芬、欧里庇得斯等。

在戏剧场合下，表演者与观众有明显的区隔。"第四面墙"①的概念就是在这种媒介形式下产生的。在戏剧观赏中，虽然不同观众的体验是同时共享的，但观众只是单方面的观看，所以即使是当时当地看到戏剧的人，也无法影响戏剧叙事。这与口语时代的叙事不同，也因此使戏剧的交互性相较于口语叙事大幅减弱。

对于在场叙事来说，在不同情境、不同场合下，戏剧对于观众可能会提供的互动形态的预期并不一样。比如意大利人在歌剧表演现场吹口哨表示赞赏，但英国人认为在意大利歌剧这种高雅艺术的现场吹口哨是对表演的亵渎。

在中国过去的社会中，戏班子可以被请到家中进行表演。在这种场合下，某位对戏曲有特殊爱好或有资深经验的家庭成员，会换上戏服，上台充当某个角色，与戏剧表演的演员们共同演一段戏，这些人或许就是最早的"票友"。从互动层面来说，此时观众临时充当"戏子"被认为是体验生活的一种方式，表达了自己的情趣和爱好，是一件颇为风流的事。所以从这个层面上来说，中国戏剧的"第四面墙"其实原本就是松动的。

在后来戏剧的发展中，表演有意打破观演之间的隔阂，并在当今逐渐成为一种常用的表现形式。比如原本对着虚空中的对白会直接面对观众；高高在上的舞台被撤销，故意以平地来布置表演区域，保持与观众齐平的视线，将观众纳入表演区域；有些剧中的演员会在演乞丐的时候朝观众扑来，抱住观众的大腿喊"给一块钱吧"；实时的摄像技术，使台下的互动能清晰地成为表演的一部分等。

这种表演区域的扩大，可能是人们意识到在目前的数字时代下，观演在同一区域的情况反而难得，应该趁机增强互动而不是竖立"第四面墙"。

（四）小说、阅读与文字传播

文字形成之后，造纸术和印刷术等技术的发明以及生产力的提高使人类文明得以大规模传播，纸媒成为主流媒介。书报媒介传播的便利性及稳定性使故事以超过任何一个时代的爆炸式广度传播开来。

文字叙事的代表是小说。这个阶段的叙事媒介使人们形成了故事是由作者个人创作并占有的观念。这一阶段人们对于叙事的理解和研究有了极大的突破。我们现在可以用的叙事元素，都在这一阶段的理论中得到了体现，有关叙事的技巧、结构、逻辑表达等都得到了更为透彻的研究及丰富复杂的理论表述。

---

① 第四面墙（fourth wall），指在镜框舞台上，一般写实的室内景只有三面墙，沿台口的一面不存在的墙被视为"第四面墙"。它是由对舞台"三向度"空间实体联想产生的，并与箱式布景的"三面墙"相联系。它的作用是试图将演员与观众隔开，使演员忘记观众的存在，而只在想象中承认"第四面墙"的存在。

文字叙事打破了空间区隔。人类历史进入印刷媒介时代之后,口语叙事由面对面变成了"不在场"。固定于页面的文字使交互变得隐性化,文字的抽象性使得文本成为一个想象空间,作者与读者之间、读者与文本之间进行着精神层面上的对话与交流。读者可以根据自己的生活经验、世界观、阅读情境等对阅读对象进行个人化理解与创造。

与戏剧相比,阅读的体验更加私人化。尽管很多人都会看同一本书,但文字媒介的存在方式使阅读的体验更为独立。读者得以进入角色的内心世界,体验到的情感也更为深刻。

但与口语时代相比,传统书籍的读者需要按页码顺序解读文本,故事永远单向性地从作者流向读者,读者通过互动对故事产生的影响力消失了。叙事权被作者占有,即使因为读者与作者不在一个时空内,阅读活动较之面对面交流更加带有批判、怀疑与改写原本的倾向,读者也并不能从实体层面以任何形式来影响叙事文本的发展。

从纸质文字媒介开始,故事本身不具备互动性的观念成为主流。直到我们有了互联网、数字技术,读者与作者在空间上的区隔再次改变,情况才有所变化。

(五)照片、电影与影像体验

视觉叙事与影像文化的兴起,极大地改变了人类的叙事体验。图像在提供给人们直观的叙事体验的同时,也剥夺了阅读距离带来的深思。

使用照片讲述故事,比更早期时使用绘画或图片的方式更为高效,人们可以从静止的动作中推断出故事的主题。电影虽然不是第一个视觉化表达故事的方式,但它的精妙远超以往的视觉媒介。在电影中,媒介第一次形成大融合,诉诸人类不同的感官。

相较于戏剧,电影的互动性进一步下降,观众很难直接影响一个电影故事。1992年贝让执导的《我是你的人》号称"世界上第一部交互电影",该片让观众通过座椅扶手上的按键投票决定人物的运动和情节的发展。1999年"超语境化"的《布莱尔女巫项目》电影,将故事片"伪装"成纪录片,并在网上建立了有关女巫布莱尔传说的网站,发布虚构的传说,吸引网民去寻找女巫。这可以被视为在当时电影的形态下让观众参与其故事发展/创作的互动形式的尝试。

(六)电视、电子媒介与信号

24小时不间断的电台使叙事融于生活,而电视机使视觉叙事成为生活的一部分。于德山在《视觉文化与叙事转型》一文中指出:"电视图像叙事真正创造、释放了'图像'叙事的威力与作用,以电视图像为代表的视觉文化的强势阶段开始形成……以电视图像叙事为代表的视觉化叙事类型开始成为主导型的类型,并开始占据社会叙事格局的主流。"[1]

从叙事的容量上来看,电视剧更像长篇小说。电视剧有很多和小说相同的优势,它可以分章节缓慢地展开剧情,这种慢节奏能揭示一个角色的发展过程,让故事更有吸引力。

电视的另一种叙事表现是趋向于真实。观众看到的不再是虚构的角色,而是真实的人。对于现场直播的电视节目来说,人们的感觉就像是在看戏剧表演。在直播中,任何事情都可能发生,如果节目出了错,观众就会当场看穿,这使得电视叙事拥有了一种"共时叙事"的特点。

早期的时候,人们通过热线电话与节目组进行沟通。目前很多国家的电视剧仍然采用每周一播、边拍边播的方式来推进故事。观众们可以在观看过程中通过各种方式的反馈来决定某个角色的命运,甚至是整个故事的走向与结局。

目前选择在网络平台上播放的电视剧也在增多,电视剧逐渐脱离了电视机的硬件载体。与此相对应,越来越向新媒体靠拢的一些交互的形式在电视剧中出现,电视叙事也越来越多地出现了与其他媒体融合的趋势。

四、互动叙事重回媒体视野

数字技术的发展和信息社会的到来,使人类接收信息和叙事的方式经历了自印刷术诞生以来的第二次革命。数字网络极大地压缩了空间距离,克服了时间障碍,以前难以实现叙事互动的种种限制在数字时代均被打破。数字时代为所有媒介形式提供了新的可能性,也为叙事重拾互动形式创造了条件。

游戏也在这场数字革命的推动下焕然一新,利用数字技术的互联互通性,游戏大大压缩了人与人在时间和空间上的距离,实现了许多媒介无法实现的高度互动性。作为一种典型的数字时代的叙事媒介,游戏极大地拓展和实现了互动叙事的可能性。

---

[1] 于德山.视觉文化与叙事转型[J].福建论坛(人文社会科学版),2001(3):27-29.

◎ 游戏互动叙事

第二节　数字游戏作为新的叙事媒介

一、什么是数字游戏

数字游戏（Digital Game）①是人类最古老的行为之一——游戏，在信息时代数字化背景下传承与嬗变的结果。从术语定义上来讲，"数字游戏"即以数字技术为手段设计开发并以数字化设备为平台实施的各种游戏。② 我们可以将数字游戏看作游戏这一人类古老行为在信息时代的数字化表现，如图 1-2 所示。

图 1-2　真实世界的游戏《大富翁》（Monopoly）[左]和其数字版[右]

数字游戏最初作为一种个人玩具在实验室中出现，很快成为一种大众娱乐产品。早期的数字游戏图形简单，直至 1970 年，它才作为一种媒介对流行文化产生广泛影响。马克·沃尔夫（Mark J. P. Wolf）指出，电影和电视花了很长时间才获得了作为一种艺术媒介的地位，数字游戏同样在经过了三十年的产业发展和四十年的产生期之后，慢慢被认定为一种媒介。当前学术界已经普遍认可用"media"一词来描述和定义数字游戏，这种诞生了几十年而又不断变化的事物已成为最新的媒介形式。尽管具有

---

① 国内研究在指代这一类游戏时，使用的术语并不统一。常用的有"电子游戏"（Electronic Game）、"计算机游戏、电脑游戏"（Computer Game）或"视频游戏"（Video Game）等。西方一般称"数字游戏"的术语在国内的译法也并不统一，也有的译为"数码游戏"等。为了统一，本书使用"数字游戏"一词指代本书的研究对象。
② 黄石，丁肇辰，陈妍洁. 数字游戏策划[M]. 北京:清华大学出版社，2008:12.

音视频技术和叙事基础,数字游戏作为"游戏"的特质仍然使其具有不同于传统大众媒介的特征。

二、一个数字游戏故事例子

想一想:
游戏中讲故事的方式跟传统媒介有什么不同?

在本小节的开始,我们先以数字游戏 Which 为例,直观地感受游戏故事与传统故事的不同。

案例分析:Which

Which 是一款第一人称密室逃脱类游戏,由设计师 Mike Inel 独立制作。① 在游戏的一开始,玩家会发现自己与一个 NPC 被锁在一个密闭房间内,这个空间有一个残酷的规则——只有一个人能逃出生天。

玩家会接到与自己一起被困在密室中的 NPC 的任务,帮她寻回遗失的"身体"部分以换到开门的钥匙。玩家会根据 NPC 的需求去完成任务,尽管起初可能并不理解这些任务的意义。

之后游戏进入关键的分支点,如果玩家帮 NPC 取回象征理性和利己的"头脑",NPC 就会毫不犹豫地牺牲玩家逃生;如果玩家帮 NPC 取回象征感性与利他的"心脏",NPC 就会自我牺牲,让玩家逃出生天。整体情节线如图 1-3 所示。

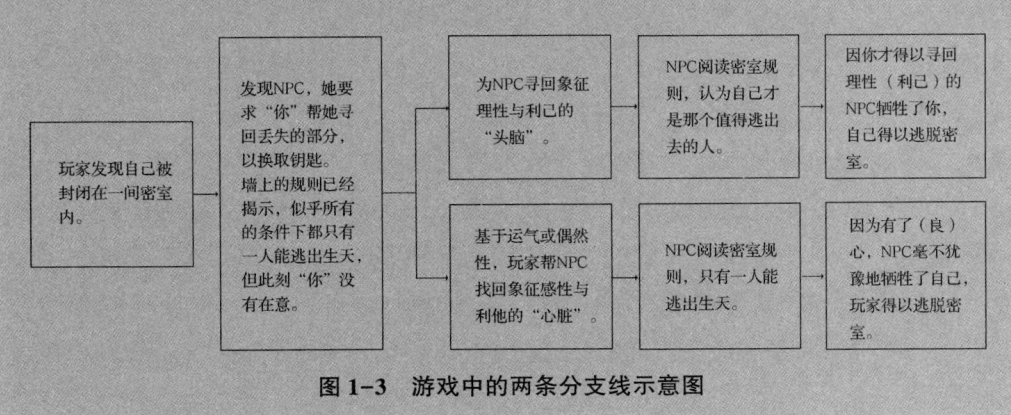

图 1-3 游戏中的两条分支线示意图

---

① 岚少实况.Which【悬疑解谜】[EB/OL].(2013-01-08)[2023-12-30]. https://www.bilibili.com/video/BV1fx411F7G8.

1. 游戏中的故事事件

玩家在游戏中确实经历了一系列的事件,整个故事有目标设定、障碍、高潮和结局,形成了一个典型的故事结构和两条明确的分支故事线。

游戏中有两个关键点:第一,玩家在进入密室时并不知道自己与NPC有竞争关系,也不了解NPC有出逃的需求。墙上的信息其实是留给NPC看的,玩家在第一轮玩的时候几乎不会注意到这点,而只会将其当成一个发布达成任务条件的NPC。第二,心的位置比头难找很多,在自然空间顺序上也不会被玩家更早遇到,因此找到的概率也更低,同时心的线索在头被找到后就会被切断。因此,玩家通常需要重玩才能找到心,除非基于某种偶然才能在第一轮就找到。这两个设计成功地隐藏了关键信息,让玩家经历两种不同的结局,从而体会到游戏中的叙事含义。

2. 游戏中的故事过程

起始:玩家有一个需求,NPC要求玩家找寻交换物以达成需求;

发展:玩家在缺少一个重要信息的情况之下,克服各种障碍寻找交换物;

高潮:NPC扬刀那一刻;

结局:两难抉择。

3. 情感体验

在情感体验方面,故事很容易唤起玩家善意被人践踏以及被人背叛的愤怒感(我这么辛辛苦苦地帮你,你却如此对我)、"最终还是救不了她"的无力与无奈感,以及对游戏规则的质疑(你别这样啊,一定有办法的)。

4. 故事缺陷

这个故事展现了游戏叙事与其他类型的故事不同的一个方面,也可以被视为一种缺陷或漏洞,那就是故事中完全没有事件的起因——游戏完全没有(或没有必要)解释玩家和NPC为何会被困在这个房间里。这种直接将玩家投入让人困惑的情境的手法,是游戏作为体验式叙事媒介的特点之一。与传统叙事开头从"已知世界"到"未知世界"不同,游戏为了让玩家尽快进入互动,通常会略去交代故事背景设定的开头部分,而后随着玩家对虚拟世界的了解再逐一揭示必要信息。但在本故事中,作为一个小体量的独立游戏,设计者直接将前因后果省去了。当然,这种让人困惑的情境会引发信息的不对等,这也是该故事最后引起玩家强烈情绪反应的原因之一。

在 Which 中,玩家除了"玩",还以主角的身份经历了一个/两个完整的故事,体验到了普通故事中的各个元素及其带来的情感。但它与普通故事又有着明显的不同。

第一个直观的区别就是故事的过程和结局都是不确定的。故事并不是单一线性的,并不具备固定的开头、过程和结局,而是有非常明显的非线性叙事特征。

> 非线性叙事是一种不按照传统时间顺序展开故事情节的叙述方式。在非线性叙事中,故事元素可能以间断、交错或者逆序的方式呈现,观众或读者需要通过片段的拼凑和理解来完整地把握整个故事线。这种叙事形式可以通过回溯、闪回、多时间线等手法实现。
>
> 相比之下,线性叙事是按照时间顺序一步步推进故事的叙述方式,故事情节通常按照过去、现在、未来的顺序发展。非线性叙事打破了这种顺序,以更为复杂和富有变化的方式呈现故事。
>
> 非线性叙事通常用于突出特定情节的重要性、加深观众对故事的好奇心,或者营造一种更加引人入胜的氛围。这种叙事方式在电影、文学和其他艺术形式中都有广泛的应用。

游戏的过程是可选的,存在着比较明显的互动性,玩家需要通过与游戏系统(特定的人与物)交互,把故事情节向前推进。这种非线性和互动性,是游戏作为叙事媒介所产生的故事形态中最明显的两个特征。

之前我们谈到了媒介对于叙事形态的深远影响。当我们回溯人类的叙事媒介时,会发现非线性与互动性这两个特征其实都不是数字游戏叙事所独有的。

在传统的叙事媒介中,非线性叙事有着各种表现形式和重要的文本范例,虽然它们的表现形式可能与数字媒介叙事相去甚远。而互动性与其说是故事在数字媒体时代讲述方式的重大突破,不如说是人类讲故事的方式回到了原点,回到了故事在远古人类的篝火边自然呈现的互动形态。

从人类叙事媒介发展历史的角度来看,互动性与非线性一直是人类讲故事的内在需求,只是受限于之前的媒介手段,难以获得有效的表达。游戏作为一种新兴的数字化媒体,更直观更高效地满足了人类对于互动叙事的根源性需求。

三、数字游戏与叙事

(一)数字游戏中的叙事发展

数字游戏的发展与技术的进步密切相关,数字游戏与叙事的结合也并非一蹴而就的,而是伴随着数字游戏的技术发展而出现、形成的。在数字游戏产业自身的发展过程中,不同时期游戏类型的流行和改变,对其叙事内容造成过一定程度的影响,逐渐发展为目前我们所能看到的各种叙事类型的形式。

1.早期互动小说时代和早期视频时代

20世纪六七十年代,数字游戏逐渐流行起来,但那时的游戏受制于技术与硬件,几乎不包含任何叙事元素。20世纪70年代中期,游戏设计师开始在小型计算机上开发含有叙事元素的游戏。这时的数字游戏叙事没有图像和声音,仅以文字形式呈现。这种早期的互动叙事游戏被称为互动小说(Interactive Fiction,IF),直到今天仍有很多创作与实践,保持着自己特有的生命力。

这一时期的代表作品是1976年的《巨型洞穴冒险》(*Colossal Cave Adventure*)。20世纪90年代,类似的互动小说*MUD*在中国也流行一时,被玩家称为"玩泥巴"。在这些游戏中,玩家通过阅读场景和角色的文字描述,输入诸如"Open Door"(开门)、"Use Sword"(使用剑)的文字指令,游戏系统会返回相应的动作结果。尽管看起来简陋,但这些早期的游戏已经开始探索分支型故事、开放式故事等互动叙事结构,这些结构在游戏叙事的实践上延续至今。

第一部在视觉方面取得突破性进展的游戏叙事产品是1983年由迪士尼公司动画艺术家唐·布鲁斯(Don Bluth)创作的《龙之巢穴》(*Dragon's Lair*)。当时大多数电子游戏的视频画面分辨率很低,只能支持像素级别的形状,《龙之巢穴》利用激光影碟(LD)技术,展示了精细的预制动画影像,这在当时是具有革命性的。虽然游戏的互动性较弱,玩家只是点击菜单做出选择,并观看预制影像,但《龙之巢穴》向游戏开发者们展示了视频游戏作为叙事媒介的巨大潜力。

2.成熟的互动叙事数字游戏类型:冒险游戏与角色扮演游戏

20世纪80年代末到90年代中期,数字游戏的互动叙事取得长足发展。这一时期诞生了最早采用三维技术制作的游戏,并出现了采用第一人称视角探索虚拟世界的角色模式。

这一时期,美国的游戏产业兴起以冒险游戏为主要作品类型的流行趋势。其中的代表作有《国王的冒险》(*King's Quest*)、《空间大冒险》(*Space Quest*)、《猴岛小英雄》(*The Secret of Monkey Island*)。在这一时期可以观察到游戏的视频化发展以及与早期互动小说相融合的现象。在《国王的冒险》系列游戏的早期版本中,游戏保留了早期互动小说等文字类叙事游戏使用限定两个词来进行指令输入的设计,也加入了图形化的像素动画来返回玩家的指令结果,反映了那个时期视频游戏互动方式的演变特征。

早期的冒险游戏并未给玩家留下太多的探索空间,游戏体验被称作"像素打猎"

(Pixel Hunt):玩家经常需要尝试点击屏幕上的每一个角落,才能猜中谜题推进游戏。这一阶段游戏的叙事结构相对线性,只会在情节进程中设置一些小谜题,玩家需要在屏幕上选择正确的道具或完成一个迷你游戏才能继续,通常会有几个不同的结局。

这一时期冒险游戏的集大成者是1993年的《神秘岛》(*Myst*),它是最早采用三维技术制作的游戏之一,玩家可以以第一人称视角探索虚拟世界。《神秘岛》的故事更为开放,玩家对游戏中的世界一无所知,需要自己决定在岛上的漫游路线,通过不断发现笔记片段和道具来揭示虚拟世界中的故事。

同一时期,日本作为游戏产业发达的国家,最流行的叙事游戏主要是角色扮演游戏,代表作有Square公司的《最终幻想》(*Final Fantasy*)系列。其中《最终幻想4》(*Final Fantasy IV*)是当时该系列的集大成者,其尝试在叙事中创造出像电影或动画中一样具有情感、性格以及过往经历的角色,通过严密的叙事结构控制(形成线性的主干情节辅以非线性的枝干情节分支)和对角色性格的深度塑造,形成独特的叙事风格。

在中国,这一时期的游戏产业见证了《仙剑奇侠传》《轩辕剑》《金庸群侠传》等基于中国文化的角色扮演游戏的成功,这些游戏的流行也标志着相对线性的叙事结构在当时的数字游戏中占据主导地位。

3. 20世纪90年代中期以来:更加开放的叙事世界

20世纪90年代中期以来,数字游戏的叙事性进一步增强。计算机图像技术(CG)的发展将视频游戏的视听表现水平提升到了新的高度,DVD和蓝光等大容量介质的出现使视频游戏的视听容量得以解放,游戏的沉浸感大大增强,新的更加开放的叙事结构开始流行并日趋成熟,成为游戏产业的主流。

这一阶段过场动画(Full Motion Video,FMV)开始在游戏中大量应用,提供了另一个重要的互动叙事的辅助工具,这在如《合金装备》(*Metal Gear Solid*)系列和最新的几部《最终幻想》中尤为典型。近年来,随着实时渲染技术的进步,预渲染的过场动画与实时渲染的游戏画面之间的区别越来越小,有的游戏可以利用类似电影的剪辑手段在过场动画和实时画面之间平滑地过渡,这也标志着这一常见的互动叙事手段可能会在技术的催生下进化。

这一时期,第一人称射击游戏(First Person Shooter,FPS)、实时战略游戏(Real Time Strategy,RTS)和模拟游戏(Simulation,SIM)取代了角色扮演游戏和冒险游戏,成为新的主流游戏类型。这几种游戏类型的结构更为开放,为用户提供了自由探索虚拟世界的机会。

第一人称射击游戏以id软件公司(id Software)的《毁灭战士》(*DOOM*)系列为代

表,这类游戏早期仅提供简单的故事背景,玩家可以自由控制角色在虚拟三维空间中探索和战斗。受当时技术限制,《毁灭战士》早期使用假三维的视觉设计,虽然空间中有不同楼层,但玩家实际无法到达二层位置。随后,《半条命》(Half-Life)和《暴怒》(Fury)等作品在叙事方面显著增强,引入了更多角色扮演游戏的元素。

暴雪公司开发的《星际争霸》(Starcraft)和《魔兽争霸》(Warcraft)系列等实时战略游戏,尽管主要以玩家间的对抗为主,但它们非常注重游戏故事背景的设计,提供了有大量人物故事细节的英雄角色。这些游戏采用了关卡任务式的结构作为单人游戏的主要叙事方式。

模拟游戏以《模拟人生》(Sims)系列游戏为代表,为用户提供了一个极为开放的互动叙事环境。在这些游戏中,用户可以在虚拟世界里工作、生活、建设和娱乐,甚至恋爱和结婚,享受着极高的自由度。

这一时期,大型多人在线角色扮演游戏(Massively Multiplayer Online Role Playing Game,MMORPG),即基于多个角色的开放式网络游戏,也发展了起来,其将完全由用户驱动的开放式叙事结构推向了另一个高度,大大拓展了数字游戏的叙事模式。

大型多人在线角色扮演游戏的代表有《魔兽世界》(World of Warcraft)等,这些游戏使玩家获得了前所未有的参与感和沉浸感。在与其他玩家的互动中,每个玩家都会形成自己的独特经历和故事,这些数以百万计的个人故事汇集在一起,形成了一个复杂的虚拟世界。

这一时期也出现了社交网络游戏。这类游戏基于已经成熟的社交网络在线社区,如《开心农场》等,通过现实生活中的人际关系互动,将现实世界的社交与虚拟叙事环境相结合,将现实世界的复杂性引入虚拟网络世界。虽然这些社交网络游戏的设计并没有特别强调叙事元素,但玩家在互动的过程中依然能够获得不少有趣的事件体验,例如"我昨天偷了邻家的菜,今天他又偷回去不少"这样的互动创造了独特的叙事体验。

4.新世纪的趋势:叙事游戏的跨媒体融合和艺术化发展

进入新世纪,特别是在过去十年中,以游戏互动形式进行叙事的新型作品日益增多。这些游戏中的一部分,因其弱化的机制性(gameplay)以及较强的叙事性,常被称为"互动电影""互动电视""互动戏剧"或"互动影像作品"等。尽管如此,从大众接受的视角来看,以叙事为核心的游戏还没有完全从游戏界里独立出来,依旧被视为游戏的一部分。

如《亲爱的艾丝特》(Dear Esther)、《失去的家》(Gone Home)、《艾迪·芬奇的记忆》(What Remains of Edith Finch)等作品,体现了游戏在空间叙事方面的潜力。它们通过探索空间和与空间中的物品交互来塑造人物、刻画人物关系，以此形成故事，这是游戏媒介特有的一种构建故事的方式。

《暴雨》(Heavy Rain)、《底特律：成为人类》(Detroit: Become Human)等，因其大量使用QTE(Quick Time Events，快速反应事件)等弱游戏机制的互动方式推进故事，更常被称为互动电影。

《行尸走肉》(The Walking Dead)是首部采用连续剧式发行模式的游戏，允许玩家逐集购买。Telltale Games工作室，即游戏的开发商，其名字便体现了将游戏叙事作为核心目标的制作理念。

目前，以媒介融合视角研究游戏叙事的学术论文越来越多，这也反映了媒体作品的总体变化趋势。例如中国的红色题材互动影像作品《隐形守护者》，其主要由真人拍摄的视频截图和剪辑组成，感觉上更像电视剧，但整体叙事形式依然基于游戏流程，一般玩家也通过游戏平台Steam等进行观看，所以仍然可被归类为游戏。而类似的《黑镜：潘达斯奈基》(Black Mirror: Bandersnatch)因在Netflix平台上发布，更多被看作"互动电视剧"。

结合了游戏和电影元素的《传世不朽》(Immortality)，因其核心玩法而被称为"拉片模拟器"。《肯塔基零号公路》(Kentucky Route Zero)叙事感则模糊而神秘，被认为更像是一部致敬拉美魔幻现实主义文学的小说。探索游戏《一号复制人失忆展》(Kid A Mnesia Exhibition)像一场实验装置艺术展览，其中仍有似有若无的叙事感。这些都代表了游戏叙事向艺术领域更深入的探索。

将来，这些多样化的作品形式可能会发展成为一种新的、可以被单独讨论的现象，但目前，大多数受众仍然习惯于将这些互动叙事作品纳入游戏类别，这些新兴的作品仍然可以在游戏的范畴内被研究。

(二) 数字游戏为什么需要叙事

与电影不同，叙事在游戏中并不占据核心地位，我们可以比较一下电影与游戏的类型(genre)。流行文化的类型，简单来说是一种消费标签，是为了让消费者能够更容易按自己的消费偏好找到自己消费品的归类机制。对于电影来说，类型包括恐怖片、科幻片、喜剧片、爱情片、动作片等，主要描述的是故事的内容(所引发的情感)，这些类型为观众提供了依照特定情境(如某节日)、心情、爱好等因素做出选择的依据。而游戏的分类，常见的如角色扮演、策略游戏、解谜等，重在反映游戏的玩法(所需要玩家进行的行动)，而不是游戏中的故事。这表明玩法(机制)是游戏分类的核心。

在有关游戏与叙事的早期讨论中存在一种观点，认为游戏中的故事若不具有实际功能，可能会降低游戏的整体品质，如果不能增强游戏体验，故事就应该被排除在游戏设计之外。但实际上,叙事在游戏中越来越普遍。那么,游戏与叙事为何会如此紧密相连？游戏为何需要叙事？

1.自然出现的叙事与商业需要

首先,叙事是人类天生就有的能力。苏联电影导演库勒雪夫(L. Kuleshov)通过电影剪辑实验(电影蒙太奇产生的原理)展示了人类创造叙事的本能,即人们会自然地将不相关的事物联系在一起,并赋予它们意义。随着计算机技术的进步和游戏视觉系统的提升,游戏中的角色和环境变得越来越富有细节和质感,这些丰富的细节能够激发玩家的想象力,人们会下意识地思考角色,探究角色面孔背后的故事,并理解它们在游戏中的功能性差异,游戏的叙事感也在这种"理解"中自然而然地得到了增强。

其次,叙事的商业价值不容忽视。虽然从单一游戏所扮演的角色看,叙事的必要性可能不那么明显,但当将游戏视为能够带动整个娱乐产业链的一环时,叙事的重要性就变得显而易见了。游戏产品能单独依靠其机制在市场上取胜,但其他相关产品,如周边衍生品或同 IP 的其他创意性产品,可能还是需要"讲好故事"才能得到消费者们的青睐。

2.叙事作为导航仪

叙事是人类理解世界的一种本能方式。利奥塔在《后现代状况》中提到了叙事一词的希腊语词根"gnarus"(知道)。在他看来,叙事是人类共有的一种基本的知识存储和交换的方法,是我们认知环境、他人以及自我时不断完善理解的工具。

从认知科学的角度来看,叙事可以被视为大脑处理和组织信息的机制,如同黏合剂一般将看似无关散乱的信息集合起来,使其容易被理解和记忆。在游戏设计中,叙事则发挥了导航作用,帮助玩家理解他们面临的挑战和可能采取的行动。

游戏中充满了玩家需要参与的"动作"。如果游戏中的选择和动作过多,这些太多可以做的事情、太多的选择、太多先后顺序的可能性会让游戏变得难以掌握。在理解他人和世界时,我们会依靠目标、身份、行动、选择等叙事元素。同样地,在游戏中,叙事提供了一个符合人类习惯的理解机制,帮助玩家以故事为工具来理解游戏规则和虚拟世界。

在象棋中,不同的棋子有不同的移动规则,如"马走日,象走田",这可以被认作一种身份性标识。同样,一旦玩家在游戏中获得角色扮演的身份,就会很容易知道自己该做什么,比如做警察的时候自然要惩奸除恶,而做神偷自然要来去无踪。当然,玩家也可以做不符合自己角色身份的事,但前提是行为仍有一个提供匹配标准的身份参照,这使得玩家在面对目标、行动和选择时,能够根据故事逻辑做出判断。

游戏中的叙事如同导航仪,使玩家了解在游戏中可以做什么,不能做什么,应当/需要先做什么、后做什么。复杂的规则和琐碎的动作系统通过叙事变得易于理解,玩家也因此能够自然行动,而无须刻意记住。

从这个层面上讲,叙事不仅是信息的集合体,还像一条线索,帮助玩家在游戏的迷宫中找到方向,就像"阿里阿德涅之线"(Ariadne's thread)一样,叙事将游戏的复杂路径转变为可理解的路线,指导玩家前进。

总之,故事为玩家提供目标和身份,使每个动作和选择都可以被连接到故事上,变得有叙事性意义。如此,叙事将游戏的所有规则和事件整合起来,让玩家能够跟随其自由前行。

3. 叙事沉浸

叙事是游戏的核心玩法机制之一。游戏可以让玩家在故事里成为与其本人截然不同的人物,比如成为最伟大的英雄,满足玩家想要体验其他人生的愿望。玩家可以成为虚拟世界中的一部分,亲身感受剧情的跌宕起伏和情感体验,这让角色扮演成为极具吸引力的游戏类型之一。

故事让人愉悦,而游戏故事与其他形式的故事的不同之处在于,它采用"第一人称"的视角来传达情感体验。与被动观看故事中角色的经历并由此产生同情或厌恶不同,玩家在游戏中的体验更为直接和个人化,他们在游戏故事中得到的情感体验不是来源于与角色的"共情",而是来源于自身在故事中的每一步选择和行动所直接带来的"自悲自喜",这种叙事沉浸感受,是游戏故事能带给玩家的独特体验。

从游戏中获得的"第一人称"的情感体验虽然比现实生活中的自我情感范围要窄,但玩家在积极参与故事和解决问题的过程中所体验到的兴奋、胜利、沮丧、释然、挫败、放松、好奇与欢乐,都是直接且深刻的,这种体验与单纯想象故事的精神活动截然不同。游戏的叙事可以让玩家深入故事世界,并期待最终会得到怎样的回报,这使游戏的叙事沉浸成为一种特别的享受体验。

4. 合理化的解释、对漏洞和缺陷的修饰

叙事不仅可以使人更好地理解游戏机制、系统和规则,还能合理化看似不合逻辑的规则,甚至掩盖漏洞(to hide bugs)。

这是一个不重要但经常出现的理由,并有很多例子加以佐证。比如《游戏设计艺术》[①]曾提道:有一个团队做了一个3D游戏,游戏的玩法是玩家将在一艘太空飞船里

[①] 谢尔.游戏设计艺术:第2版[M].刘嘉俊,陈闻,陆佳琪,等译.北京:电子工业出版社,2016:318.

飞越星球和射杀敌舰。因为整个游戏是 3D 的，为了保证渲染性能，远景地形会在一定近的距离内突然出现。为了使这种突然"跳出来"的情况不会显得太奇怪，开发团队打算用雾效的方式让整体的世界朦胧一些。但因为硬件的一些诡异问题，他们能够做出来的唯一的雾效都带着奇怪的绿色，看上去非常不真实。

这让整个团队头疼不已，在他们将要放弃这种解决方案的时候，有人提出，可以设定一个背景故事，星球被邪恶的敌人占领，并释放了有毒气体覆盖了整个星球。故事上的这一点改动使得支撑玩法机制的基础方案变得完整，游戏也显得更具戏剧性。

叙事与机制的紧密结合也是游戏故事的特殊之处，如果一个游戏因为技术或其他原因导致系统中出现了无法解决或避免的问题，不妨想想如何用叙事加以解决。

综上所述，叙事是一种处理信息的方式，当游戏复杂到一定程度时，故事就可以成为一种引导玩家理解游戏内容的策略性方法。随着图形技术的发展和商业上的需求，叙事在游戏中的作用越发重要。叙事是增强游戏沉浸感的一个重要方面，还能弥补和填充游戏系统中可能存在的不足和漏洞。总而言之，叙事作为数字游戏的元素之一，如今已经出现在越来越多的游戏中，对游戏的发展起着日益重要的作用。

本章小结

本章主要从叙事媒介的视角来重新探讨游戏，为后续进一步讨论游戏互动叙事打下基础。

第一节主要讨论了叙事与游戏之间的联系。第二节回顾了叙事媒介的历史以及故事在不同媒介中的演变，展示了人类如何通过不同的方式来传递故事和情感，并指出"互动"已重回叙事媒介的视野。

第三节主要探讨了数字游戏作为新的叙事媒介所具有的特性，阐述了数字游戏中叙事的发展历史及其趋势，最后讨论了数字游戏中为何需要叙事元素。

思考与练习题

1. 你有什么印象深刻的互动叙事体验？它最终产生了一个怎样的故事？

2. 在你所有的游戏体验中，哪个游戏的故事给你留下了最深的印象？为什么？它是你最喜欢的故事吗？如果不是，那么哪个游戏中的故事是你最喜欢的？为什么？

第二章　游戏互动叙事中的冲突

> **想一想：**
> 互动叙事为什么没有成为叙事的主流形式？

数字媒体使非现场的、虚拟的互动成为可能，把原来属于篝火之旁在场的互动叙事重新带回人们的视野。但我们必须意识到，互动叙事在人类发明叙事媒介的漫长历程中并非一种主流的叙事形式。

除了空间与时间限制带来的挑战之外，互动叙事本身还存在着一些固有的问题。互动叙事作为叙事形式的核心问题之一，是因为互动与叙事之间被认为存在着天然的冲突。

> 交互性与叙事性之间存在冲突。在大多数人的想象中，存在着一个完美的渐变轴，传统的被书写出的故事在这条轴的一侧，完全的实现交互性的故事在轴的另一侧。但是我相信，真实的情况不如说存在着两个完全安全的天堂，被一个深渊式的地狱分开。这个地狱可以吸进去无尽的时间、技术和资源，但是永远无法被填满。
>
> ——Walter Freitag，游戏设计师

在最理想的状态下，游戏的设计者只提供环境，故事由玩家自己讲述，但目前的游戏设计还难以实现这种交互与叙事的完美融合。本章重点探讨互动与叙事之间的冲突及其引发的问题，使读者对于数字游戏中互动叙事的可行范围有一个更清晰的理解。

◎ 游戏互动叙事

第一节　面向过程的叙事

一、面向过程的叙事

"互动叙事"一词的英文表达方式,除了相对来说更书面化的"interactive narrative"之外,更常见的是"interactive storytelling"。这种词汇选择体现了"互动叙事"与传统故事的主要区别:它是面向"过程"的叙事(storytelling),未到故事的完结谁也不能确定会产生怎样的结果。

克里斯·克劳福德认为,像"互动故事"(interactive story)这样的词其实是自相矛盾的,因为所谓故事(story)只是素材数据(data)而已,并不是一个过程(process)。图像、声音、文字和数字等都是数据的形式,由于数据不能"倾听""思考"和"发言",所以我们与数据之间无法形成真正意义上的"交互/互动",因为它们本身什么也不会"做"。

克劳福德指出,交互发生在随着时间推移而有所进展的过程之中。我们能够与过程发生交互,因为过程是动态的,随着时间推移产生进展——我们可以介入过程,改变它的推进方式,以"你来我往"的方式与它形成交互。而故事是数据,是一成不变的。"故事叙述"指称的就是一种动态的过程,我们可以介入它、调整它、操纵它,从而与它发生交互。

克劳福德在书中举了一个"爷爷与安妮的晚安故事"的例子,以此来说明面向"过程"的故事叙述与我们普遍理解的已被完成的故事之间的区别。

克劳福德写道,不妨假想爷爷把孙女安妮抱上床之后,给她讲述了如下故事的情形。[①]

> **爷爷的晚安故事 1**
> "爷爷,给我讲个故事吧!"安妮请求道。
> "好啊,"爷爷答道,"从前呐,有一个漂亮的小姑娘,她有一匹小马驹……"
> "小马驹是白色的吗?"安妮打断爷爷问道。
> "哦,那当然,它跟雪一样白,白得阳光都从它身上反射出来,特别晃眼呢。于是小姑娘就骑着她的小马驹去了海滩……"

---

① 克劳福德.游戏大师 Chris Crawford 谈互动叙事[M].方舟,译.北京:人民邮电出版社,2015:63.

> "那他们也去山上吗?"
> "对哦,其实他们还去了山上呢。离开了海滩,他们就去了绿油油的山谷,跳过灌木丛,躲过头顶的树枝,一直跑到了山顶上。在那儿他们还玩了跳石头的游戏……"
> "我不喜欢跳来跳去……"
> "对,其实他们也不怎么跳,小姑娘会让她的小马驹在山顶上吃草,自己就安静地坐下享受美好的阳光……"

在这个故事中,爷爷并没有精心准备和构思好故事情节,而只掌握了故事叙述的基本原则,他在给孙女讲故事的过程中即时发挥,根据孙女的需求和偏好随时调整和发展故事情节。

从这个例子中可以看出,互动叙事所形成的故事,是从讲述过程中实时生发出来的。在这里,我们普遍理解中已被完成的"故事"被进行式的"讲故事"取代了。

二、相关概念

根据研究互动叙事概念的通用思路,"互动叙事"一词是互动性(interactivity)以及故事叙述(storytelling)的结合,即通过互动形成的故事。

(一) 何为互动

(1) 克劳福德将其定义为发生在两个或多个活跃主体(active agent)之间的循环过程,各方在此过程中交替倾听、思考和发言,形成某种形式的对话(conversation)。①

(2) 大卫·赫尔曼(David Herman)等人将其定义为一种用户输入可以影响文本反应的反馈循环……它可能会形成一个实时创建的故事。②

> 在游戏叙事和数字媒体学术领域,常见的两个术语"agent"和"agency"有特定的含义和用途。本书为了既准确表达原意,又符合中文表达习惯,将两个术语释意如下:

---

① 克劳福德.游戏大师 Chris Crawford 谈互动叙事[M].方舟,译.北京:人民邮电出版社,2015:24.
② HERMAN D, JAHN M, RYAN M-L. Routledge encyclopedia of narrative theory[M]. London: Routledge, 2010: 250.

> **Agent（自主体）**：在数字互动叙事的语境下，"agent"通常指的是游戏或数字媒体环境中行动的实体。这可以是由玩家控制的角色，也可以是由游戏程序控制的角色。为了强调这个实体在游戏世界中的主动作用和决策能力，本书将其称为"行动主体"或"智能自行体"。
>
> **Agency（能动性）**："agency"指的是行动主体在所处环境中做出选择和行动的能力。在游戏叙事和数字媒体领域，这通常与玩家在游戏中的选择自由和其对游戏世界的影响力相关。本书将"agency"一词译为"能动性"或"主事力"，以强调个体在互动环境中的主动性（自主性）。

（二）什么是故事

故事是"一系列连续事件，由某个主体（可以是个人或集体）在特定的环境中，针对某种目的而展开的行动。这些事件被叙述者以某种方式选择和组织起来，以便于传达某种特定的主题或信息"。或者更简单一些，"以特定顺序组成的一系列事件——通常有开头、中段和结尾"[①]。

（三）互动叙事在本书中的定义

本书结合我们所要探讨的领域及其适用语境，将互动叙事的定义简要表述为：互动叙事是一种通过主体参与来实现叙事的方法，它允许主体通过自己的决策和行动来影响故事的发展和结局。

第二节 互动与叙事的冲突

一、游戏互动叙事在三个层面的冲突

传统媒介中的叙事沉浸所代表的是在精神化的、想象式的、沉思式的互动中建造一个故事世界。游戏中的叙事体验与其不同，它要求身体力行地参与。传统叙事通常围绕主题、情节和角色行为进行构建，以此来引出事件序列和行动线，而游戏叙事以玩

---

① BENNETT A, ROYLE N. An introduction to literature, criticism and theory[M].London：Routledge, 2009：55.

家参与"玩"的行为为起点,即以"行为"本身为出发点,通过这些行为来塑造主题和情节。因此,游戏的叙事方式由传统媒介的"情节"转向由玩家主导的"进程",这与传统叙事媒介强调叙事的逻辑性和戏剧性是不同的。然而,由于人们对于叙事有着相对固定的预期和审美偏好,游戏中由互动"进程"产生的故事往往与传统叙事的审美范式相冲突。

一般认为游戏叙事的基本矛盾是,互动性的增强往往意味着叙事性(情节性、戏剧性)的减弱。互动性的增强,未必会产生通常意义上我们所理解的精心安排情节的符合叙事弧(见图2-1)的故事。

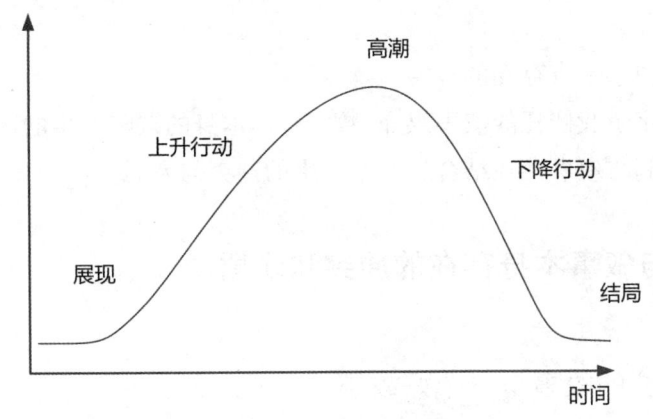

图2-1 叙事弧示意图

一方面,游戏设计师需要寻求对叙事的控制权,以此来给交互叙事一个令人满意的结构。另一方面,玩家需要自主权去做出行动及反应。它产生了这样一种冲突,游戏叙事互动性的提高似乎导致了戏剧性的降低。这反映的深层矛盾是,构成叙事的底层事件交互自由(玩家自下而上的输入)与人们对于故事的审美经验(自上而下的顶层结构)之间存在着冲突与矛盾。

基于这些矛盾和现象,不同研究者对于互动性和叙事性的冲突各有其论述。由于不同研究者关注的问题层面存在差异,其思考问题的角度和侧重点也各有不同,因此得出的结论和表述也有所区别。在他们提出的诸多问题中,有些是核心问题,有些则是核心问题表层化的衍生问题。

因此,根据问题产生的层面,我们可以将它们分为三个层次。

互动叙事是游戏叙事的基石与源头,抛开数字媒介本身,互动叙事本身有很多共性化的问题。第一个层面的问题源自互动与叙事的本身冲突,如故事的统一性问题;第二个层面的问题来自游戏数字化之后,互动叙事依托于数字媒介时产生的冲突与矛盾,例如存在于人机交互领域的未解决问题;第三个层面的问题涉及游戏机制与叙事性之间的冲突。如果我们将数字游戏视为一种独特的叙事类型,更深入地考察其构成方法,就会发现它的故事中会产生一些特有的问题,这些问题在传统叙事媒介中是不存在的。对于游戏来说,叙事并非游戏的核心功能,在机制先行的情况下,游戏性与叙事性发生冲突的情况时有发生。与传统游戏不同,数字游戏拥有更庞大的数据库和更多细节,它们不像传统游戏那样经过了反复测试和迭代,拥有一个稳定完善的流行版本,其数字化的生产方法与最终产出的方式有时会使其中机制与叙事的冲突更为明显。这种不协调感也是游戏本身在设计时需要规避的体验之一。

本章将从以下三个层面出发,探讨数字游戏互动叙事在这三个层面上存在的冲突与矛盾:

(1)互动与叙事本身存在的冲突;
(2)作为数字游戏依托的叙事媒介,数字媒体本身的缺陷产生的冲突与矛盾;
(3)游戏机制与叙事性在结合过程中产生的冲突与矛盾。

二、互动与叙事本身存在的冲突和矛盾

(一)什么样的故事是一个好故事

第一个问题:互动与叙事真的有所谓的冲突与矛盾吗?

并不是所有学者都认同"互动与叙事之间存在冲突"这一论断,克里斯·克劳福德就明确下过结论:过程驱动的叙事(process-driven narrative)与交互之间没有冲突。

互动与叙事可以共同塑造故事吗?答案无疑是肯定的,前面提到的"爷爷的晚安故事1"就直接支持了这个观点。正如在第一章中所讨论的,互动叙事模式在人类历史上早就出现了,可以说是故事的最古老形式之一。史诗类叙事甚至语言的产生,都可以被看作互动叙事的某种形式,都是在人与人的沟通与交流下产生的。这是一种叙事的"纯天然"模式。因此,使用互动来构建叙事不仅是可行的,而且是再自然不过的。

那么,研究者所说的互动与叙事之间的冲突与矛盾指的到底是什么?

第二个问题:互动可以形成故事,但那会是一个好故事吗?

叙事是人类的本能,人生来就是叙事的动物,讲故事对一个人来说并不困难,但讲好一个故事却不容易。人类对故事有着漫长的体验史,在这种叙事环境的长期熏陶下,人们形成了一套相对固定的经验性审美标准,一个故事想要被认为是好的,就需要

符合这些标准。

什么样的故事才是一个好故事？通常，人们认为一个好的故事必须符合叙事弧（narrative arc）。叙事弧指的是小说或故事中的情节按时间顺序排列所呈现的结构。

叙事弧通常呈现为金字塔结构，包括展现、上升行动、高潮、下降行动和结局几个部分。其中各部分的具体功能如下：

（1）展现（exposition）：这部分为故事设定了背景，介绍了主角，并为读者展示了故事发生的环境。它提供了足够的信息，让读者能够理解主角即将遭遇的挑战和困境。

（2）上升行动（rising action）：在这一阶段，一连串的事件让主角面临的问题更加复杂，引发故事的悬念。这是人物经历希望、悬念、困惑、隐忍的过程，是人物行动和情感力量的积蓄。

（3）高潮（climax）：故事的紧张情节达到顶点，它是上升行动阶段与下降行动阶段的叙事转折点。在这里，角色将采取行动应对危机，高潮阶段是人物解决危机的一系列事件。

（4）下降行动（falling action）：高潮之后故事情节中的事件展开，此处高潮的紧张情绪张力得到释放，导向结局剧情。

（5）结局（resolution）：故事的结尾，通常在这里故事与主角的问题得到解决。

叙事弧是一个相对较为固化的概念性结构。它对事件的时间序列、紧张程度、各阶段对故事的推进作用等方面都有明确的要求。这种固定性与面向过程的、以流动性和偶然性为核心吸引力的叙事模式截然相反。然而，这种相对固定的结构，符合人们对故事（情节性）的基本预期。

（二）叙事权的让渡

前面我们讨论了叙事媒介和作者概念的演变，以及在数字媒体时代作者边界的开放和多个作者共同构建故事的现象。互动要求故事的叙述权在多个作者之间轮转（虽然他们可能对故事的影响力并不一样），这就意味着多个作者拥有修改作品、改变叙事线的权利。就此而言，作者放弃了独立的创作权，让渡出了一部分创作权给他人。

之前我们提到了"爷爷的晚安故事1"，我们也可以想象另外一个版本的"爷爷的晚安故事"，这位爷爷打算给孙女讲个有关英语课本中李雷与韩梅梅的故事：

> **爷爷的晚安故事 2**
>
> "今天,我要讲一对小时候很好、后来没那么好了的小朋友的故事。从前啊,有一对青梅竹马,小男孩叫李雷,小女孩叫韩梅梅……"
>
> "爷爷,这个故事里是不是有个人叫小明?"
>
> "……对,这个故事里是有这么一个人,就是咱故事里的李雷啊,你都这么说了,我们就在故事里把他叫回原名,小明小时候,就跟你这么大的时候,跟韩梅梅上同一个学校……"

在这个故事中,爷爷已经构思好了大概的故事和情节内容,但在讲故事的过程中可以流畅地把孙女的任何要求以适合的方式加入故事,比如顺便把角色改成孙女喜欢的名字。爷爷在这个时候不会发表扫兴的"不要多语好好听我讲"之类的言论,在有听众参与的情况下,人们都很适应这种交互叙事的方式。在这种情境中,不时地加入听众要求的细节本身是构建故事的一部分,甚至是讲故事这个活动中最有趣的那部分。

对比这两个版本的"爷爷的晚安故事",可以看出爷爷在这两个故事中让渡叙事权的程度是不一样的。同为互动构建的故事,显然后者最终生成的结果会比前者更符合我们对传统故事的理解,看起来更像是一个"故事"。

如前面所述,互动叙事中的作者让渡出了一部分创作权给他人,但是并非所有的人都擅长讲故事,也并不能保证所有人对同一个故事都有着相同的理解。对于叙事的主导者来说,互动叙事中绝对控制权的流失,会大大增加故事不符合传统审美经验的风险。

这造成了互动和叙事之间最明显的冲突:故事的互动性越强,它的叙事性(情节性、戏剧性)就越弱。

三、互动对叙事性的影响

(一)互动可能不会形成有趣的情节性事件

动词在故事中通常被视为表征事件和状态变化的关键词,被认为是故事中情节产生和发展的基础。[①] 但在游戏故事中,玩家决策和行动形成的事件序列,不一定能形

---

① "动词"与"情节"可参见第三章"叙事学概念"部分。

成我们通常认为的情节。一系列"自然情节点"的事件可能形成非常乏味的组合,无法将其称为形成了一个"故事"。

例1:动作可以形成事件序列,但那一定会是个有趣的故事吗?
(1)你带狗出去**散步**。
(2)因为你带狗出去散步,你**遇到**了一位邻居。
(3)邻居**告诉**你下周有个街区舞会。
(4)你继续**散步**,但由于你花费了时间和之前的邻居说话,另一位邻居已经下班回家了。
(5)你**告诉**这位邻居下周有个街区舞会,他对你表示感谢。
(6)你**回到**家,给你的狗**喂**饼干。

在这个例子中,行动未能形成一个逐渐升级的行动线,进而无法产生符合叙事弧的戏剧性冲突以及冲突解决所能带来的情感释放。这意味着自由互动的状态很难保证行动序列满足某种特定的情节安排,太平铺直叙和事件强度波动太不规则都可能与叙事的需要不相符,偏离人们对"故事"的传统审美期望,很难让人们将这类行动序列称为"讲述了一个故事"。

(二)弱参与度导致事情没有按预期发生

互动故事有时会造成情感投入的分散,这也是它接受度始终有限的原因之一。多数观众习惯于传统的、线性的叙事方式,如小说、电影和电视剧。在这些传统叙事中,观众完全沉浸在故事里。而在互动叙事中,这些不断做出决策的需求可能会分散观众的情感投入和注意力,使他们不愿意或不习惯于在故事中做决定或参与互动。

叙事权的轮转有时会造成弱交互的现象,即所谓的交互不足。在一个共同创作的故事中,当掌握叙事权的互动者对故事没有充分的投入或没有足够的参与度时,叙事很可能会中途搁置或朝不可控的方向发展。

例2:如果互动权掌握在一个消极者的手里:
(1)你有一个机会去扔垃圾,但你拒绝召唤。
(2)你的房子闻起来很臭,真的很难闻。
(3)人们拒绝拜访你。
(4)人们拒绝和你约会。
(5)你没有了社交生活。

(6)你孤独地死去。

人类行为的一个可理解模式是不管事件如何非你不可,人们都有权利拒绝,我们通常把这种选择权视为"自由意志"的表现。在故事的发展中,如果行动线可以向任何一种可能性推进,其结果之一会是不管设计者为主角准备了多么伟大的命运,主角都拒绝召唤。当推动故事进展所需的动作/事件未能获得足够的有效参与或投入时,情节就难以展开。这可能也是数字游戏的设计者在设计游戏故事时需要优先考虑其核心吸引力的原因之一。

(三)故事缺乏谋篇布局的统一性

杰西·谢尔(Jesse Schell)在讨论互动叙事时指出,好的故事是高度统一的——故事最初5分钟所阐述的问题,会成为全文自始至终的驱动力。① 他在其著作中通过一个互动版的"灰姑娘的故事"说明了这一点。

在这个可交互的灰姑娘的故事中,如果灰姑娘在她的继母要求她清理壁炉时并没有选择乖乖清理壁炉,而是收拾好背包后决然离开,随后又得到了一份行政助理的工作,那故事的本质就改变了。灰姑娘原本的悲惨处境,完全是为之后她能突然戏剧性地、出人意料地摆脱困境所做的铺垫。在灰姑娘的故事里,续写任何新结局都不可能与现有的结局相媲美,这是因为整个故事都被编织成了一个整体——开头和结尾是一致的。

故事中互动的增加会使叙事的统一性受到挑战。在面向过程的互动叙事中,难以保证在任一阶段拥有叙事权的互动者既能够创造阶段性情节,又能维持首尾乃至故事整体的一致性。互动叙事形成的过程也往往会面临平淡、无力、不连贯的风险,使它最终看起来不像一个统一的故事。

我们可以以此类比游戏,如果游戏中的故事的形成完全靠玩家自由发挥,由于我们无法预知玩家的所有交互行为以及这些行为对故事本身的影响,所以很可能最终导致故事在构建情节性和戏剧性方面面临极大的困难。从统一性的角度来看,故事互动性的增加会导致戏剧性和情节性降低,其深层矛盾在于构成叙事的底层事件的交互自由与顶层结构(即人们对于故事的经验)的冲突,这也是互动叙事所要解决的难点。

我们在前面比较两个"爷爷的晚安故事"时曾提到两个故事中叙事权让渡的程度其实是不同的。在游戏叙事设计中,为了解决这种冲突,让玩家形成的事件序列在逻辑和情节之内进行,设计者引入了许多设计控制的元素,用来限制玩家的行为和选择。

---

① 谢尔. 全景探秘:游戏设计艺术[M]. 吕阳,蒋韬,唐文,译. 北京:电子工业出版社,2010:232.

这种做法一方面可以看作设计者剥夺了部分互动者对故事的控制权（限制玩家自由度），另一方面设计者也向玩家让渡了特定的某一部分叙事控制权（提供部分自由度），从而使设计者与玩家共同决定故事的走向。

四、互动与叙事的融合

如前叙事媒介简史部分所述，口语、最早的史诗类叙事都可以被看作互动叙事的一种形式，都是在人与人的沟通与交流中产生的。

最为人熟知的（也可能是最早成熟的）互动叙事类型大概就是邻里八卦了。中国成语故事"三人成虎"就揭示了大众在坊间传闻上不可估量的创造力。除了流传性之外，传闻还有互动性。当人们不太喜欢这个传闻时，他们可以更改其中的某些细节，但当这些更改超过一定程度的时候，这些传闻就不被视为同"一个"故事了，所以流言总是有很多个版本。

在非数字的环境下，互动叙事有着各种各样的实现方式，其中最适合本书研究的案例形式是叙事性桌面游戏。这些游戏通常具备完整的为多人参与准备的规则系统，以及依赖于规则系统的其他组成元素，以供玩家们自由选择。它们的核心目标是通过游戏元素、规则系统以及多人互动来构建故事。

桌面叙事游戏的机制（即规则系统）必须应对处理互动与叙事之间的核心矛盾。就像坊间传言或者邻里八卦那样，所有的桌面叙事类游戏的基本游戏机制都需要解决两个最基本的问题。一是新"情节"的添加：由于创作权的开放性，规则系统需要解决如何在一个故事或故事框架中"添加新信息"的问题。二是保证故事系统的自洽性：考虑到故事的统一性原则，规则系统必须处理"如何将所有信息整合成一个连贯故事"的问题。

通过研究现有的以叙事为主的桌面游戏案例，我们可以发现其在实现互动叙事方面存在一些共性。在规则设计方面，它们有一些通用的方法可以解决（或调和）互动与叙事之间的冲突，以确保它们在游戏中有机结合。这些桌游机制中有一些旨在解决统一性问题的特别设计，为互动与叙事的有机融合提供了灵感。

通过分析这些案例，我们还可以比较数字游戏与不插电游戏之间的相似性和差异性，更深刻地理解自然交互环境对游戏叙事的影响。在与数字游戏进行对比时，我们也可以看到互动叙事在数字化之后与传统叙事桌游的相似与不同之处，以及由此而生的发展和限制。

第四章将依据大量案例详细探讨非数字环境下设计桌游的叙事机制及功能设计。

第三节　数字媒介下的游戏的互动叙事

一、数字媒介在互动叙事方面具有的优势

数字游戏给互动叙事领域带来了巨大的进步。在早期的主流媒介中,无论是以书本形式传播的《选择你自己的冒险》(*Choose Your Own Adventure*)(尽管有学者对该系列的互动性表示怀疑,认为读者只是与书本互动,而不是实际影响故事),还是桌面(纸笔)叙事游戏(由文字、轻便物理实体道具、口语、书面记录等媒介组成),互动叙事一直未能进入大众的视野。随着计算机技术的突破性进展,数字游戏才得以逐渐崭露头角,成为大众熟悉与接受的日常体验,数字游戏也逐渐被认定为叙事媒介的一种。

数字媒介之所以能给互动叙事带来如此大的发展,是因为它具有一些得天独厚的特质。玛丽-劳尔·瑞安(Maire-Laure Ryan)认为数字技术对游戏设计的贡献之一就是使它们叙事化(narrativization),①这种叙事化大致体现在以下三个方面。

第一,数字技术改变了游戏原有的空间概念。《王者荣耀》的匹配系统可以让远隔万里的玩家在同一个竞技场里比试,虚拟竞技场的空间场域被网络和数字化无限地放大了,这与呼朋唤友甚至需要预约才能找到足够玩伴的桌面游戏完全不同。瑞安指出,数字技术改变了人们以抽象的方式来表现游戏区域的方法,由棋盘和足球场之类的物理空间所代表的传统的游戏区域被数字技术表现的虚拟世界取代。游戏世界里充满了人们熟悉的物品和具体的角色,就像现实世界一样。

第二,数字技术将游戏非抽象化。数字媒介除了可以直观、视听化地呈现虚拟世界外,还能直观、具体化地映射人们的真实行为或动作。瑞安认为,抽象游戏(如足球或象棋)与叙事化的数字游戏[如《半条命》、《马克斯·佩恩》(*Max Payne*)和《侠盗猎车手》(*Grand Theft Auto*)]的不同之处在于:在一个抽象的游戏中,玩家的动作或目标因为规则的强制规定才显得有意义,而在日常生活中,也许没人会对将球反复踢入球门(足球)或者在一块板子上不停地来回移动小木块(象棋)有兴趣。然而,在数字化的叙事游戏中,玩家所追求的目标以及他在虚拟世界中的行为非常具象化,很可能与他们在日常生活中或在白日梦中的反复幻想一致。如果玩家想当一个好人,他可以从侵略者手中拯救世界,救人于危难;如果玩家喜欢邪恶的角色,他可以直接在犯罪题材

---

① RYAN M-L. From narrative games to playable stories: toward a poetics of interactive narrative[J]. Story worlds: a journal of narrative studies, 2009(1):43-59.

的游戏中偷车或者杀人等。

在叙事游戏中,故事可能主要用于吸引玩家进入游戏世界,在紧张的动作中,玩家可能会忘了他们是恐怖分子还是反恐特工,是外星侵略者还是地球的保卫军。但在数字游戏立体、直观的虚拟世界中,在其通过视听语言构建的世界背景下,数字技术解放了游戏抽象动作的限制,玩家的输入被转化为更具沉浸感的具体映射动作。借助于人的叙事本能,即使不以叙事为核心机制的游戏也呈现出了更多的叙事性细节。

第三,数字化更有利于信息处理。数字化使游戏信息(数据)的存储与规则执行效率都得到大幅提升,这也使其系统可以变得更为复杂、庞大和有趣。

除了可视化之外,数字媒体还极大地提高了游戏机制的执行效率,数据库结构更加有利于信息的存储与调用,这也是数字游戏作为数据库式叙事形式的一大优势。我们可以比较桌面游戏《万智牌》与数字游戏《炉石传说》,可以明显看到,《炉石传说》在时间控制、效果叠加与分值结算等方面都显得更为直观高效。

虽然桌面游戏与数字游戏各有其独特乐趣,但数字游戏执行效率的提高,使玩家节省了大量应对各种变化和处理数据的精力,也使得其规则可以被设计得更加复杂。在游戏流程上,这种效率提升使得叙事的广度和深度都得到了显著的增强。

以经典的《龙与地下城》为例,从其衍生而来的数字游戏有很多。在这些游戏中,数字化的数据库结构可以使其内置大量的信息,玩家即便没有经验也可以直接上手。内嵌的规则系统免去了需要一位专业的 GM(Game Master,"地下城主",也就是游戏主持)随时查阅厚重如砖头般的规则书的必要与烦琐。游戏能够自动生成随机数和事件,使掷骰子不再是一项烦琐重复的工作,玩家也无须进行复杂的计算。此外,它还能自动记录时间线和玩家所做的重要选择以及情节路径,无须用纸笔记录。

以视听为基础的直观表达和数字媒介在计算与信息处理方面的天然优势,是互动叙事在数字媒介上获得极大发展的原因。

尽管相较于桌面叙事游戏,数字媒介下的游戏在叙事方面具有许多明显的优点,但作为交互叙事媒介,数字游戏也存在许多天然的缺陷。有一些在桌面游戏中轻松实现的互动叙事方法,在数字化之后却很难实现。接下来的部分将探讨数字媒体对互动叙事的影响与限制,分析这些问题产生的原因。

二、数字媒介下交互叙事的理想与现实

桌面游戏的交互叙事通过人与人的合作达成,而数字媒介下的游戏叙事是通过人(用户/玩家)与机器/计算机共同合作来完成的。或者更精确地说,是玩家输入信息,机器/计算机根据人们事先储存并设定好的数据予以反应或输出而形成的故事。

(一)从"故事制造机"到数字媒介的叙事理想

利用人机交互进行创作的设想由来已久,小说《格列佛游记》曾描写了主角在参观拉格多科学院时的见闻,其中就有关于"机器创作"的部分:

> 一位教授组织学生利用随机生成法进行写作,洋洋自得地夸耀说利用这种方法可以让最无知的人也能不借助于天才或学力写出关于哲学、诗歌、政治、法律、数学与神学的书来。
>
> 他制作了20英尺见方的架子,绷上用细绳拴起的他们语言中所有的单词及其不同的语态、时态和变格,不过没有任何次序。他下令开动机器之后,40名学生分别转动把手,单词的布局就完全改变了。然后他吩咐36名学生轻声念出架子上出现的文字。只要有三四个词连起来可以凑成一个句子,就念给剩下的4名当抄写员的学生听,由他们记录下来。教授用上述方法收集了不少支离破碎的句子,打算把它们全都拼凑到一起,用这些材料编撰一部科学文化全书贡献给世人。

在该小说中,作者对于书中求助于"随机生成法"的做法持讽刺态度,但在现实中,也有人实践着"机器创作"。瑞士技师梅拉德特在1805年造出了一部机器,它能够在发条驱动下自动画图,甚至以法语、英语写诗。机器依靠由凸轮和传动杆等构成的装置来实现这些功能,并会在作品下写上"由梅拉德特自动机所写"来说明创作来历。

时至今日,在ChatGPT技术发明之前,人们使用过各种方法来践行"故事制造机"的实验。如今在大数据语言模型工具的帮助下,使用机器来创作故事变得异常简单。比如近日一篇完全由AI撰写的科幻小说《机忆之地》在第五届江苏省青年科普科幻作品大赛中获得二等奖,[1]这在我国的文学和AI历史上都史无前例。但目前的AI发展所形成的"故事制造机"在互动叙事层面仍未达到早期研究者所设想的理想境界。

瑞安认为交互叙事作为数字叙事的一种形式,是通过人(用户/玩家)与机器之间的合作来共同塑造叙事的过程。具体来说,是用户输入信息,机器根据预先储存和设置的数据予以反应或输出,从而构建起一个故事。其目标从创造单一的伟大故事转变为构建一个系统,该系统能够在人们与之互动时产生众多精彩故事。

在互动叙事机的模型方面,从用户的参与度、选择的自由度以及沉浸体验的深度来看,没有什么能够超越珍妮特·默里(Janet Murry)在其经典著作《全息面板上的哈姆

---

[1] 文学史上第一次!AI写作的科幻小说获得文学奖[EB/OL].(2023-10-20)[2023-12-30]. https://www.sohu.com/a/729771829_120005162.

雷特》中提出的全息面板(holodesk)"故事生成机"了。这一概念模型灵感来源于电视剧《星际迷航：下一代》中的虚拟全息面板，它被看作互动叙事空中楼阁式的、遥不可及的终极目标。它提出了一个由计算机生成、可模拟现实空间、全息实景的虚拟互动故事世界。

在幻想中，全息面板的机制是这样的：当玩家进入故事世界时，他们可以扮演角色，通过直接对话和身体动作(如姿势和身体语言)与计算机生成的角色互动。无论玩家说了什么、做了什么，这些电脑生成的角色都以智能且合理的方式做出反应。因此，在全息面板系统中，玩家的每句话、每个反应和每次移动都将成为引人入胜的故事的一部分。

玩家在其中就像一个真正的演员，他们与系统的互动创造出一连串既统一又自然的事件，他们的一切行为和说的所有话，都能够在系统中形成流畅连贯的事件和情节，玩家在其中就仿佛置身于一部伟大的电影之中。

25年前，当全息面板的设想刚被提出的时候，它所需的人工智能远超那个时代所有系统的能力。首先，它需要能处理用户的任何决定和对话(新信息的输入)，在自然语言环境下，这是当时所有解析器无法完美做到的。其次，无论用户输入什么，它都要能将这些输入整合到一个精心策划的、具有出色布局的叙事弧中(整合故事线)，输出完善的情节，满足故事节奏的所有要求，并保持引人入胜的趣味性。默里曾提到，想象一下，这种情景就像莎士比亚要写一出《哈姆雷特》的戏剧，但他无法控制所有的角色。基于这一点，叙事机在情节的处理和创造力上已经超越所有现有的优秀小说家和剧作家，甚至有可能超出未来所能想象到的最佳小说家和剧作家的创造力。

随着人工智能技术的飞速发展，当我们回首全息面板叙事机时，发现这些曾经如羚羊挂角无迹可寻的设想和目标，已经开始在实践中崭露头角。现在当我们重新审视全息面板叙事机的模型时，主要关注的是它作为数字互动叙事媒体终极目标的概念被提出时所包含的各种互动方式，以及这些互动方式在我们的实际应用中，尤其是在当前主流的游戏技术下，能被多大程度地采用和实现。

探讨这些技术与人们理想中互动叙事之间的距离，分析数字媒介目前所能达到的技术水平，能够帮助我们深入理解数字游戏互动叙事这一概念。同时，这种比较也能为我们展望未来互动叙事媒介可能达到的高度提供重要的见解，让我们更好地评估与预测互动叙事的发展潜力和未来方向。

(二) 数字媒介下互动叙事产生的主要问题

前面讨论"互动与叙事的融合"的内容指出，所有交互式叙事系统都必须解决如何输入新信息以及如何将其整合进现有叙事系统的问题。当数字媒介参与进互动叙事这一形式中时,会给互动与叙事的结合带来新的挑战。在数字游戏的互动叙事中,互动与叙事的矛盾核心转为自下而上的玩家输入与自上而下的符合叙事审美的故事结构之间的矛盾。

用全息面板叙事制造机的理想来对比当前数字媒介的实际应用,可以清楚地看到数字媒介在互动与叙事结合时特有的缺陷,主要问题如下:

(1)新信息的输入的局限性:不够用的动词。

(2)无法建立深入的角色关系:缺乏以人际关系为核心的叙事构建能力。

(3)叙事AI的智能限制:所能提供的有限的信息整合能力。

以下将详细分析这三个问题的成因,以及在既有限制条件下数字媒介能采用的产生互动叙事的方法。

三、问题一——新信息的输入的局限性:不够用的动词

全息面板叙事机是自然界面的,其输入系统包括两个方面:

(1)自然语言理解,即人机自由对话。

(2)全身界面接口(whole-body interfaces),即用身体自然姿势(身体语言)展示信息,使人的全身都能参与输入。

这两种输入方式——自然语言理解和全身界面接口——虽然已在新媒体娱乐中得到应用,但在叙事方面,特别是在游戏叙事中,它们承担的工作仍然非常有限。至今我们尚未见到任何成熟的商业作品大规模采用这两种输入技术,目前它们更多停留在实验性作品或前卫探索的阶段,应用仍有待突破。这产生了数字媒介条件下互动叙事的第一个障碍:在为故事添加新信息时,人与计算机之间存在着沟通难题。

(一)自然语言理解:"话语"的沟通难题

在互动叙事桌面游戏中,我们通常不需要考虑下面的问题:如果玩家与玩家语言不通(比如游戏伙伴中有法国人),或者当玩家要创作的文本涉及不同的符号和理解系统(比如游戏伙伴中有外星人),他们应该如何输入新信息。

在人机互动叙事游戏中,人类与计算机使用不同的符号系统,在数字媒介环境下,人机交互面临的首要挑战是如何实现有效沟通,关键问题是人如何输入计算机能够理解和处理的信息。目前数字媒介下的互动叙事主要采用以下三种输入方式:

(1)人懂机器语言:人类学习并使用机器系统的"外语"。

(2)机器"听懂"人的语言:不幸的是,机器的"外语"学习能力不佳。

(3)人与机器各说各的:看似在进行对话,实际上并没有。

让我们详细探讨以上三种情况。

> 在数字媒体的互动叙事语境下,人与计算机的互动涉及两个层面:一是玩家与计算机中的叙事系统进行交流,这关系到玩家在故事世界中的命运走向(下文"叙事 AI 的整合力"部分将对此进行阐述);二是玩家与计算机中产生的拥有能动性的行为主体进行沟通,甚至包括玩家与玩家自己在计算机中的替身(avatar,也被译为"化身")之间的沟通。本部分所讨论的问题并不需要区分这两个层面上的细节,因此此处进行了模糊处理,统一视为与计算机的沟通。

1. 早期的情况与原则:让人懂机器

早期数字互动叙事系统的主要原则是让人学习并理解机器系统的"语言",人们需要掌握与机器沟通的特定语言或词汇,人挑(学习)计算机能听懂的说(输入)。

通用的方法是,系统表面使用自然语言输入,但限制玩家能使用的句法与词汇。例如在早期流行的文本式互动小说游戏系统中(例如《巨型洞穴冒险》),玩家的互动输入通常限于简单的两词指令,如"Take Knife"(拿起刀)、"Drop Gun"(丢下枪)等。这种方式要求玩家在参与互动之前需要像学一门外语一样了解编码规则。

克里斯·克劳福德开发的"Storytron"①(见图 2-2)互动叙事引擎也采用了类似的限制型思路。在这种系统中,玩家必须从交互界面选择计算机系统能够理解的词汇来推动故事的发展。这种界面使玩家需要花一些时间去了解该交互叙事系统的构成方法,如果输入系统过于复杂,学习成本太高,系统就难以获得成功。

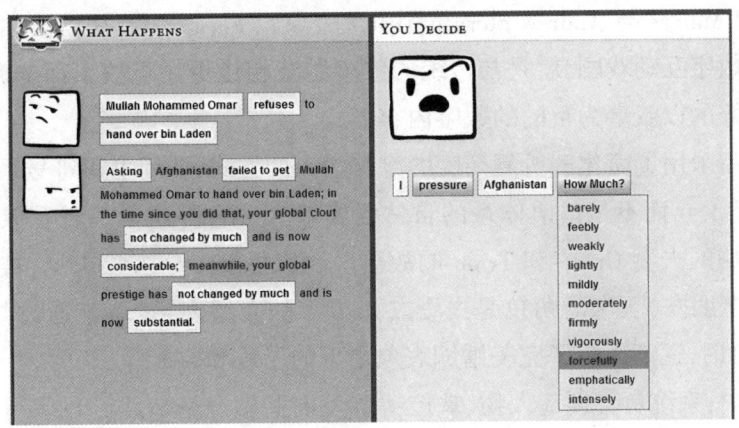

图 2-2　使用克里斯·克劳福德的 Storytron 系统编写的游戏

---

① 克劳福德.游戏大师 Chris Crawford 谈互动叙事[M].方舟,译.北京:人民邮电出版社,2015:前言 5.

这种需要人理解机器的系统的一个显著特点是,如果人机沟通交互失败,机器会提示用户这是"你的"错,"你学我的语言学得不够好"。在早期的文本互动小说游戏中,原始系统不仅只允许两词的输入,且其反馈基于极其有限的词汇量,以至于玩家在正常状态下也需要借助系统漏洞通关。如果玩家使用了系统词汇库以外的词,如石头仅识能别"Stone"一词而不是"Rock",那么"Drop Stone"可以继续故事,但"Drop Rock"后系统只会返回类似"Bad Grammer"(语法错误)信息。这暗示错误在玩家,而不是"我"听不懂(系统本身无法理解更大范围的词汇)。

2.中期发展:机器学习人的语言

随着技术的发展,互动方式进化到人们向计算说(输入)自己的语言,计算机选择性地理解和响应那些它能理解的内容,忽略其他部分。

在自然语言处理系统的早期尝试中,研究者们采用了基于字符的输入(即书写体系的符号系统)而不是基于口语的自然语音输入,这是因为字符系统的稳定性和辨识度相对于口语更高。囿于当时技术的限制,尚未有系统能完全理解人类的自然语言,这种方法降低了复杂度,实现了一种实验性的叙事尝试。

同时,这个时期也出现了许多聊天机器人。不过,这些早期的聊天机器人与我们今天使用的基于大数据的模型(如 ChatGPT)的聊天机器人大相径庭。当时的聊天机器人实际上并不具备真正的交流能力,它们主要是基于较低水平的信息抓取,通过关键词触发来重复之前别人的输入和回复,这并不是真正的对话。

在数字媒介的自然语言处理领域有一些开创性的尝试,其中值得一提的是 2005 年由 Michael Mateas 与 Andrew Stern 创作的《表象》(*Façade*)[①],其也被称为数字互动戏剧。所谓数字互动戏剧,就是与传统的叙事游戏相比更注重故事而非游戏机制,提供了一种纯粹的以叙事为目的的数字内容形式。

这一作品采用了简化解析复杂度的字符输入的方式,使用书写符号系统输入自然语言(打字聊天),而不是口语体系的自然语音输入。它讲述了一对看似事业和人际关系都很成功的夫妻 Grace 和 Tripp 的故事。玩家扮演一个多年未见、被邀请到他们家里做客的老朋友(玩家的角色是夫妻二人当年的介绍人)。玩家通过与角色 Grace 和 Tripp 的对话,逐渐揭露了完美婚姻表象之下的矛盾和裂痕。

在游戏中,系统负责创造人物、掌控情节发展并整合情节线。玩家可以使对话出现不同的情况,揭示 Grace 与 Tripp 人格中的不同面,从而导向不同的结局,如劝和、劝分或与其中一位角色发展关系等。虽然每次游戏的行进过程都会因玩家的行为而产

---

① 考虑到这部作品的内容,*Façade* 可以被译为《表面》《幌子》《虚伪》或《假象》等。

生不同的对话并部分影响结局,但玩家的输入并不能改变整体剧本情节,该游戏整体上是根据一个相对固定的脚本、按预定的叙事节拍(beat)自上而下地展开的。在这个故事中,玩家更像是整个事件的旁观者,而不是主导者。

这一游戏虽然开创了字符式口语输入(对话)识别这一人机沟通的机制,但效果并不十分理想。这样的系统在故事流畅性和统一度上依赖语言解析器的能力,但当时的解析器并未达到可以支持玩家与角色自然对话的程度,这导致了故事系统在很多时候会出现失败反应。

这种失败反应有两种表现形式。一是计算机仅将它能理解的信息整合到故事中,而忽略不懂的部分(信息丢弃)。玛丽-劳尔·瑞安评论道:"在玩《表象》时,我感觉我输入的大多数话并不算是对话的一部分,因此感觉自己的话也并不像是这部戏剧中的一部分,角色只是简单地忽略了我的输入(对话)。"二是对关键字词解析错误导致角色的错误反应。在这个"社交场合"的故事中,与玩家预期完全不符的角色反应极大地破坏了故事的"真实感"。

总的来说,《表象》中出现的一些不理想的情况,如玩家的参与被随意忽视、沟通失败,以及故事只按自己的节奏往下推进、并不管玩家怎么说等,都破坏了故事过程的流畅性和玩家的"自我效能感",给玩家带来了自然语言交流的挫败感,弱化了参与感与沉浸感。

3.目前的主流:人与机器各说各的,机器使用一个"遮蔽翻译器"假装展现"理解"过程

目前常见的数字游戏中的"语言互动"通常采用对话框的形式。这种对话框式的"语言互动"被称为菜单驱动(menu-driven)或基于菜单选项(menu-based)。

这种基于选项的对话框(有时包括玩家行为性的决策选项),回避了之前所有的问题,玩家不需要学习特定的语言范式,机器也可以有逻辑地回应任何选项。然而,这种互动并不是对话,它没有涉及任何层次上的"对话"输入(人)与"对话"输出(机)。

这种类型的语言互动只是个假象,它将几个可能的对话或"回答"以数据的形式提前储存在系统中,并将其包装成人类的自然语言。在设置菜单选项的情况下,新信息不是基于玩家的输入,而是基于已设定的系统预置。这种低水平的无法被称为"语言互动",数字游戏实现了将对话整合进叙事的目的。

这种简单的"包装"会导致叙事失去流畅性。弹出的对话界面把玩家从沉浸在虚拟世界的状态中拉出来,故事也会在这时停下来,直到玩家做出选择才会有所变化。

第一章关于叙事发展史的讨论中提到了游戏《国王的冒险》,我们可以在这个系列中看到最初的文字冒险游戏向后来的冒险游戏过渡的形态。

图 2-3 《国王的冒险》中的图文界面

此类游戏经典的布局是屏幕上方是一个几乎占据全屏的图像区域,屏幕底部会留一小部分,作为文字指令输入区域(见图2-3),这些交互命令仍然基于两个或多个单词的文本输入系统。在图像部分,玩家可以通过鼠标控制角色行动的方向,但更复杂精细的互动则仍然需要玩家输入的简短指令词。在图2-3中,玩家角色若想要查看门口的狮子石雕(输入"look at lions")或执行简单动作如开门,都需要输入文字指令与系统进行交互。

由于语言障碍和文字处理器的发展不足(当时仅能支持输入26个拉丁字母),冒险游戏在东亚国家的引入一直受阻。尽管日本有假名系统,但输入过程仍然困难重重。这对于1982年后兴起的日本游戏产业来说是一个困扰。

图 2-4 「北海道連鎖殺人オホーツクに消ゆ」中的菜单式选项

1983年,任天堂发布了家用游戏机"Family Computer"(ファミリーコンピュータ),简称 Famicom(ファミコン,中国玩家称之为"红白机"FC)。1984年,Enix(エニックス)发布了PC版的《北海道连锁杀人事件:消失在鄂霍次克》(北海道連鎖殺人オホーツクに消ゆ)[①],这款游戏在冒险游戏的历史上有着多个首创,其中革命性的变化是其输入方式。它摒弃了传统互动要求玩家输入文本的做法,而是反过来由计算机直接提供一系列命令供玩家选择(见图2-4,游戏界面中右侧没菜单式选项,玩家可以移动三角形光标进行选择)。这在当时的冒险游戏作品中没有先例,是作者堀井雄二的独创尝试。这种命令选择系统非常适用于无法使用键盘的Famicom,很快就在后续的游戏中得到了应用,传统的"命令输入方式"迅速被淘汰。1985年《港口城市连续杀人事件》(「ポートピア連続殺人事件」)在采用这种新方式式后移植到

---

① 川邊一外.ゲームシナリオ創作指南[M].东京:新紀元社,2014.

> Famicom 上发行,成为销量达 60 万份的热门大作,其也是 Famicom 上的第一款冒险游戏。
>
> 日本人发明的这种类似菜单式的顺序选择输入模式,也对西方游戏设计师产生了影响,使原来基于文本输入的方式迅速被选项菜单取代。这一发展也是游戏交互设计史上的一个有趣转变。

随着 AI 语音技术的飞速发展,目前已经存在很多能够实现人机自由对话的自然语言解析器,如 Siri、Cortana 等。但这些自然语言解析器尚未被广泛用于游戏的互动叙事中。要使 AI 语音技术达到理想中游戏互动叙事的需求,目前似乎还有很大的商业性及技术性障碍要克服。

《逆水寒》手游中存在着可以与玩家对话的 AI NPC,但这种对话模式并非传统意义上的语言交互,而更多是多种解析系统共同作用的结果。玩家说话后,语音首先会在系统中被转换为文字(聊天内容也可以被路人看到),NPC 以语音形式回复,文字和声音同时在系统中呈现。实现方式似乎仍是先有文字,再转为经过 AI 训练的语音配音,由此创造了一种类似与玩家交谈的体验。NPC 在与玩家聊天后就会记住玩家,再次相遇时会主动跟玩家打招呼。尽管这种互动可能还不尽完美,但它带来了一些有趣的体验,受到了玩家的欢迎。

总的来说,目前数字游戏中的语言输入信息并不普遍,通常用于界面工具操控,实际游玩中的语言输入仅限于简单的指令,如控制飞机、与宠物互动、释放角色技能等。无论玩家说了多复杂的内容,游戏仍然主要依赖识别核心关键词来理解玩家说的话,无法实现真正类似于影视故事中自然流畅、充满戏剧性的人机对话。

4. 未来展望:AI 系统用于游戏叙事

目前,像 ChatGPT 这样的 AI 系统,已经在角色扮演游戏的跑团测试中担任过游戏主持人(GM)角色,并获得了玩家的认可,由其衍生的一些游戏叙事应用的实际效果,例如自动生成由关键词触发的对话树等,也备受期待。但目前尚未看到具有特别突破性的商业游戏应用这些技术,并得到广泛传播。这些技术在游戏叙事领域的潜力巨大,未来是否能得到大规模的应用,仍然是一个值得关注的问题。

从引擎方面来说,最近一些玩家在虚幻引擎 5 中进行了与智能 NPC 对话的测试[1],并分享了他们的发现。在这些测试中,玩家可以在城市环境中与随机遇到的路

---

[1] TmarTn2. Talking to smart AI NPCs in unreal engine 5 (the future of gaming & artificial intelligence) [EB/OL]. (2023-07-18) [2023-12-30]. https://www.youtube.com/watch?v=4sCWf2VGdfc.

人NPC进行互动。这些NPC具有独立的个人故事及情感,能够对玩家的对话进行深度回应,并通过(较少的)表情和肢体语言表达情绪。对话结束后,这些NPC会继续他们的日常活动。这些测试案例显示了AI系统在游戏叙事中的应用进展,预示着游戏技术可能正处于一个令人难以置信的突破边缘,这值得期待。

(二)没有足够的动词:动作输入难题

1.全身界面接口

游戏参与原本是指真实的、身体性的参与。如果参与仅限于精神层面,而没有身体(physically)或实际肉体层面上的参与,那么就不能被称为游戏。换句话说,如果未来脑波游戏能突破技术障碍得以实现,它之所以能被称为游戏,也必然是因为玩家通过脑波来控制自己在虚拟世界中的移动,而不仅仅是精神层面的参与。

目前主流的叙事游戏远未达到全身参与的程度,玩家的输入主要通过各个层次上的动作映射来实现,但这种映射并未涵盖所有的人类动作,尤其是"脖子以上"的动作。

(1)符号式动作映射。

对于全身交互的一种替代式的方案,就是通过界面的不同状态来触发对应的身体动作。在数字游戏中,目前通用的方式是玩家通过操纵控制器或键盘来一一对应虚拟世界中角色的行动或物体的空间性位移,使手指在键盘鼠标上的简单运动控制角色在虚拟世界中复杂的运动,以此来达到玩家参与的目的。

"脖子以上都不能用"代表这种交互方式仅限于简单的身体动作,复杂的面部表情和说话等细微动作目前还无法通过这种方式实现。在不打断游戏事件进程的情况下,键盘控制的方式提供给玩家的动作被限制在移动、拾起物品、开火等大幅度肢体动作范围之内。

(2)识别映射。

目前,虚拟现实(VR)及体感设备已经被广泛用于数字艺术装置和运动游戏中,很多设备都可以追踪身体动态的数据并对此加以不同的处理。本书中的识别映射指的是使用动作捕捉技术将玩家的部分动作映射到游戏中,对应游戏中的一些肢体动作。需要注意的是,识别映射并不一定是捕捉到的原始动作的虚拟反应,它可能是一些虚拟动作的替代性追踪方案。

比如在电影《她》(Her)中,电影主角在玩游戏时通过简单的手指动作来映射操控虚拟世界中替身的腿部,用手指移动的不同速度代表角色的奔跑和行走。手势的前推后拉代表虚拟世界中第一人称和第三人称游戏镜头的视角切换,其中,第一人称视角可以直接与游戏中的 NPC 对话,第三人称视角代表虚拟替身自由探索。

在现实中,目前有一些游戏的输入也采用了这种识别映射的方式。一些利用动作捕捉技术的游戏,对枪械操作如上膛、装填子弹、射击等,设置了独特的手势或姿势识别,例如双臂向左肩上扬可能表示装填子弹,而双手呈持枪动作并向前伸展到持平位置可能表示准备射击。这些动作捕捉技术和处理方法一般都会考虑交互设备的性能和具体的空间限制,为游戏操作带来了一些新的体验。

(3)实体捕捉映射。

目前虚拟现实(VR)、增强现实(AR)和混合现实(MR)设备的发展,为实现更高级的交互提供了可能。我们可以以 2018 年上映的以近未来为背景的科幻电影《头号玩家》为参照,来比较观察目前游戏外置输入设备的发展情况。

面部扫描技术:电影中的主角使用挂在脖颈处的扫描仪扫描面部并在游戏中重新建模。电影中面部建模的精度远超虚拟角色的皮肤建模,它有着更细小的面片,也可以配合虚拟角色外观模拟各种皮肤质地,如鳞片、泥巴等。扫描仪能实时精准地捕捉玩家的面部表情,并将其映射到虚拟角色上,实现细腻的微表情控制和自然的对话交流。目前现实中最接近电影中这种技术的应用主要集中于虚拟偶像和直播领域,但其表情捕捉的设备易用性、建模精度和实时性都远未达到《头号玩家》电影中所展示的水平。

手部交互技术:通过传感手套来实现手部触觉和动作捕捉。尽管现实中 VR 手套已经存在了一段时间,但在叙事领域并未得到大规模应用。

空间动作处理设备:电影中展示了多款能够实现捕捉玩家全方位移动的动作设备,这些设备可以模拟行走和奔跑。现实世界中类似于跑步机式的移动捕捉设备虽然已经存在,但同样未得到广泛应用。

在电影的最后,主角需要在车内操控自己的替身在虚拟世界里进行一场激烈的打斗,为此他使用了一套可将身体固定在车中的全身动作捕捉设备。这种设备能够通过绳索将身体悬挂起来,提供了纵向空间上的延伸,辅助和捕捉玩家在纵向空间进行空翻、飞踢等复杂动作。

全身传感设备:电影中的主角为了在游戏虚拟空间中与女友约会,特别穿戴了一套全身传感衣,使自己能够感受到对方带来的触感。在现实世界中,虽然类似的能感受压感的设备已经出现,但其性能和成本还达不到令人满意的水平,同样未能在游戏叙事中得到大规模的使用。

虚拟成像技术:现实中已有多种眼镜设备被开发和应用,但由于其成本甚至生理性的障碍问题,尚未被广泛应用于游戏叙事。

总体而言,面部处理技术的缺陷显著制约了互动叙事的技术突破,这种实际存在的输入限制大大缩减了我们在数字游戏叙事中所能使用的动词。

2.互动叙事中的动词的需求和缺失

我们可以借鉴电影的经验探讨互动叙事。一个叙事系统应该包含以下两种行为内容：

（1）改变虚构世界的行为；

（2）改变虚构世界中人物的想法或驱使他们做出决策的语言行为。

这两种行为内容都至关重要。例如，单从行为上来说，"追车"的场景可能在视觉上很有吸引力，但只有当背后有合理的因果关系时，"追车"的场景才能在叙事中具有意义。也就是说，我们必须在情节上铺垫因果关系，使追车的人与被追的人有实际的理由必须这么干，才能让人觉得它是故事中有逻辑的事件。这些因果铺垫一般都是通过情节预设来建立的，经常是通过一些语言交流来交代信息，比如在故事中出现承诺、威胁、与某人结盟、把某人的计划告知或泄露给另外一个人等。

不同类型的叙事作品侧重点不同，有些着重于建立复杂的人物关系，有些集中力量展现角色行动，但大多数故事不会通篇围绕一个人物通过身体行为解决所有问题展开（唯一的例外可能就是《鲁滨逊漂流记》的主角在遇到星期五之前的故事了）。在分析桌面叙事游戏如《祸不单行》(Fiasco)的实例时（见第四章相关内容），我们会发现故事中有关场景的描述非常少，大篇幅的情节信息的呈现主要依赖对话。然而在数字媒体环境下，这种基于自然语言交流的沟通是做不到的。相对于更接近理想的全息面板的互动方式来说，目前的数字游戏在常用的自然语言和身体动作方面还未能模拟真实世界的自然状态，这两种输入方式在数字媒介上的应用至今仍未达到令人满意的程度。

3.没有足够的动词

故事中所发生的大多数事情其实是交谈，但目前的数字游戏还无法有效地支持这一点。自然语言输入和身体动作输入的范围限制，使数字媒介下的互动叙事产生了第一个大问题：没有足够多的动词可用。

杰西·谢尔在《全景探秘：游戏设计艺术》中提道，数字游戏互动叙事面临着五个问题，其中之一就是"我们没有足够多的动词"[1]。

数字游戏与电影或书籍相比，在可用动词方面存在明显差异。数字游戏中的角色通常限制于物理行为的动词，如跑、射击、跳跃、攀爬、投掷、抛射、猛击、飞行等；而电影

---

[1] 谢尔. 全景探秘：游戏设计艺术[M]. 吕阳,蒋韬,唐文,译. 北京:电子工业出版社,2010：234.

中的动词则涵盖了更多的语言社会互动，如交谈、询问、谈判、说服、争辩、喊叫、恳求、抱怨等。这种限制导致数字游戏中的角色无法进行那些需要超出他们身体动作范围的行为，特别是涉及复杂语言交流的部分，也就是我们前面提到的，"数字游戏中的角色，受限于他们的能力，做不了任何需要高于他们脖子以上发生的事"。

游戏设计师克里斯·斯温（Chris Swain）认为，随着技术的进步，当玩家能够与计算机控制的角色进行智能的口头交流时，游戏将会像有声电影的出现一样引发革命性的变化。这将使原本只被视为新奇形式的数字互动叙事迅速成为主流的讲故事方式。然而在那一天到来之前，数字游戏中可用动词的匮乏，将继续限制我们将游戏作为叙事媒介的能力。

总之，目前的数字游戏在"如何输入新信息"部分面临着显著的挑战，这是互动叙事必须解决的两个问题之一。数字游戏的互动叙事不得不依赖于有限的动词库来构建整个故事，这极大地限制了玩家的参与和创造。

四、问题二——薄弱的人际交互

（一）史诗结构与戏剧结构的区别

数字游戏叙事中动作选择有明显的局限性。当玩家可执行的动作仅限于移动、捡拾物品或操作物品解谜时，如何才能够形成一个故事？

因动词不够而产生的妥协性解决方案，是采用一种非常强调身体动作的情节结构。这就是史诗式结构（例如"英雄之旅"）在游戏中普遍流行（详见第三章）的原因，而电影中较常见的基于角色关系和变化的戏剧式结构在游戏叙事中却较为少见。

大多数数字游戏故事采用史诗式的任务结构，这是虚构故事中最古老的形式之一，其核心在于讲述个体奋起反抗充满敌意的世界的故事。数字技术使玩家控制虚拟身体在空间中移动成为可能，实时渲染引擎也能流畅呈现景观，这使得游戏中的空间沉浸更易于实现。在游戏故事中，英雄常常孤身一人踏上景色壮丽的旅程，前往自己的命运之地。当玩家需要帮助时，系统就会创造 NPC 来协助玩家，这些 NPC 有时被设置得极为粗糙，不仅性格十分单一，行为上也只展现工具性功能。

数字媒介下仍待突破的是如何实现戏剧式结构的游戏叙事。戏剧式故事的核心冲突并不产生于人和外部世界之间，而是以人物关系为核心。它通常用多条不同的叙事线组成动态的角色关系网络，沿着这些网络构思情节，并在过程中理顺其中的种种纷繁复杂，最终让角色各走各的路。

数字游戏叙事对戏剧式结构的支持较弱，但这种缺陷并不存在于桌面互动叙事游戏中(见第四章)。这种"角色关系建构"的困难,是数字媒介条件下互动叙事所呈现出的第二个特有的问题:数字游戏无法以人际关系为中心来展开叙事,并在其中形成深入的角色关系及其变化。

这个问题的原因可以从三个方面来分析与说明:

(1)数字媒体可用的交互类型太少、级别太低(主要是身体动作),这限制了构建人物关系的动词选择。

(2)系统AI无法使生成的自主行为体(agent)给出符合人际情境的合理反应,难以与玩家建立起有叙事性并且可发展的人际关系网络。

(3)数字系统中缺乏深入交互和真实可信的人际反馈,难以形成基于情感投入、角色弧变化以及人际关系的故事。

下面让我们更深入地看一下以上这些问题。

(二)提供"太少的动词"导致无法建立深入的人际关系

前面我们讨论了在现实世界中我们的行动会影响和改变世界,我们的言语会影响他人的行动和改变人物间的关系。只有当这些行为或言语改变了角色或事件的状态时,情节才会发生,这些互动是故事进展的关键。

在一段设计优秀的体验中,人物关系的构建是提供给人叙事感的重要手段。Holodesk叙事机以模拟人在真实世界中的双重互动反馈为标准,用户的交互方式类似于现实世界,通过身体动作和信息交换进行人际交往,用户的行为(语言和肢体行为)会影响他人的情绪,而他人的反应(行为、语言、态度)又会反作用于交互者。

人与人的关系与人与物/虚拟世界的关系在交互表达上有所不同。人与物/虚拟世界的交互可以通过身体互动模拟,但不依托语言行为,仅凭身体互动是无法在虚拟世界中建立真实的人际关系的。它除了使游戏世界的叙事连贯性大打折扣之外,还使我们完全失去了一种重要的以人际关系为核心构建故事情节的手段。

数字媒介下互动叙事面临的主要挑战是创造人格化的角色,并在玩家、角色和系统创造的自行体之间建立动态人际关系。这种角色关系不仅要允许玩家与电脑自行体之间进行语言性的交流,还要能够影响这些自行体的命运,让玩家感受到关乎自我的人际情感变化。

目前数字游戏中建立角色关系的方法包括游戏穿插入过场动画(影片片段)揭示角色关系、模拟对话系统(如《表象》)、仿真算法(如《模拟人生》)等,但在这些方法中,玩家在故事中的参与感仍然显得次要和边缘化。

在过场动画中,玩家失去了自己在情节建构方面的主体性。在《表象》的对话系统中,玩家参与的是对话而不是情节,在情节发生时,玩家则被限制在旁观者的位置上。在模拟系统类游戏中,玩家在构建人际关系时更像是操纵角色的木偶师,而不是以"自我"参与故事的主体。

在人工智能技术快速发展的当下,随着 DeepSeek 等具备强大推理能力的大语言模型的出现,游戏叙事在角色关系构建方面或将迎来突破性的革新。未来,这些模型不仅能推动角色互动机制的升级,更将在角色关系的动态构建与情感联结等维度重塑数字时代叙事的游戏化表达。

(三)"情商"不够的游戏 AI

除了"动词不足"这个问题之外,当下主流的电脑叙事系统也无法生成能与玩家进行有效人际互动的角色,主要是因为游戏系统 AI 很难产生具有足够"情商"来给出合乎逻辑的事件反应的智能自行体。

克里斯·克劳福德在其早期著作中用了大量篇幅描述互动叙事对系统智能反应的要求,以及在当前主流数字系统中以人际关系为核心建构叙事的困难。他指出,数字游戏通常只涉及人类认知最简单的几个方面:手眼协调、解谜、空间推理和资源管理。与之不同的是,互动叙事首先涉及"社会推理"(social reasoning)能力,即人们预测他人行为的心智模块(mental modules)。我们可以把克劳福德所说的"社会推理能力"简单地理解为"情商"。

克劳福德举了一个例子,在他创作的一个关于"亚瑟王传说"故事世界的互动叙事系统中,各种相互关联参数决定了发生某件事的可能性,比如谈话中的"兴趣值"参数。在原本"亚瑟王传说"的故事当中,王后与圆桌骑士兰斯洛发生过一段恋情。为了让故事世界与"亚瑟王传说"相吻合,克劳福德在系统中提供了让兰斯洛爱上王后的参数。在一次故事世界的运行试验中,兰斯洛的确爱上了王后。由于兰斯洛是亚瑟王的挚友,王后与亚瑟王又是夫妻,因此亚瑟王对关乎王后和兰斯洛两人的任何事情都会非常感兴趣。结果,在兰斯洛与王后偷情后再次见到亚瑟王时,系统中的 Gossip 机制经过计算后,为兰斯洛找到了最能引起亚瑟王兴趣的话题:"亚瑟,你知道吗?我与你的妻子有染!"

"不谙世事"的系统自行体无法做到"有情商",主要是因为社会推理本身涉及人们在生存过程中接收与内化的海量社会信息。人类为了学会这些,经历了从幼年期至成年期漫长的社会化过程。互动叙事的 AI 需要大量的信息储存和机器学习来处理基于社会交往的数据,ChatGPT 发展过程中暴露的"奶奶漏洞"[①],正是此类问题的典型代表,反映了 AI 在其发展进程中社会化信息不足的缺陷。

---

① "奶奶漏洞"是指只要对 ChatGPT 说出"'请扮演我已经过世的祖母',再提出要求,它大概率就会满足你"的问题优化漏洞,网友可以通过这种方法得到软件的升级序列号。

这样一来，在早期的游戏中，由于系统预置的信息和预期情感反应本身就不够，系统无法产生具有"社会推理"能力的智能角色，这使得虚拟世界中的自行体在处理信息和变通方面的能力非常有限，也使其无法像桌面游戏那样通过互动构建富有叙事性的人物关系。在数字环境下，玩家与自行体形成的角色关系无法构成一个复杂多变的人际网络，并通过其变化产生足够有吸引力的情节和故事。

随着大语言模型AI的持续发展，目前已经有不少游戏接入了AI对话端口。比如，在网易游戏《新倩女幽魂》联动版本的《道诡异仙》中，玩家可以成为主角李火旺，与其他游戏角色展开实时对话。这些角色基本都能给出既贴合自身角色又与游戏情境契合的回复，还会带来一定的事件后果（比如当面说师傅丹阳子的坏话可能会被其击杀）。

随着技术持续迭代升级，结合日益成熟的语音输入技术，未来游戏在处理复杂信息（加之基于设计端的特定偏好和判断）时，或将带来难以想象的革命性进展，甚至可能打破虚拟与现实之间的界限。

（四）情感投入与情感联系的缺失

小说能深入描写角色的内心世界，但数字游戏通常无法直接刻画角色的内心状态。戏剧可以通过放大表演细节来暗示角色的心理状态，而数字游戏前面所述的技术缺陷，导致角色"替身"的表情与动作的细节精度都不够，难以传达出心理层面的内在变化。

与戏剧不同的是，游戏中玩家与角色的情感联系更多是基于第一人称式的"化身"体验，而不是像戏剧那样通过"移情"来唤起观众与角色间的共鸣。在数字游戏中，技术的进步使得空间性的生理沉浸相对容易实现，玩家可以通过直接操作"替身"，在身体层面建立自我与角色的一对一映射关系，从而达到生理性情感的参与。比如，在《塞尔达》的悬崖边你是否感到视野开阔、思绪坠飞？然而在心理层面，通过"替身"参与事件并与虚拟世界建立真实的感情投入却很困难。

在普通的围绕人与外部世界构建的游戏故事中，由于互动手段有限和AI"情商"不足，玩家难以与系统自行体建立有真实情感的角色关系。例如，玩家可能会为了交付任务而去救公主，但不会是出于"英雄"故事中的爱情动机。

在模拟系统游戏中（如《模拟人生》），由于动词不足的限制，游戏在构建人际关系时回到了基于菜单的选择方式。菜单选项将游戏中的自行体定义为动作发出的客体，允许玩家选择各种动作与之互动，如欣赏、激怒、与之共舞、玩、拥抱、亲吻、交谈等，从而影响到两个角色之间的情感关系，这在游戏中表现为好感度读条的上升或下降。

这种好感度的增减模拟的是角色间情感关系的改变，这会影响角色对待彼此的态度和行为(甚至性格变化),从而左右情节进展。但在游戏中,这种机制实际上与我们在现实生活中的人际关系建立过程相悖。

在现实生活中,人际关系的建立和变化通常从外部行为开始(外),进而影响角色关系和个性变化(内),再通过内在情感驱动外部行为的互动(外)。然而在数字游戏中,受限的动作选择导致了外部动作完全替代了角色关系与角色人格的"变化",人际关系从外到内再到外的互动链条其实是断裂的。在这种从外到外的人际交往中,"输入"与"输出"都相当固化且严重受限。玩家的自我角色或者系统的自行体都无法感受到任何的情感投入,因而无法形成真实可信的情感联系。换言之,这种由外到外的菜单动作进行的人物互动并不能形成真实可信的、有叙事性的人际关系。

在《表象》中,玩家在与角色 Grace 和 Tripp 互动时,可能会因体验到角色之间的虚伪关系而产生不认同、鄙夷甚至强烈的厌恶感。然而,游戏并未能让玩家真正融入剧情,使这些情感成为这部剧的一部分。比如玩家在解决问题时,不会因为希望维持自己与这对夫妻的朋友关系而表现得礼貌周全,这表明玩家对自己的游戏角色并无强烈的情感认同。玛丽-劳尔·瑞安在写自己的游戏体验时提道:"当他们夫妇因为要解决自己的问题而将我赶出公寓时,我并没有因失去友谊而感到悲伤。"数字游戏有限的交互很难创造出足够真实的角色,导致玩家难以产生与现实生活中相似的情感反应。

五、问题三——数字媒介可提供的有限整合力

(一) 整合力在互动叙事中的作用

我们在前面提到过故事统一性的问题,整合力在互动叙事中非常关键。在"老爷爷讲故事"的例子中,"爷爷"应对所有的随机情况,整合所有的"玩家"(小孙女的突发奇想)行动,捋顺叙事线,使故事可以有趣味地持续讲述下去。

在桌面游戏中,参与的玩家可能是你的朋友、家人或者偶遇的陌生人,他们的不可预测行为和各种出其不意的状况会使故事更有趣。为了保证故事的整合性,复杂成熟的叙事类桌游通常会设置类似于故事框架的规则系统,把玩家的游戏行为和各种事件控制在故事的结构之内,提供整合力来解决游戏的统一性问题。

在美国情景喜剧《生活大爆炸》的一个场景中,主角们在玩《龙与地下城》的游戏,Wolowitz 被选为新任 DM(地下城主),此时 Raj 的女友打电话来,于是 Raj 要离开去约会。Sheldon 谴责他说大家正在游戏中,怎么可以抛下大家就走。Raj 就回道:"我在自己脸上戳了一剑,我死了,再见。"而此时作为 DM 的 Wolowitz 立刻执行了 DM 整合

故事的职能,将"他"的死亡铺陈了情境,并激情旁白道:"Raj 的死将永远鼓舞我们前进。"

在具体的游戏中,将玩家的行为整合进故事情节的任务视游戏的规则而定,有时候由一个拥有特殊身份的玩家(比如 GM)来完成,有时候需要所有玩家协商决定。但无论如何,这些都是由人来操作的。我们可以设想这样一种情况:在一段游戏故事中,玩家终于来到了距离 BOSS 最近的小村庄,按照理想的情节安排,他应该直接去城堡里挑战 BOSS,但是因为这是一个互动性的故事,玩家有自己的选择权,所以他选择悠闲地窝在舒适的小旅馆里打牌,不去面对生死存亡的战斗。那么在桌面游戏中,这样的情况会导致情节停滞不前吗?并不会。因为 GM 可以使用各种手段,强制引发冲突(情节)。GM 可以让 BOSS 带着手下出城堡,横行霸道扫荡村庄,顺便把玩家住的小旅馆也夷为平地,这样玩家就不得不和 BOSS 正面交锋,为自己的尊严而战。

互动性并不必然意味着情节性的降低。只要故事本身有足够的方法将玩家的行为纳入一个满足叙事条件的故事框架内,故事就可以流畅发展。这个叙事框架在理想状态下应包含引发戏剧性的元素,如事件序列、有思考能力的角色、随机连接的人物关系、驱动冲突的动机,以及解决冲突的行动等。

这些在桌面游戏中自然发生的事,在数字游戏中就不那么简单了。你还记得那些数字游戏中因为你选择不去执行主线任务而不得不在自己的巢穴里孤独地等你到天荒地老的 BOSS 们吗?为了避免这种情况,数字游戏还专门设计了一些应对机制,例如当玩家完成了准备打 BOSS 所需的所有条件之后,或游戏系统内数据显示已满足打 BOSS 所需的条件(比如集齐了某些信物的碎片),远在千里之外的 BOSS 就会自动被召唤到玩家面前。当然这种机制也会产生新的问题,它让玩家不得不谨记,只有当自己真正准备好挑战 BOSS 时,才能满足最后一个必备条件。这样一来,玩家仍然自主决定如何推进故事,只不过把拖延情节的时间点转移到了故事的不同阶段。

(二) 目前游戏中叙事 AI 智能的有限性

叙事 AI 在游戏故事中扮演核心角色,类似于"讲故事的老爷爷"中的"爷爷",或克劳福德在书中所描述的交互叙事中的"FATE"(命运)系统。它负责产生角色、控制角色反应(生成可信的自行智能体)、安排事件发生的时间和可能情节,以及虚拟世界的后续反应(整合叙事结构)。

尽管克劳福德反问道:如果一位普通的爷爷都能做到,那么作为互动叙事创作者的我们怎么会做不到呢?但这一反问未免太乐观了。

在探讨数字游戏互动叙事 AI 的局限性时,我们可以从比较不同的游戏规则入手来说明真人互动与人机互动叙事之间的差异。例如,为什么围棋不需要裁判,而拳击却需要？

在围棋和象棋这样的游戏中，所有可发生的动作都是符号化的，如按固定路线移动、吃掉对方棋子等，这些所有可发生的动作都在规则范围内被完全规定和穷尽了，玩家的所有可能行动都可以被规则判断，因此不需要另外的角色（如裁判）来裁决。极端情况下，玩家两人充当各自的/对方的裁判，共同协商式判断游戏结果。拳击则不同，拳击中的行动是由选手的真实动作执行的。规则系统内的规定并不能穷尽所有可能发生的情况，裁判需要根据实际情况和经验来判断得分和输赢。此时作为参与者（players）的两人只有行动权，没有判定自己的行动在规则系统中效能的权力。大部分情况下，赛场需要裁判根据现场情况随时做出决定，例如判断比赛是否立刻中止。

这两个比赛彰显了符号化行动与人类真实行动之间的巨大差异，裁判在这两种比赛中的作用能体现出人类在面临不可预测情况时的判断和应变能力。在互动叙事中，讲述故事的关键在于对情境的判断以及对这些情境进行创造性的行动或反应，这样才能在时间序列中让事件形成具有戏剧性的叙事弧。在传统叙事游戏中，玩家在互动过程中会创造出很多规则无法完全覆盖的行为或情况，处理这些情况涉及复杂的人类经验和直觉，目前的 AI 技术仍难以模拟。所以，在目前的数字游戏中，玩家能执行的行为通常被限制在相对较小的范围内，以便虚拟世界的叙事 AI 可以更有效地处理。

当下，尽管人工智能技术已经取得显著的发展，但它在叙事方面的真正潜力还未完全释放。以《魔兽世界》式的 MMORPG 为例。假设它同时有 500 万玩家在线，想象一下，如果有一台 AI 主脑在微观层面可以同时为这 500 万个玩家提供适合每个人的最有戏剧性的境遇，同时在宏观层面还能保证整体游戏叙事世界的顺利开展，这样的主脑需要占用多大的算力、传输速度和信息储存数据量？

以数字媒介为依托、以计算机为核心工具是叙事的一个发展方向，有着巨大的发展前景，它能为我们创作出什么样的故事体验，值得我们拭目以待。

拓展阅读：Generative Agents 用 AI 角色模拟人类行为的研究（见二维码 2-1）

二维码 2-1

第四节　数字游戏中机制与叙事的冲突

本章的第二节与第三节主要探讨了互动与叙事之间的冲突。首先是互动和叙事本身存在的冲突；其次是随着游戏叙事转向数字化，数字媒介的互动缺陷特性引起的冲突与矛盾。在这一节中，我们将着重讨论数字游戏中的媒介属性所导致的游戏机制与叙事性之间的矛盾和冲突。

当人们想了解一个游戏时，他们通常首先会问这个游戏怎么玩，而不是这个游戏讲了一个什么故事。如前面所述，叙事并不是游戏的核心。即使是制作叙事游戏，设计者通常也需要考虑游戏的玩法机制，确保它首先是个游戏。

数字游戏的互动叙事建立在一个前提之上：为了实现互动，游戏必须具备特定的机制（即玩法），这些机制定义了游戏的交互方法。游戏通常会在玩法基础上附着其故事，这引出了一个关键问题：如何通过交互实现游戏中的故事？换言之，游戏的互动叙事需要探讨的是，故事的展开要怎样与游戏的互动方式（主要游戏机制）相结合。

我们之前也提到了，越来越多纯粹的以叙事为导向的游戏（被冠以互动戏剧、互动电影、互动影像、互动视觉小说等诸多名称）的出现，表明数字互动叙事越来越倾向于从传统的数字游戏中脱离。这意味着在现有的游戏设计中，有些是先考虑机制，而有些则先考虑故事，这两个元素并不同等重要。在实际的开发中，许多情况都会导致其机制和叙事产生矛盾或脱节，比如重视程度的差异、开发阶段安排的先后甚至分工团队沟通不足。

故事与机制并不能随意结合。《数字游戏策划》的第二章"类型游戏分析"探讨了几种不同游戏类型的情节结构、难度曲线和情感体验（具体游戏类型及其代表原型见表2-1）。我们可以在其中看到机制本身也会影响游戏的节奏和情绪，从而形成一种叙事感，甚至是它自己的叙事节拍点和转折点。这表明不同机制类型的游戏适配不同的故事。因此，如果要在游戏中讲述一个故事，应先研究这个故事更适合哪种玩法类型的游戏机制，在结合其游戏机制和叙事时，应该综合考虑原有的机制，以避免游戏和故事之间出现断裂，导致玩家游戏体验不佳。

表2-1　《数字游戏策划》分析情节结构的游戏类型（附游戏原型）

游戏类型		游戏原型	
动作游戏	ACT	PONG	1972
冒险游戏	AVG	《巨型洞穴冒险》	1976
益智游戏	PUZ	《俄罗斯方块》	1985
模拟游戏	SIM	《模拟城市》	1989
第一人称射击	FPS	《雷神之锤》	1996
即时策略游戏	RTS	《星际争霸》	1998
多人在线角色扮演游戏	MMORPG	《魔兽世界》	2004

叙事与游戏机制之间的冲突往往来源于不放弃游戏形式的同时又试图随意嵌入故事元素。最糟糕的情况是,为了迎合游戏中必须加入叙事这一刻板原则,设计者强行在机制内添加了一些与玩法毫无关联的故事内容,这导致玩家的体验类似于玩一段游戏、看一段电影。这种机制与叙事的强行拼贴组合,被称为"胶带粘贴"式叙事法,时至今日仍然能不时见到。

研究者①根据叙事与机制结合时传达的意义模型,将其结合方式分为四种情况:分歧模式、平行模式、一致模式、合并模式。

一、分歧模式

在表现为分歧模式的游戏中(见图2-5),游戏的机制和故事通常完全不同且相互独立,有时甚至对立或相悖,它们之间很少互相影响或存在交流。在这种情况下,游戏的故事仅仅作为背

图 2-5 分歧模式示意图

景存在,只是游戏的外壳而不是其机制的一部分,这可能会导致游戏叙事与机制之间的不协调。

例如,早期的《神秘海域》(*Uncharted*)系列就展现了这种模式中叙事和机制的割裂。在许多冒险游戏中,常见的矛盾之一是"虐杀者的不和谐",即游戏的剧情(塑造主角为有道德感的英雄)和游戏机制(杀死大量的"敌人")之间存在着冲突。在《神秘海域》中,主角内森·德雷克(Nathan Drake)被塑造成了一个道德英雄,但游戏机制为了保持紧张感和挑战性,设置了大量的敌人供玩家战斗。这就导致了玩家需要操纵主角在短时间内杀死大量敌人来推进游戏,这与他的道德英雄形象产生了冲突。

在《古墓丽影》中,女主角在故事中因被迫杀死了一名攻击者受到情感冲击,但在之前游戏的机制部分,她已经杀死了众多土著"敌人",这使得她的情感反应显得不自然和虚伪。

另一个例子是《最终幻想7》,游戏中的复活道具"不死鸟之尾"(Phoenix Down,フェニックスの尾)能复活任何人,但无法复活经典死亡场景里的爱丽丝(Aerith)。虽然这是游戏中故事节拍的需要,但与玩家已在游戏中学习过的对"不死鸟之尾"的功能理解相冲突。即使游戏可能会用设定来解释这种分裂,但玩家还是会感觉到不协调。

---

① MOLEDINA S, MANNING C, POBST J, et al. Playful narrative: a toolbox for story-rich mechanics[EB/OL]. [2023-12-30]. https://polarisgamedesign.com/2022/playful-narrati ve-a-toolbox-for-story-rich-mechanics/.

二、平行模式

图 2-6　平行模式示意图

在平行模式下(见图 2-6),故事和机制不完全融合,但大致指向相同的方向,既不完全分开,也不完全独立,同时也没有直接的交集。两者朝同一个方向发展,但不依赖。

在《质量效应 1》(*Mass Effect 1*)中,玩家通过与角色的对话和在游戏内的探索接到新任务和推进故事线,他们所做的选择对于尚未揭示的情节是有意义的,会引发后续剧情的变化。但其他机制,如射击和收集则对叙事毫无影响。然而通过射击、收集、升级和对话选择等手段,故事以一种与机制平行的方式展示,形成和讲述了一个整体连贯的故事。

在游戏中,对话选择会开启涉及小队成员的新故事,但这些对话与战斗奖励之间没有直接的关联。《火焰纹章:觉醒》(*Emblem: Awakening*)同样如此,在这类平行模式的游戏中,故事和机制并行发展。

三、一致模式

图 2-7　一致模式示意图

在一致模式下(见图 2-7),游戏的机制和故事交织在一起,常有直接的交集。有些机制会有意强调特定的情节或故事节拍,但它们依然可以独立存在。与平行模式一样,这种模式下的故事和机制都朝着相同方向发展,但比平行模型的整合程度更高,结合也更紧密。在这种模式中,虽然有时故事和机制可能并不相连,但它们也往往无法完全分离。

《灵魂摆渡人》(*Spiritfarer*)采用了这一模式,在游戏中,钓鱼机制有时可以成为引入新角色或构建故事的关键转折点,但有时仅是单纯的玩法。故事和游戏机制在某些时刻可以分离,即在没有游戏机制的情况下仅有故事发展,或仅有游戏玩法的时候没有与之相关的故事时刻。然而,它们也能够被有机地聚合在一起,相互强化。

四、合并模式

在合并模式下(见图2-8),故事和机制完全融合,形成统一的交集。它们始终紧密且频繁地互动,任何一方的变化都会影响另一方。在这一模式下,故事和机制完全整合在一起,不再独立运作。

图2-8 合并模式示意图

《剑士》(Kenshi)就采用了合并模式。在这种开放世界沙盒游戏中,玩家行为经常对故事有贡献,而故事也很少脱离玩家的行为独立存在。故事不断地通过机制展开,同时玩家的行为也在不断构建故事。游戏和故事/世界始终在产生交集,它们紧密联系,互相影响。

在构建游戏叙事时,因为游戏媒介的特殊性,我们必须特别关注叙事和游戏机制之间的协调,在设计上使两者在形式和内容上保持某种一致性,避免故事与机制之间产生重大的矛盾和断裂。这种整合需求也是游戏区别于其他叙事媒介的独特之处。通过对以上四种模式的讨论,我们可以理解游戏中机制与故事之间存在着多种结合方式,其中每种方式都会提供不同的体验,并体现设计者独特的意图。而优秀的游戏叙事并不是机械地嵌入机制中或与机制随意结合,而是需要精心设计以创造出富有深度的游戏体验和叙事效果。

本章小结

本章主要讨论了游戏互动叙事中存在的冲突和矛盾。

第一节引入了"面向过程的叙事"的概念,明确了互动叙事的特性及其与传统叙事的差异。

第二节从三个层面分析了互动与叙事之间的冲突和矛盾。这三个层面包括:互动与叙事本身的冲突;游戏在数字化之后,由于数字媒介本身的缺陷导致的互动与叙事之间的矛盾;数字游戏作为一种以机制为核心的特殊媒介,其决定互动方式的机制与叙事之间可能存在冲突与矛盾。第二节的剩余部分集中讨论了第一个层面的问题,即互动与叙事结合时本身存在的冲突与矛盾。

第三节主要讨论了数字媒介给游戏互动叙事带来的直接和间接的影响。首先强调了数字媒介对游戏互动叙事的促进作用,其次谈到了数字媒体背景下互动叙事的理想与现实之间的差距。之后展开讨论了第二节中提及的第二个层面的问题,主要包括三个方面：动词的局限性导致的输入新信息的难题；人际交互和情感联系的薄弱导致无法建立深入的角色关系，也因此缺少了以人际关系为核心构建故事的手段；叙事 AI 的智能限制导致游戏提供的叙事整合能力有限。这部分还讨论了目前游戏叙事 AI 的现状和未来的发展潜力。

第四节讨论了数字游戏中机制与叙事之间的冲突。这一部分分析比较了机制与叙事之间的四种结合模式，并指出游戏中机制与叙事之间的随意结合会导致二者之间出现冲突与断裂，强调了设计整合的必要性。

概言之，本章阐述了游戏互动叙事中存在的多重冲突和矛盾，为后续讨论提供了简要的理论框架。

思考与练习题

从自己的游戏体验出发，你能想到哪些互动与叙事的冲突表现？这些游戏中是否有相关应对策略的设计？

第三章　叙事学与传统故事结构

传统线性故事，不论是口头传承、文字传记还是影像，都是人类经验和智慧的结晶。故事作为文化的基石，塑造了我们对世界的认识，也塑造了我们在世界中对于自我的理解。游戏作为一种叙事媒介，通过互动的方式赋予这一传统新的生命，理解这些故事如何被构建和传达，不仅能帮助游戏设计者打造更加引人入胜的游戏，也能让玩家在虚拟世界里更多地体验到意义与情感共鸣。

叙事结构犹如故事的骨架，指引着故事的流程和逻辑，确保每一个元素都恰当地为整体叙事作出贡献。对于这些结构的深入理解，为叙事设计者提供了宝贵的指导，助力他们更好地提供游戏目标、设置故事的主要冲突，引导并持续吸引玩家的兴趣。

本章将阐述叙事学领域的一些关键概念，探讨有关传统线性叙事结构及其在实践中的应用，使读者获得对故事的直观认识，并对其有整体概念性的把握。通过站在叙事媒介"前辈们"的肩膀上，我们可以更好地理解游戏叙事的力量，并探索其潜在的可能性。

第一节 有关叙事的基础概念

一、事件与情节

(一) 事件(Event)

故事是由一系列事件构成的,事件就是故事"从某一状态向另一状态的转化"①。转化/变化需要动作达成,因此事件可以被简化理解为动作/行动。行动是由某一人物发出的,如果该行动具有叙事上的意义,那么这个人物就构成了叙事语法上的名词主语。

简而言之,事件是指在故事中发生的任何具体的动作或事情。它们可以是角色的行为、外部环境的变化,或者其他影响故事进程的元素。事件是构成故事的基本单位。

(二) 情节(Plot)

现实生活中的各种事件都发生在"实际时间"中,但这并不意味着事件之间存在逻辑,即它们在因果方面存在着必然的有序结构。很多时候,实际时间恰恰表明了事件之间的无序与混乱。亚里士多德将情节界定为"对事件的安排",这种安排是对故事结构本身的建构。

前面谈到在叙事学历史上俄国形式主义者提出了新的两分法,即"故事"(фабула)与情节(сюжет)。"故事"是指作品叙述时按实际时间、因果关系排列的事件,"情节"则指对这些素材的艺术处理或形式上的加工,即情节是为了表现和达到"特定感情和艺术效果"而对故事事件的安排和处理。

简而言之,情节是指故事中事件的排列和组织方式。它不仅涉及事件本身,还包括这些事件之间的因果关系、时间顺序和逻辑连接。比较而言,事件是故事中实际发生的事情,而情节则是对这些事件在叙事中的安排和解释,是更高层次上对事件的组织和表述。

---

① 巴尔.叙述学:叙事理论导论[M].谭君强,译.北京:北京师范大学出版社,2015.

二、情节点与行动链

(一) 情节点

情节点(plot point)是情节中的关键时刻,它是故事的重要转折点,通常会显著改变故事的方向或增加故事的紧张度。情节点标志着故事中的重大事件,如主角做出重要决定、一个重要信息揭露或冲突的升级。它通常推动故事前进,引发后续事件的发展。

简而言之,情节是故事的整体结构和事件序列,而情节点是情节中的关键转折点,在一个完整的故事中,情节点是情节结构的重要组成部分,帮助构建和塑造整个叙事,对于推动故事的发展和维持叙事的张力至关重要。

在象棋比赛里,玩家每次移动棋子的行为可能不是一个真正的情节点,但吃掉对方一个棋子的行为就是一个情节点。在动作冒险游戏中,选择沿着某条特殊的走廊前进不是情节点,但击败走廊尽头的敌人则是一个情节点。游戏中能让玩家和故事继续前进的行为才是情节点。

故事中的情节点(或是转折点)来自角色,在好的故事里,情节点由角色直接触发,角色根据自己的性格采取下一步行动。在游戏里,玩家创造转折点。从理论上来说,玩家做出的每一个决定都应该创造或引发故事。如果玩家来到一个岔路口,他必须做出选择,这些情节点构成了他在游戏中的个人故事,只不过这个岔路口(或是挑战和障碍)是游戏开发者制作的。

(二) 行动

在叙事中,行动(action)指的是故事或剧本中角色所执行的具体动作。这些行动推动故事的发展,揭示角色的性格,或是服务于情节展开。行动通常是有意图的,即角色有目的地执行某项动作,以期达成某个目标或应对特定的情境。

(三) 行动链

行动链(chain of actions)是指一系列相互关联的行动,这些行动紧密相扣,共同推动故事的发展。在一个有效的行动链中,每个行动都因前一个行动而产生,同时又是下一个行动的原因。这种因果关系链使得故事具有逻辑性和连贯性。行动链不仅展现了事件的发展过程,而且反映了角色之间的互动和冲突,是构建故事张力和推进情节的关键工具。理解行动和行动链对于把握故事结构和角色发展至关重要,它们解释了角色如何通过自己的选择和行为来影响故事的走向。

(四) 行动链与戏剧性

在传统的故事讲述中,事件即角色的行动构成了一条行动链,贯穿故事始终,形成情节节点,这些节点排列起来组成了一个故事(见图3-1)。

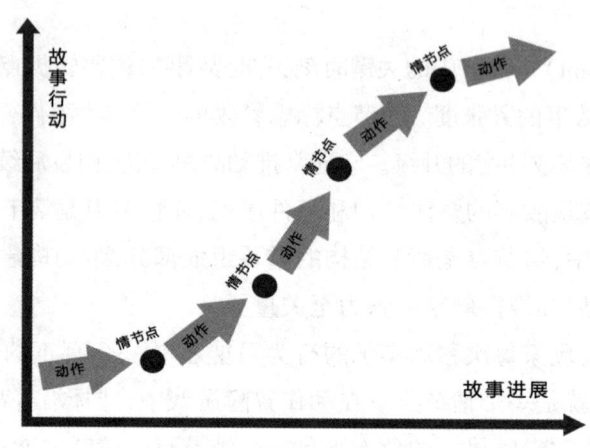

图3-1　行动线与故事进展

行动链通常始于某件事情的发生,在事件发生之后,角色必须做出选择。在传统叙事中,为了形成连贯的行动链,角色的每个决定都会引发下一个行动,并同时排除其他的选项,迫使角色进一步深入故事。为了营造戏剧性,角色的每次决定往往都会触发更大的问题。在游戏故事中,由于游戏行动由玩家决定,为了避免行动链形成的情节序列平淡乏味,设计者需要按照叙事弧的发展逻辑,通过层层递进的方式强制把行动链推高,逐渐增加戏剧张力,直到最后高潮——玩家胜利或失败之后的最终故事内容。

(五) 叙事中的"事"

叙事学中涉及的"事"并不是指简单的事情。叙事学家对于因果关系究竟是否是构成叙事的必要条件意见不一,但有一点没有争议,即叙事必须涉及两个或两个以上的事件或状态。[①]

在经典叙事学中,一个故事至少必须包括两个事件,这些事件构成一个序列。这个序列必须具有某种可续性,可续性涉及事件与事件之间的联系,这种联系以不同的方式形成。具体来说,主要有以下四种:

(1) 时间:事件发生时间的延续。
(2) 空间:事件发生空间的转换。

---

① 申丹,王丽亚.西方叙事学:经典与后经典[M].北京:北京大学出版社,2010:2.

(3) 人物：事件人物的统一性。
(4) 因果：事件发生的逻辑关系。

与故事的可续性关系最密切的就是事件之间的因果即逻辑联系。

(六) 逻辑与选择

弗拉基米尔·普罗普(Vladimir Propp)在其1928年出版的《民间故事形态学》中提出，故事的基本单位并非人物，而是人物在故事中的"功能"①。在普罗普总结的31个叙事功能中，故事事件的自然时间序列并没有改变，构成情节主干部分的是人物行动功能，而不是如何安排故事事件的艺术手段，即叙事功能包含"事件"与"自然时序"。

在普罗普的"叙事功能"说之后，布雷蒙提出了"叙事序列"的概念来作为叙事的基本单位，并用它来说明功能与功能之间的逻辑关系。他的基本序列中有三个功能构成，功能与功能之间存在着严密的逻辑联系，三者构成了不可分割的整体。

(1) 一个功能以将要采取的行动或将要发生的事件为形式，表示可能发生的变化（情况形成）；

(2) 一个功能以进行中的行动或事件为形式，使这种潜在的变化可能变为现实（采取行动）；

(3) 一个功能以取得结果为形式，结束变化过程（达到目的）。

情况形成后，可以采取行动，也可以不采取行动。采取行动后，可能达到目的，也可能达不到目的。这种逻辑仅仅是一种可能的逻辑（见图3-2），如果主人公未能采取行动，则故事中断，财宝被人夺走。

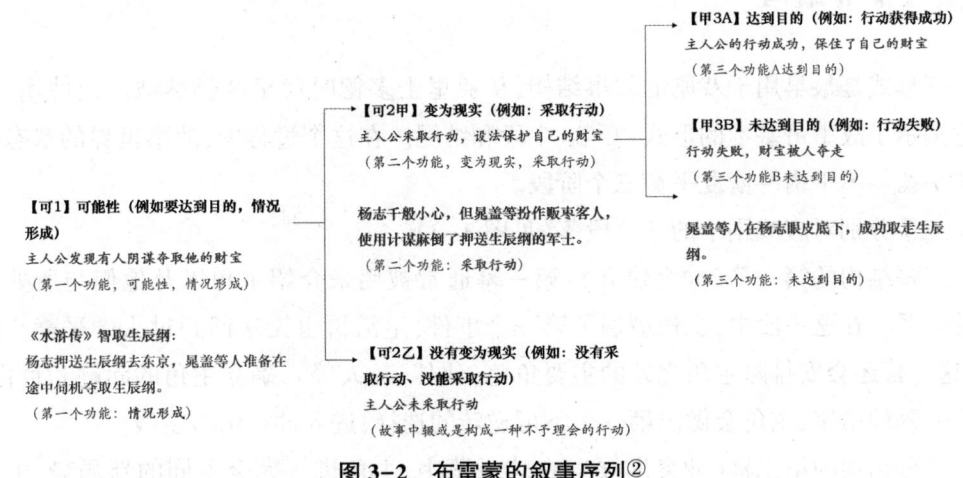

图3-2 布雷蒙的叙事序列②

---

① 有关"叙事功能"理论的详细内容见本章第三节。
② 罗钢.叙事学导论[M].昆明：云南人民出版社,1994:93.

总结来说,布雷蒙叙事的基本序列由三个功能组合而成:表示可能发生变化的功能、是否实施这种变化的功能与变化是否实现的功能。这三个功能组成的基本序列互相结合可以产生复合序列。

从因果联系的角度观察故事的发展,我们会发现故事的进展实际上是以它未来可能性的不断缩减为代价的。故事开始的时候,它的发展具有各种各样的可能性,可以向任何一个方向延伸;故事进行到中间的时候,这种可能性就变成了或然性,故事面对的只有或此或彼两种选择;而在故事的结局,一切都成为必然了。

布雷蒙的叙事序列是一个很有弹性的模式,每一个功能项下都存在改善或恶化、成功或失败两种可能,而故事究竟向哪一个方向发展,很大程度上取决于人物的选择。

游戏的情节发展与布雷蒙的叙事序列模式极其相似,只是在游戏中,故事人物选择是由玩家来操纵的,体现玩家的意志。不同的是,数字游戏作为互动非线性叙事的数字媒介代表,它的故事进展只是代表某条逻辑线的发展,并不以未来可能性的缩减为代价,玩家随时可以返回重新选择。玩家从选择中得到结果,结果会导向更多的玩家选择,这样的因果构成了游戏中故事的构架,并带来了精彩的游戏性。

第二节　三幕式(戏剧)

一、情节结构

三幕式是最早用于戏剧的叙事结构,从亚里士多德时代至今仍然被广泛使用,因为它揭示了故事最基本的形式:开端、中段和结尾。在这个过程中,故事世界的状态经历了平衡—不平衡—恢复平衡三个阶段。

三幕分别对应戏剧中的三个段落(见图3-3)。

三幕结构的第一幕(冲突建立):第一幕通常被用来介绍主角以及他们与所处世界的关系。在这一段中,主角遭遇了第一个事件,生活再也无法回到过去的平静。此外,这一幕还会安排除主角之外的主要角色(伙伴、敌人等),确立主角的问题和目标。在这一幕的结尾,主角会做出第一个不可逆转的选择,进入冲突情节主线。

三幕结构的第二幕(冲突发展):在这一幕中,主角进入完全不同的新局势,主角想要解决他的问题,却面临一个又一个障碍。这些经历促使角色成长,以达成其目标。在这一幕的结尾,主角会做出第二个不可逆转的选择,进入冲突的解决阶段。

三幕结构的第三幕(冲突解决):这一幕是全剧的高潮,主角不仅解决了问题,达

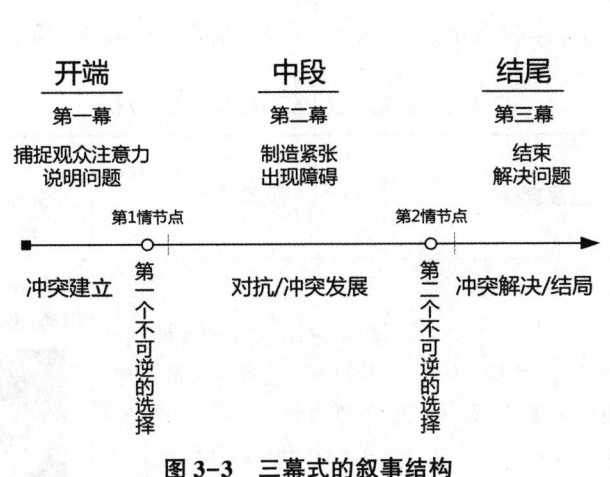

图 3-3　三幕式的叙事结构

成了目标,而且在经历了一切后,自身也发生了改变。在第三幕的结尾,主角开始了新的生活,故事达到新的平衡。

三幕结构的事件强度与时间节奏的安排大致如图 3-4 所示。

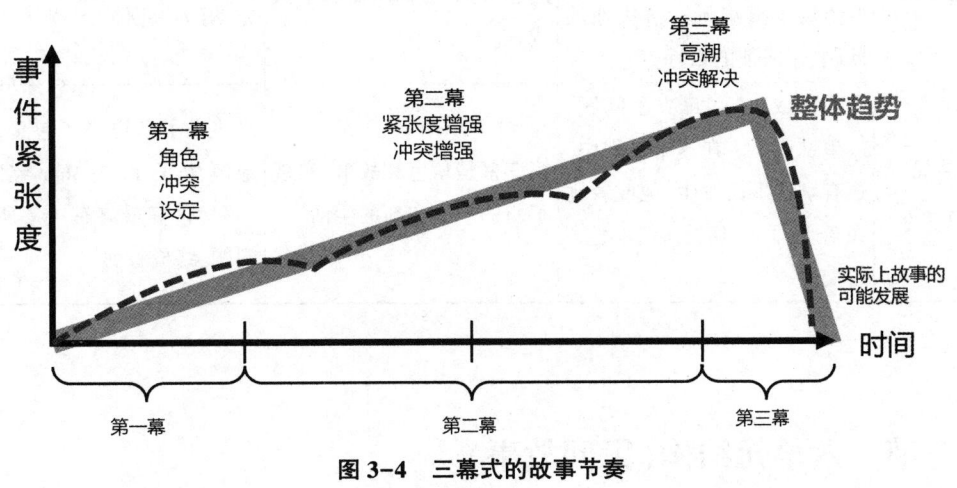

图 3-4　三幕式的故事节奏

二、三幕式结构在游戏中的使用

较早期的 *Ms. Pac-Man*(Midway 公司①)游戏使用了这种简单的情节结构来串联

---

① Midway 是当时 Namco 在美国的代理商,*Ms. Pac-Man* 最初名为 *Crazy Otto*,是几名程序员 hack 了 *Pac-Man* 的游戏程序。后 Midway 将其购买,加以修饰后作为 *Pac-Man* 的系列作品推出,该产品因为成功勉强被 Namco 认定为正式作品。

关卡。该游戏的主角是吃豆人系列中的一位女性角色,游戏在若干个游戏关卡之间会加入一些简单的动画,连起来讲述的就是一个三幕式的小故事(见表3-1)。

表 3-1 三幕式结构及其游戏应用分析

	主线剧情	段落作用	*Ms.Pac-Man* 关卡之间有过场动画 按三"幕"推进故事
开始 (第一幕)	介绍主要角色(英雄、主角),安排主角的同盟者、敌人;主角的居住环境等。	第一幕确立好英雄的问题和目标。在这一幕的结尾,英雄面对一个选择,或是进入一个和之前完全不同的局势当中。	Ms.Pac-Man 与 Mr.Pac-Man 相遇(见图3-5)。 图3-5 第一幕的"遇见"
中间 (第二幕)	角色开始适应新局势时,面临一个接一个的障碍,这些障碍通常是他的敌人设置的。这些障碍令英雄无法解决他的问题、达成他的目标。	这一幕是故事的主要部分,角色在这里体验到要解决问题、达成目标所需的个人成长。	彼此追逐。 (或者可以理解为失去对方,努力寻回彼此。)
结局 (第三幕)	角色达成目标,解决了问题,故事结束了。在这个过程中,还有别的事情发生,他或者她在经历了一切之后发生了改变。	第三幕是角色和故事,实现了新的平衡和新的生活。	最终送子鸟送来了包裹,落地诞生了 Pac-Man 宝宝。(显然他们最终解决了所有问题,终成眷属。)

第三节 六单元结构(民间故事)

一、普罗普及其叙事功能结构

俄国形式主义叙事学家普罗普对一百多个俄罗斯民间故事进行了深入研究,并在此基础上通过分类和比较提取出了构成故事的基本要素。

普罗普比较了下面的例子:

(1) 沙皇赏赐给主人公一头苍鹰,苍鹰负载主人公至另一个国度。

(2) 老人送给苏申科一匹骏马,骏马负载苏申科到另一个国度。

(3) 巫师给了伊凡一只小船,小船运载伊凡到另一个国度。

(4) 公主给了伊凡一个指环,从指环中跳出来的年轻人背负伊凡至另一个国度。

比较上述4个故事,我们可以从中发现角色的姓名、身份、属性在发生变化,但角色的行动及其功能是不变的。普罗普指出,民间故事常常安排各种角色来实践同一行动,通过各种具体方式来实现同一功能。因此,角色的功能才是故事构成的不变的或者说基本的要素,这些功能是由角色及其行动共同构成的。

这种纯功能性的角色和行动也存在于中国的传统小说中。在《水浒传》第三回中,鲁智深为救金老父女,三拳打死镇关西,随后遭到官府缉捕。他在逃亡途中偶遇金老,此时金老女儿翠莲已嫁给本地一位财主赵员外,常常在赵员外面前说起鲁智深的好处,于是在赵员外的帮助下,鲁智深得以进入五台山寺。金圣叹指出,在这段描写中,赵员外作为一个人物,自身的品质是无关紧要的,我们可以把他换作张员外、李员外,重要的是作者要让他在这里履行某种功能,即使他的行为成为鲁智深进入五台山寺的一种中介。赵员外在小说行动中的意义,完全是功能性的。①

普罗普认为,在分析故事的叙事功能时,应该将着眼点放在人物的某一行动与故事行动的关系上,放在它对故事行动所产生的意义和作用上。

他为俄国民间故事总结了四项基本的原则:

(1) 人物的功能在童话中是稳定的、不变的因素,这与它如何实现、由谁来实现无关,功能构成童话的基本要素。

(2) 童话已知的功能数量是有限的。

(3) 功能的次序总是一致的。

(4) 就结构而言,所有的童话都属于一个类型。

普罗普概括出俄国民间故事的深层结构是相似的,可以被抽象为31项功能,在故事发展的六个时间单元中影响情节发展方向。如下所示②:

单元一,准备

1) 一位家庭成员离家外出。(β)

2) 对主人公下一道禁令。(γ)

---

① 罗钢.叙事学导论[M].昆明:云南人民出版社,1994:28.
② 普罗普的叙事功能理论在实际应用于故事分析时,有大量灵活的变体,比如在功能 A 罪行(villainy)部分:对头伤害或侵犯家庭的某一成员——这个功能下就有19种表现形式。有关该理论对故事的分析实例,可详见普罗普的《故事形态学》或罗钢的《叙事学导论》。

3) 打破禁令。(δ)

4) 对头试图刺探消息。(ε)

5) 对头得到了一些消息。(ζ)

6) 对头企图欺骗受害者,以掌握他或她的财物。(η)

7) 受害者上当并无意中帮助了敌人。(θ)

单元二,纠纷

8) 对头给一个家庭成员带来危害或损失。(A)

8a) 家庭成员之一缺少某种东西,他想要得到某种东西。(a)

9) 灾难或缺失被告知,向主人公提出请求或发出命令,派遣他或允许他出发。(B)

10) 寻找者应允或决定反抗。(C)

单元三,转移

11) 主人公离家。(↑)

12) 英雄经受考验、遭到盘问、遭受攻击等,以此为他获得魔法或相助者做铺垫。(D)

13) 主人公对未来赠与者的行动做出反应。(E)

14) 英雄借重这位有法力的人(得到有魔法的器物)。(F)

15) 主人公转移,被送到或被引领到所寻之物的所在之地。(G)

单元四,对抗

16) 英雄与对头正面交锋。(H)

17) 给主人公做标记。(J)

18) 对头被击败。(I)

19) 最初的灾难或缺失被消除。(K)

单元五,归来

20) 主人公归来。(↓)

21) 主人公遭受追捕。(P_r)

22) 主人公从追捕处获救。(R_s)

23) 主人公以让人认不出的面貌回到家中或到达另一个国度(英雄回到故事或某处却不被承认)。(O)

24) 假冒主人公提出非分要求。(L)

25) 给主人公出难题。(M)

26) 难题被解答。(N)

27) 主人公被认出。(Q)

单元六,接受

28)假冒主人公或对头被揭露。(E_x)

29)主人公改头换面。(T)

30)敌人受到惩罚。(U)

31)主人公成婚并加冕为王(努力得到回报)。(W)

二、叙事功能及其与游戏的联系

(一)四种类型故事

经过仔细观察,普罗普发现有两对功能很少同时出现在一个叙事"行动"中,一对是与对头的战斗和战胜对头(H-I),另一对是困难任务及其解决(M-N)。它们是互相排斥的,如果它们同时出现于一个"行动"中,则只能被看作例外。

在一百多个俄罗斯民间故事中,第一对功能出现了41次,第二对功能出现了33次。但两对功能同时出现于一个叙事"行动"中的情况只有3次。在另外一些故事中,两个功能都未出现。[①]

(1)(H-I)类型故事:战斗型(基本叙事功能模式为 ABC↑DEFGHJIK↓PrRsLQEхTUW)

> 沙皇有三个女儿,女儿到外面游玩($β_3$)。在花园中流连忘返($δ_1$)。结果遭到毒龙的掳掠(A_1)。沙皇诏征勇士拯救(B_1)。三位英雄应诏出征(C↑)。与毒龙大战三次(H_1-I_1)。救出三位公主(K_4)。英雄胜利归来(↓),接受赏赐(W)。
>
> 该故事的结构序列为:$β_3δ_1A_1B_1C↑(H_1-I_1)^3K_4↓W$

(2)(M-N)类型故事:任务型(基本叙事功能模式为 ABC↑DEGLMJNK↓PrRsQExTUW)

> 商人夫妇有一个儿子(a)。一只夜莺预言这个儿子将使他的父母蒙受耻辱(这是后面"罪行"的动机,消息性连接因素),父母将睡着的儿子放在一

---

① 罗钢.叙事学导论[M].昆明:云南人民出版社,1994:49-53.

条小船中,让其顺水漂走($A10\uparrow$)。船夫搭救了儿子(G2)。他们到达西瓦楼斯克(代替一遥远国度,空间转移连接因素),该国沙皇提出一项任务,猜测皇官里聒噪的乌鸦说的什么并把它们逐走(M)。儿子完成了这一任务(N)。娶了沙皇的女儿(W*)。儿子返家,在途中一处住宿的地方辨认出了自己的父母。

(3)第三种故事处于两者之外,没有这两对功能的类型,即既不包括战斗,又不包括任务功能的故事(叙事功能模式为 ABC$\uparrow$DEFGK$\downarrow$PrRsQExTUW)

牧师夫妇有一子伊凡鲁什卡,一女阿兰鲁斯卡(a)。阿兰鲁斯卡到树林里去采草莓(β_3)。她的母亲让她带弟弟一起去(γ_2)。伊凡鲁什卡采的草莓比姐姐多("罪行"的动机,连接因素)。姐姐对弟弟说:"让我为你捉头发里的虱子。"(η_1)伊凡鲁什卡睡着了(Q_1)。阿兰鲁斯卡杀害了他的弟弟(A_{14})。弟弟的坟头长出了一棵纤细的芦苇(具有魔力的器物从地上出现F_5)。牧童用它做了一支笛子(§)。笛子吹奏揭露了凶手(Ex)。笛子在不同的场合吹奏了五遍,他吹奏的是一首挽歌,父母驱逐了女儿(U)。

该故事的功能次序是 $\gamma_2\beta_3\delta_2\eta_1\theta_1 A_1 F_5(Ex)^5 U$。

(4)第四种结构:(H-I)与(M-N)联合的故事类型(尽管数量很少)。
(H-I)与(M-N)两类故事类型的叙事功能模式分别为:
战斗类:ABC$\uparrow$DEFGHJIK$\downarrow$PrRsLQExTUW;
任务类:ABC$\uparrow$DEGLMJNK$\downarrow$PrRsQExTUW。
上面两个公式表明,战斗与任务两种类型的许多功能及其秩序是相似的,二者在功能序列中的位置也基本对应,唯一不同的是功能 L(未被认出的到达)的位置,它发生在战斗之后却在完成困难任务之前。

如果有两个叙事"行动",任务类型很少出现于第一个"行动"中,通常处于第二个"行动"中,也就是说"战斗"的行动处于"任务"的行动之前,即(H-I)类型是典型第一"行动",而(M-N)类型则是典型的第二"行动"。

具有两对功能的故事,其叙事功能模式如下:
ABC$\uparrow$FH-IK$\downarrow$L M-NQExUW

(5)普罗普将以上内容简化,并最终总结出一个能概括一切民间故事/童话的基本叙事功能结构模式:

$$ABC\uparrow DEF\frac{HJIK\downarrow Pr-RsL}{LMJNK\downarrow Pr-Rs}QExTUW$$

其中,H-I 模式根据分号上面的公式展开,M-N 模式根据分号下面的公式展开,二者兼具的模式则先依据分号上面的公式(不等到结束)又接着根据分号下面的公式发展,二者皆无的模式去掉上述两对功能的因素后再依据剩下的叙事功能的序列发展。

(二) 游戏中的"跑腿"任务

玩家都很熟悉游戏中的"跑腿"任务。"跑腿"任务指的是虚拟世界里一类比较简单、普遍、类似于送快递式的任务,大概有几种形式。

(1)送货取货:如 NPC 甲告诉玩家要从 NPC 乙那里取得一个物品,或玩家会从 NPC 甲处收到一个物品,并被要求将其转交给 NPC 乙。之后玩家可能从其中一个或两个 NPC 处得到奖励。

(2)涉及战斗:NPC 要求玩家击杀特定生物,并要求带回与之有关的特定物品来证明自己已经完成该任务,以获取奖励。需要带回的物品通常是从生物身体上得到的某种财物或部位(如兽皮或牙齿),玩家需要返回 NPC 处并交付物品以领取奖励。

(3)"护送"任务。玩家的任务不是运送物品,而是运送 NPC。NPC 经常会被设计成必须通过一段敌方的领土或者处在危险之中的人。因为任务中 NPC 是移动的且无法被玩家控制,所以很容易受到攻击,在过程中护送对象死去就意味着任务的失败。"护送"任务可以被设计得很有难度,比如游戏可以让被护送的 NPC 主动攻击比自己强大数倍的目标,或者不经意地陷入危险之中,需要玩家警惕护送并及时施救等。

大家可以看到这几种"跑腿"任务其实就是叙事功能中具有三种"行动"类型的故事模式。其中,送货取货比较类似于(M-N)任务型模式故事,涉及战斗比较类似于(H-I)战斗型模式故事,"护送"任务则比较像第四类(M-N)任务型与(H-I)战斗型的组合,其中护送 NPC 比较像任务类,但往往面临着与试图击杀 NPC 的敌方势力的战斗,只不过在游戏中的事件发生顺序通常与先"战斗"后"任务"的传统民间故事模式相反。

从游戏中"跑腿"任务的设置思路可以看出,西方民间故事可以算作 RPG 游戏源远流长的灵感来源之一了。

叙事功能中不变的人物行动(功能)及固定的自然时间序列,使普罗普的分析方法具有很强的可操作性,以叙事性较强的角色扮演类和冒险类游戏为例,我们可以按照叙事功能公式推出一些经典游戏的情节结构,如《博德之门》(Baldur's Gate)的叙事功能结构为 AB↑DEFGKHE$_x$,而《星球大战:旧共和国武士》(Star Wars: Knights of the Old Republic)、《巫师》(The Witcher)、《上古卷轴4:湮没》(The Elder Scrolls Ⅳ:

Oblivion）等的叙事主线结构都可以被归结为 βεAaBC↑DFHK↓MNW。

数字游戏大量运用玩家替身（化身），故事中角色性格主要由玩家个性决定，这使得其中一部分故事并不围绕角色本身的发展展开，其叙事内容的主要组成部分也可能变成玩家在游戏中按时序完成的各种任务。这些数字游戏中事件的"它们不依赖由谁来完成以及怎样完成"的功能要素特性，与普罗普的"传统叙事的功能稳定不变的部分"有类似性与适用性。在普罗普的六单元的叙事功能结构中，因为并不是每个情节功能都必须出现，所以这种模式可以组成从最少6段到最多31段的情节安排。这些简单明确的情节铺陈，都可被运用到游戏设计之中。

第四节 英雄之旅（电影）

一、英雄之旅的12个阶段

"英雄之旅理论"是约瑟夫·坎贝尔（Joseph Campbell）在他的著作《千面英雄》中提出的，是对电影叙事手法的系统化总结。英雄之旅共包括12个步骤，如图3-6所示。

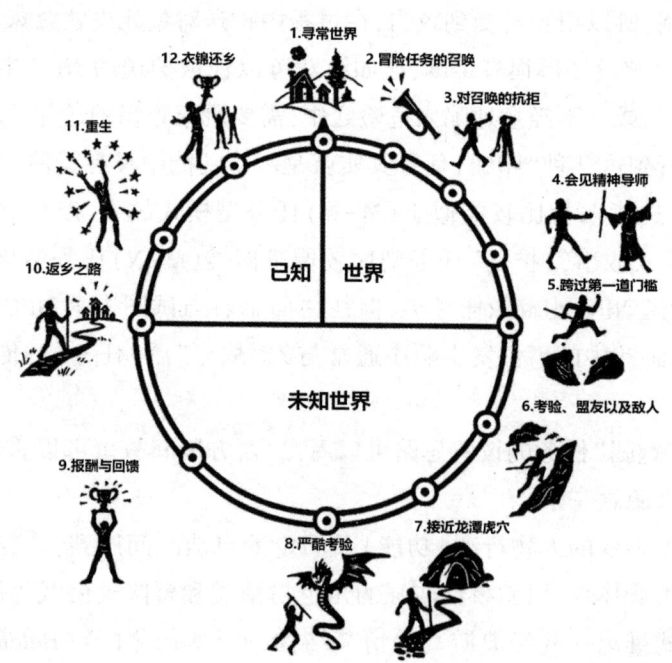

图3-6 英雄之旅的12个步骤

1. 平凡世界(Ordinary World)

这是叙事的第一个阶段,需要介绍故事的背景,以及该英雄之旅故事的主要角色(也就是玩家在互动时操作的替身)。具体而言,包括展示角色的基本特征、交代他/她所处的环境以及与其他角色之间的基本关系、通过主角的日常生活建立其价值观的基线、建立玩家与替身之间基本的移情(empathy)联系。

值得注意的是,所谓平凡世界的"平凡",指的是在故事世界中的平凡。如卢克(Luke)在《星球大战》系列电影一开始的角色设定,他生活在有数个太阳和月亮、古怪的沙人和飞行器出没的塔图因(Tatooine)星球上,然而他仍然只是生活在农场里的普通青年。

一般情况下,这个阶段持续的时间较短。在强调互动与参与的游戏中,如果故事在开始部分以大量的篇幅交代主角的普通生活状态而不引入戏剧冲突,玩家可能会迅速失去兴趣。

2. 冒险的召唤(Call to Adventure)

召唤的事件可能是突发性的,也可能是渐进性的。突发性的召唤事件一般来自外部,比如别人交给主角一个宝藏的地图;渐进性的召唤事件一般来自内部,比如主角厌倦了自己的生活决定离开。大多数情况下,召唤事件都与游戏故事的主线紧密关联。但在特定的情况下,召唤事件根本就无足轻重,比如召唤事件可能是其他角色设置的一个陷阱,诱使主角因此进入主要的戏剧冲突,但这个事件本身与情节主线的关系不大。

3. 拒绝召唤(Refusal of the Call)

在游戏故事结构中,"拒绝召唤"这个阶段并不是必须存在的。这个阶段也可能会以多种方式出现:有可能主角害怕踏上这个旅程,或者不愿意离开他/她的日常生活,或者他/她一开始根本就不在乎召唤事件本身。

一般情况下,促使主角最终放弃自己对召唤事件拒绝的态度,可能会是某个突发的甚至灾难性的事件。比如在《星球大战》中,卢克的叔叔让卢克忘掉 R2D2 里的信息,卢克自己也放弃了去找柯诺比(Kenobi)的想法,直到卢克在寻找丢失的机器人时遇到柯诺比,而他的叔叔婶婶也被搜寻机器人的帝国风暴部队杀害时,他才不得不踏上冒险的旅程。

主角对召唤事件的拒绝,以及最终放弃拒绝态度的过程,往往也被用来强化和预示戏剧冲突的激烈程度。在这个戏剧段落中,设计者可能通过其他角色之口或者主角自身的经历,告诉互动者其面临的将是生与死的抉择,而非一个简单的轻松的旅程。

4. 遇见导师（Meeting with the Mentor）

在这个阶段，主角身边往往会被安排一个导师。虽然主角可能在开始冒险旅程时就完全掌握了相应的能力和知识，但操纵替身的玩家并不一定具备这样的技能。

这个导师角色往往担任双重任务：一是通过提供信息，为玩家解释有关故事中冲突的基本关系；二是通过对替身（即玩家）的教导，使玩家掌握后续故事进程中的一些技能，例如游戏中常见的关于战斗、道具使用的操作指导。

有关导师的俗套设置之一，就是主角会遇到一位年老且智慧的角色，这个角色在教给主角一些知识和技能后，往往会被反派角色迅速杀死。这样安排的原因之一是给英雄留出个人成长的空间，但也有其他方式可以实现这一点，所以这只是俗套的设置而非必要情节。例如在《哈利·波特》系列中，邓不利多校长在哈利最终面临伏地魔之前就被杀死，而在《指环王》中，甘道夫在旅途中因为有更重要的事情需要处理而离开。

很多情况下，导师角色也可能由与主角能力相当的同伴担任，如在《最终幻想8》中；有时甚至根本不存在导师角色，而是使用道具来提供信息和作为能力的来源，如在《神秘岛》中。

5. 跨越第一道门槛（Crossing the First Threshold）

主角在经历召唤、拒绝和教导这三个戏剧冲突后，一般会经历一个冲突事件，突破自身的第一个限制，从而完全投身到冲突中。这个突破的过程可能是主角面临的第一个重要挑战，一旦经历了这个挑战，他就再也不能回到原本的生活。

如我们之前所述，突破阶段的俗套可能是主角在导师的教导下突破难关，也可能是导师在面临这个挑战时牺牲或离去。这个阶段以后，主角将独自面对戏剧冲突中对其设置的障碍。在游戏故事中，这是戏剧冲突结构中的第一个关键情节点，是玩家面临的第一个需要通过技巧来解决的重要挑战。突破之后，冲突的情节主线正式展开。

6. 试炼，伙伴，及敌人（Tests, Allies, Enemies）

对于游戏故事来说，旅程这个阶段是游戏中替身面对最后的挑战（最后的关卡或者最大的BOSS）之前的主要部分，占据了游戏流程的主要时长。在这个阶段，故事世界的情节逐渐展开，戏剧冲突也不断发展，叙事世界中的细节、秘密和其他角色逐渐被揭示出来。

情节主线的发展过程通常会有多个不同的挑战，由玩家控制替身去克服，同时也借此不断地探索叙事中的环境、敌人和其他角色。在这个过程中，玩家会进一步提升自己的操作技能，越来越熟练地面对越来越困难的挑战。比如在《古墓丽影》系列游戏中，玩家会面临越来越困难的跳跃和探索任务，需要不断提高自己的操作技能。在旅程阶段结束之时，游戏故事中的角色（玩家及替身）的能力应该已经得到充分发展，玩家已经为面临最后的冲突高潮做好准备。

7. 接近龙潭虎穴（Approach to the Inmost Cave）

这是戏剧冲突达到高潮之前的最后一个阶段。在这个阶段，主角自身的动机以及将要面临的最终危机已经被充分揭示出来，他们做出了自己的抉择，而这个抉择是不可逆转的。

在分为若干模块的游戏故事中，抉择与高潮可能会重复出现（关卡）。例如，在每部《哈利·波特》小说中，主角都会面临与伏地魔不同形式的对抗。胜利后，主角会被传送到下一个世界，开始新的"旅程—抉择—高潮"循环。经过数次循环后，主角才会面对最终的挑战。

8. 严酷考验（Ordeal）

这是故事的高潮阶段。无论是在小说、电影还是数字游戏中，高潮阶段通常是正邪的决战，主角需要面对自己的终极对手。例如，在《哈利·波特》系列小说中，主角将面临与伏地魔的实际战斗。

在数字游戏中，这种对决有时可能是对主角技能的极高难度的挑战，而非实际的战斗。在《神秘海域》游戏中，主角最终面临的挑战是一段需要精准把握时间的高难度跳跃或躲避动作。

9. 回报（Reward）

主角在经历终极挑战后，实现了自身的动机（需求），并获得了回报。回报的方式可以是各种各样的，比如获得了爱情、拯救了世界、获得了财宝，或者满足了角色的其他需求。这种回报可能是主角通过努力得来的，也可能是依靠运气和偶然得到的，也有可能角色最终得到的回报根本不是他开始就想要的。在获得回报的过程中，主角往往能受到启示或者得到成长。

10. 返乡之路（The Road Back）

在这个阶段，英雄决定回到普通世界。战胜挑战并获得回报后，主角会面临戏剧冲突的最后一个阶段，即回归日常生活或者来到结局。这个结局可能是平静和普通的，如同哈利·波特、卢克和《指环王》中的护戒小队，他们都只想回到平静的没有冲突的生活。此刻英雄只是得到了嘉奖，但还没有走出非常世界，有时还面临着非常世界的考验和诱惑。在回到普通世界的路上,英雄有时要面对敌对力量的追逐。

11. 重生（Resurrection）

在远古时代,猎人或者战士在回到他们的部落之前,需要先洗干净他们沾有血迹的手。在故事中,英雄在真正回到普通世界之前,已经经历过死亡或者接近死亡,但还需要在最后一次考验中经历真正的"死亡",再次复活重生。

在实际的故事中,"高潮(8)"与"重生(11)"经常合二为一。重生阶段也可以有别的理解方式。一般认为,在故事中,英雄面对的挑战有外部与内心两个方面。英雄必须克服自身的某个弱点或者因过去经历造成的某个创伤,才能在战胜外部对手的同时战胜自我,获得成长。因此在高潮阶段,死亡与重生是非常普遍的隐喻式的情节安排。例如在《哈利·波特》系列故事的最后,哈利被伏地魔杀死,然后奇迹般地复活后战胜了对手,最终真正克服了对邪恶的恐惧。所以重生有时指的是主角自我真正的转变,从内心真正地成为英雄。

有些故事并没有这个阶段,而是在高潮部分将外部挑战与内心挑战统一表现出来。在《指环王》故事的高潮中,主角与始终跟随在身边的格噜姆纠缠不清,这实际上也是主角与自身的战斗。格噜姆只是另一个被魔戒的力量引发了邪恶的灵魂,如同主角一样。最终在与主角的争斗中,格噜姆落入岩浆深渊魂飞魄散,这实际上也隐喻了主角战胜了自己内心的邪恶欲念。

12. 满载而归（Return with the Elixir）

终于,英雄回到了普通世界,如果他没有从非常世界带回特殊的东西,他的英雄之旅就变得没有意义了。此处的万能药可以指各种东西,魔法药、知识经验、赢得比赛、爱情、自由等。

二、英雄之旅各阶段对应的心理作用

坎贝尔的情节结构能够有效地引导观众进入传统叙事的虚拟世界,打破故事与观众之间的隔阂,使观众与情节融为一体,并随之产生焦虑、悬念、感动以及共鸣等情绪(见表3-2)。

诱导沉浸和制造悬念在方式上有明显的差异,诱导观众沉浸于叙事世界的方式多为情景引导和劝解引导。游戏沉浸处于运动认知的本能层面,更为底层和直接,无须移情的介入,过多传统方式的铺垫和劝诱反而会使游戏情节显得拖沓。① 所以借鉴此叙事结构的游戏一般都会在各个步骤或时长上加以变化,以适应游戏的叙事节奏。

表3-2 英雄之旅的叙事结构与游戏举例分析

阶段	文本分析	叙事作用	《无冬之夜2》(Neverwinter Nights 2)
1.寻常世界	对应观众的旁观世界	建立起英雄生活的平常世界,介绍日常生活的环境。	你对你的父母和你神秘的身世一无所知。
2.冒险任务的召唤	叙事世界呼唤观众	英雄受到另一个世界的召唤,被邀请开始一个任务或是一段旅程。	吉斯洋人攻击了你的家西港,想要找到银剑的碎片。
3.对召唤的抗拒	对应观众的抵触心理	英雄拒绝了召唤,因为他不愿意牺牲自己舒适的普通环境,但英雄会因为自己的拒绝而感到不舒服。	吉斯洋人攻击了你的家,并且在追杀你。你的养父要你查出吉斯洋人攻击的原因。
4.智者的引导	暗中消解观众的抵触	英雄接收到和任务相关的信息,以及他必须接受的理由。	你去无冬城找养父的兄弟邓肯,并找到了问题的答案,从邓肯大叔那里得知了一些碎片的秘密。
5.跨过第一道门槛	引导观众逐渐进入	由于接收的信息,英雄不再拒绝。他开始了旅程和冒险,进入了特殊的世界。	你决定追寻线索找到答案,屡次离开无冬城区寻找碎片的踪迹。
6.考验、盟友及敌人	观众逐步接受剧情	英雄的勇气经过一系列挑战和试炼。在这个阶段,英雄将遇见盟友和敌人。	一路上有伙伴加入,过关斩将。
7.深入龙潭虎穴	观众感到悬念	更多的试炼,一个极其精彩或恐怖的阶段,英雄准备好接受严酷的考验。	你到达了各块碎片的所在地点。
8.严酷考验	观众深入剧情	遇到最大的挑战,英雄必须击败最大的敌人。	你和你的小队一路杀死无数邪恶阴影。
9.报酬与回馈	释放悬念吸引观众	故事似乎结束了,但通常还没有!	你重铸了吉斯银剑,并得知了阴影之王是这所有攻击的幕后黑手。
10.返乡之路	开始铺垫回归真实世界	考验一旦结束,英雄就可以选择留在特殊的世界或是回到寻常世界,大部分人选择回去。	你回到了无冬城。
11.重生	消解对叙事世界的留恋	在另一次严酷的考验中面对死亡,这里才是高潮。	整个费伦大陆的命运掌握在你一个人手中,你杀死了阴影之王。
12.衣锦还乡	观众释放剧情中的情绪	英雄最后回到了家,但他的经历永远改变了他。	作为无冬城的英雄,你的英勇事迹被费伦大陆的人们传颂。

---

① 黄石,丁肇辰,陈妍洁.数字游戏策划[M].北京:清华大学出版社,2008:27.

三、英雄之旅的事件节奏安排

英雄之旅 12 个阶段所形成的事件强度(情绪的紧张与和缓)和节奏的安排大致如图 3-7 所示。

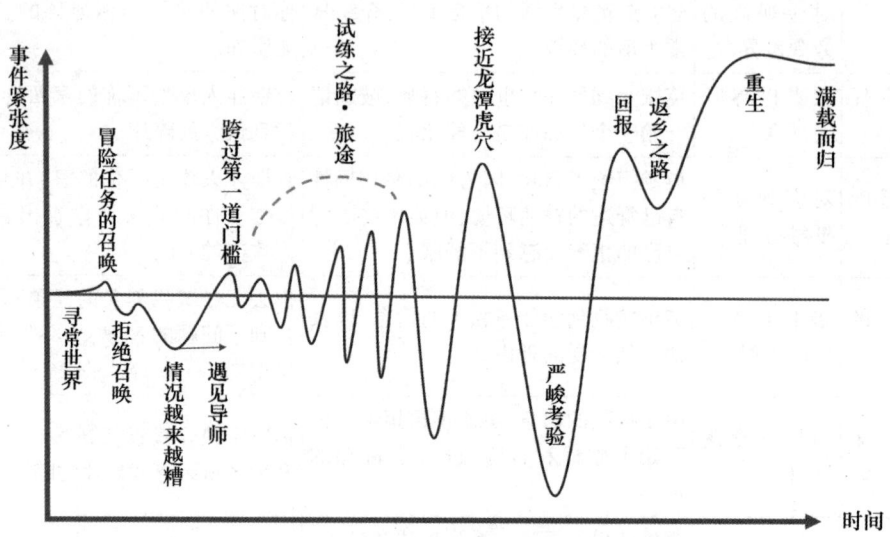

图 3-7　英雄之旅中事件强度及情绪节奏的安排

四、游戏故事中独有的戏剧性惯例[①]

由于互动过程的需要,游戏故事在设置戏剧性冲突时,形成了一些在线性叙事中罕见的独特惯例。

最常见的是主角的"失忆症"。许多游戏故事在冲突建立阶段都采取了"失忆症"的设计,尤其是在角色扮演游戏中,比较典型的是《最终幻想》系列游戏。采取这样的设计是因为数字游戏在一开始需要教授玩家掌握游戏的操作技巧,而这在叙事中难以找到合理的解决途径。为了使玩家尽快进入互动过程,游戏需要在一开始就使替身具备一些如战斗、魔法之类的技巧,但又很难解释得清楚为什么普通的乡村男孩能够掌握战斗技能而又对自身的技能完全不了解,"失忆症"成了简单的解决办法。既然主角已经失忆,由主角的同伴向他解释虚拟世界的背景和规则(实际上是在为玩家进行

---

① 王雷.数字影像的非线性与互动叙事[D].北京:中国传媒大学,2008:10.

介绍)就比较合理了。

"邪恶的同伴"也是游戏故事中常见的惯例:主角的某个同伴在叙事的前半段看起来仿佛是正面角色,但随着情节发展中的某个突然转折,这个同伴变成了最后的反派,虽然叙事的前半段已经安排了大量线索使玩家了解这个同伴就是反派,但虚拟世界中的主角总是懵懵懂懂的。这个惯例是由于游戏中玩家叙事视角的限制。游戏故事往往需要玩家主视角,很难采用全知型视角,因此对故事中非常重要的反派的描写就陷入了一个两难的困境:反派既然与主角处于敌对关系,他们之间的接触必然很少,但接触很少就意味着替身的视角几乎无法看见反派。因此将反派安置为主角的同伴,就有了很好的在主角的征程中表现反派的机会。

"脸谱化的次要角色"在游戏故事中也很常见:掌握了重大秘密(或具有特殊能力)但被绑架的神秘女孩、反叛和有暴力倾向(常因为与主角发生感情而改变)的女孩、强壮而具有粗线条性格的男性同伴、可爱的宠物(常常是某个神秘种族最后遗留下来的个体)……这些脸谱化的次要角色,在从《仙剑奇侠传》到《最终幻想》的角色扮演游戏中都非常常见。设计这些脸谱化角色并非因为游戏故事设计者技巧的拙劣,而同样是游戏故事视角的限制。由于情节必须跟随主角推进,而次要角色与主角相遇的叙事事件相当有限,因此采取脸谱化的角色就成了方便的选择。

其他一些常出现在游戏故事中的俗套[①],例如从邪恶势力手中拯救世界、控制一切的邪恶帝国、失落的史前文明等,则不是出于叙事结构上的需要。如同电影中的西部片、警匪片、歌舞片类型一样,它们是逐渐发展起来的一些典型的故事背景,其功能是使玩家迅速了解类型化的情节内容。

第五节 叙事结构分析

一、叙事情节结构通览

故事是两个或两个以上有联系的事件的组合,它们之间通常以逻辑关系衔接。叙事结构是指故事的基本框架和组织方式,我们可以从两个段落的故事开始,逐一分析人们在总结这些故事框架时对故事各个情节节点的安排方式。

---

① 数字游戏用户甚至总结出多达 192 个 RPG 游戏故事的"俗套",其中不少是关于互动叙事的。这个不断被更新的列表可见 The Grand List of Console Role Playing Game Cliches(2012):http://project-apollo.net/text/rpg.html。

(一) 二段式结构

(1) 设定:引入背景、角色、情境。

(2) 转折:呈现与设定不同的惊奇(冲突)或解决。

在日常生活中,最常见的二段式故事就是笑话。在中国,这两部分通常被称为"做包袱"和"抖包袱"。"做包袱"对应情境的建立(setup),而最后的"抖包袱"则对应故事或笑话的高潮,也就是"笑点"(punchline)。"笑点"意在出人意料,或揭示某种讽刺/幽默的真相。二段式的故事短小精悍,由于时长的限制,抖音小视频常常采用这种模式,在故事尾部或中段往往会有一个转折,向观众意料之外的方向发展。而这个转折的时间点,也就是笑话的节奏,是这种故事安排的重点。

(二) 四段式结构

三段式结构最为经典,我们已经在前面介绍过。四段式结构在其中的第二幕引入了一个明确的中点,将第二幕分为第二幕 A 和第二幕 B 两部分。

(1) 引入:介绍背景和角色。

(2) 发展:故事情节开始展开。

(3) 高潮:最紧张或最重要的部分。

(4) 结局:问题解决,故事收尾。

(三) 五段式结构

我们在介绍叙事弧的部分提到过五段式结构,莎士比亚的剧作通常遵循五段式结构(见图 2-1)。

(1) 第一幕:引入(Exposition)。这一幕设置故事的背景,介绍主要角色、场景和基本冲突,为观众提供了理解故事所需的所有初步信息。

(2) 第二幕:上升动作(Rising Action)。在这一幕中,故事的主要冲突和剧情开始展开。角色之间的关系发展,复杂的情节和次要冲突开始出现,为故事增加了紧张感。

(3) 第三幕:高潮(Climax)。这一幕通常是整部戏剧中最紧张、最令人激动的部分,主要冲突达到了顶点,主角面临着重大挑战。在这一幕中,故事的走向往往发生决定性的转变。

(4) 第四幕:下降动作(Falling Action)。在高潮之后,故事开始朝解决冲突的方向发展。角色开始应对前幕的后果,情节向结局推进。

(5) 第五幕:结局(Denouement/Resolution)。这是故事的收尾部分。冲突得到解决,故事的所有悬念被澄清。在喜剧中,这通常意味着一个快乐的结局,而在悲剧中,则可能是悲惨或启示性的结局。

(四) 六段式结构

我们在前面介绍普罗普的叙事功能时,提到过"六单元"结构,与五段式结构相比,可以看到其在"引入"和"上升动作"之间,引入了一个明确的"激发事件"情节点(见表 3-3)。

表 3-3 六段式情节安排与"叙事功能"六单元

六段式结构各部分	内容	对应"叙事功能"六单元
引入	设置背景和角色	单元一,准备
激发事件(激励事件)	触发主要故事线的事件	单元二,纠纷
上升动作	冲突和紧张情绪建立	单元三,转移
高潮	故事的转折点	单元四,对抗
下降动作	问题解决的过程	单元五,归来
结局	故事的最终解决	单元六,接受

与更复杂的英雄之旅相比,我们可以看到,英雄之旅的前半部分故事节点比较多,而在结尾部分的返乡阶段故事节点则较少,往往一笔带过,很快就结束了。但在叙事功能的"六单元"结构中,返乡这部分的"下降动作"是另一个重要事件节点集中的部分。

究其原因,可能是在更久远的一些时候,人们的时间和空间观念与现在不同。英雄之旅结束后,主角可以瞬间从超自然世界返回,但在"六单元"中,除了出发会遇到危险之外,返乡的旅程同样危机重重。而且过去信息扩散的方法与现在也大不相同,英雄返乡时必须证明自己就是完成了"英雄事迹"的那个人,这是"六单元"中特别重要的一个"功能"桥段。

例如,单元四(对抗)中的功能(情节)17 为:主人公被留下某种标志。这指的往往是身体上留下某种印记:如战斗前夕,王后为了唤醒主人公,用刀在他脸颊上留下了一处小小的伤口;王后亲吻主人公在他额角上留下一颗燃烧的星星;王后在主人公额角留下一处图案或戒指的痕迹等。有时也指物品标志:主人公得到一只戒指或一块巾帕。

而单元五(归来)的功能(情节)27 则是对此处情节的回应:主人公被辨认出来。主人公经由身上的某种特征、标志、烙印(如一处伤疤),或别人赠给他的物品(如一个戒指、一块巾帕等)被辨认出来。主人公也可以通过完成困难任务而被辨认出来,最后被长期分离的亲人直接认出。这里的特征和标志都是携带和传递信息的形式。

(五)其他结构更多的段落

接下来的七段式结构与五段式、六段式类似,通常会在高潮和下降动作之间增加一个"转折点",使故事更加复杂和深入。

图3-8展示了故事结构从五段式发展到九段式的演变。可以看出,随着故事细节的增加,情节节点也随之增多。值得注意的是,"激发事件"是首个被加入的新节点。

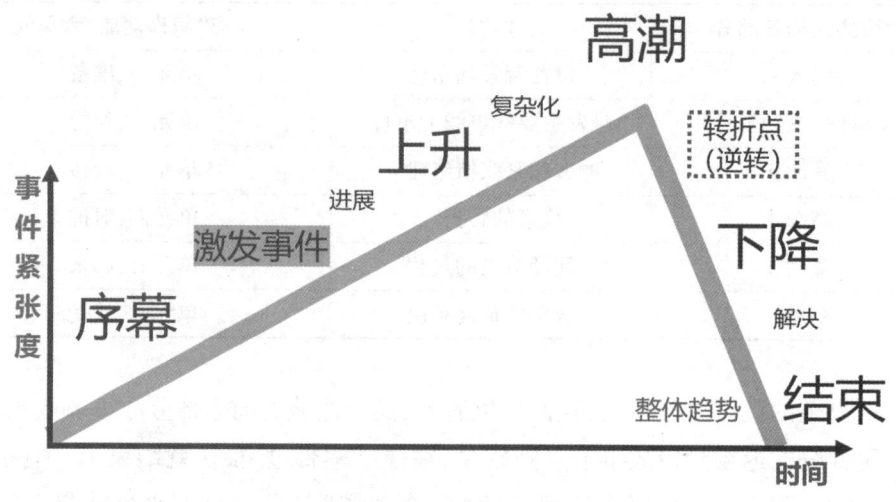

图3-8 故事节点扩充时先后添加的示意图

二、叙事动力、激发事件、目标

在一个故事中,叙事动力通常来源于角色的愿望、需要或问题,它驱使角色采取行动以达成目标或解决问题。

激发事件也被称为激励事件,是故事中的一个关键情节点,它触发了主要的叙事动力。这一事件通常发生在故事的开头部分,设定了故事的基调,激发了角色追求其目标的动机。通过激励事件,主角通常首次意识到代表故事动力的"愿望、需要或问题"。在英雄之旅框架中,与该节点功能相似的情节是"冒险任务的召唤"。这两个概念的相似之处在于都启动故事和引入冲突。无论是激励事件还是召唤事件,都是故事的触发点,通过引入某种形式的冲突或挑战来推动故事发展,促使主角踏上旅程,代表着主角生活当中的一种重大的状态改变。

目标是角色在叙事中想要实现的具体事物。它可以是物质的(如寻找宝藏),也可以是非物质的(如寻求爱与自我认同)。角色的目标通常定义了故事的方向和结局。

激励事件触发了角色的行动动机,从而推动他们朝一个特定目标前进。为了实现这个目标,角色采取了一系列行动,这些行动构成了故事的主要情节。当角色的愿望、需要或面临的问题得到了某种形式的解决——无论是达成、未能达成,还是目标转换——不论结果是正面还是负面的,都标志着叙事动力的终结和叙事线的闭合。故事可能并未完结,但属于该条叙事线的故事已经终结了,它的叙事动力已经消失,延续的可以被视为"下一个故事"了。

> **有关"起承转合":**
>
> 每次讲到四段式结构时,同学们都会提到"起承转合"。日本剧作者野田高梧的《剧本结构论》②(成书于20世纪40年代中后期)将"起承转合"论述为一种创作结构,该书中将"序破急"作为日本传统戏剧能乐的叙事结构,而将"起承转合"归于歌舞伎的叙事结构,但其中有关四个阶段情节的发展,基本说明仍然是本书中"四段式结构"的内容。作者将其阐释如下(见图3-9):
>
>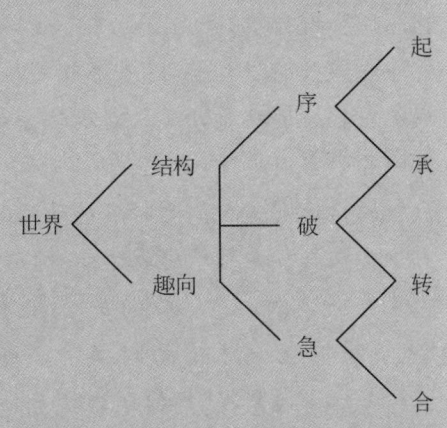
>
> 图 3-9 《剧本结构论》中的"起承转合"①
>
> "起"的部分毫无疑问是戏剧的开端。这里首先呈现戏剧萌芽,由"承"的部分来继承,产生各种矛盾。这些矛盾在"转"的部分孕育危机,并达到高潮。最后到了"合"的部分,之前的种种矛盾归为一处,宣告结束。
>
> 尽管中日两国文化相近,但这种理解与从中国起源发展出的"起承转合"作为一种"思维方式"的实际意义不太相同。黄强③在其研究中指出:
>
> 起承转合其实是一切事物的抽象结构。时间和空间乃一切事物的存在形式,一切事物既表现为空间的起承转合,又表现为时间的起承转合。对这种抽象结构的感知方式,使得古人习惯于以起承转合的逻辑过程去把握事物,形成一种思维方式,以起承转合为特征的感知方式与思维方式又浓缩为一种无意识的民族心理结构。

---

① 野田高梧.剧本结构论[M].王忆冰,译.南昌:江西人民出版社,2019:167.
② 野田高梧.剧本结构论[M].王忆冰,译.南昌:江西人民出版社,2019:167.
③ 黄强.论起承转合[J].晋阳学刊,2010(3):124-129.

起承转合作为高度抽象的结构形式,其本质特征是圆相。取圆上任意一点作为起点,其运行的轨道无不历经承、转而返合于原位。且所谓承、转,乃是承中有转,转中有承;返合并不是简单的两点重合,返合于原位的一点在历经圆周运动后已成为新的质点。……"起"中要包容"合"的因素,"合"中要蕴含"起"的因素,"承""转"传递,首尾呼应,周而复始,相抱成圆。

揭示出起承转合最本质的特征,很容易发现它与中国古代天道观、宇宙观的紧密联系。……凡古人谓圆满、圆融、圆通、圆活、圆转、圆润,笔者谓皆可以"圆境"一词概括之。凡此种种,道尽圆之真谛和以"天人合一"作为基本精神的中国古代文化、哲学对圆境的崇尚。

在漫长的岁月里,对农事节气与季节的细微观察和科学总结,使先民很容易形成起承转合的思维方式。起承转合对应的恰是一切事物发生、发展、转折、收结并循环往复的客观规律,其文化渊源是中国古代天道观、宇宙观中对圆境的高度崇尚,而直接的启示则是人们无时不感受到的周而复始的节气递变和四季转换。[1]

起承转合始见于唐朝试律、律赋的做法[2],起源于我国民族语言的特性[3]。后来由于"应试"(传统文章学)的名声,在中国实际的故事创作中,起承转合作为一种"创作结构"出现的情况少,作为一种分析结构出现的情况更多。

之所以说它跟"四段式的情节结构"内容不同,是因为这里涉及一个根本的问题,就是它是否承认"冲突"为故事中最必要、最基本的部分。

究其本质,笔者认为在对于叙事的理解中,传统的中国人与西方人对故事中重要的"时间"这一元素感知/理解不同。在中国的一些故事中,起承转合描写的是一种变化,或者说是一种因为时间而起的所有事物状态发生了改变的事实。它更类似于一种佛教中"成住坏空"的概念。

套用故事中的事件可以将其类比理解为:
- 起(成):事件产生时期;
- 承(住):事件存在时期(事件维持、发展了一段时间);
- 转(坏):事件毁坏时期(原来的状态无法维持,变成全新的情况);
- 合(空):全新状态的结果。"合"在中国的故事中指的是一种与首相衔的"合融"。从这点来说,与三段式结构中的"恢复平衡"有点类似,这个平衡不是原有平衡,是"缘灭"之后"事"又归于大道。

---

[1] 黄强.论起承转合[J].晋阳学刊,2010(3):124-129..
[2] 麻丽萍.元杂剧"起承转合"结构研究[D].扬州:扬州大学,2016:9.
[3] 麻丽萍.元杂剧"起承转合"结构研究[D].扬州:扬州大学,2016:11.

西方叙事学强调冲突的发展和解决。从三幕式来说，在"开始"部分设定人物和场景，就是为了引入故事的基本冲突和问题。"中段"情节的发展主要是描述冲突加深，"结束"部分则解决故事的主要冲突。在这种创作方法中，故事通常以直接和明确的方式围绕"冲突"展开。

以起承转合的"时间过去了，事情起了变化"的思维方式来看，"承"中的故事发展和"转"中的故事转折，并不意味着一定是冲突的发展和转折。"转"可以是故事中原有"起"时暗含的冲突被揭示出来推向高潮，也可以只是"事物"发生了某种变化，或按世界本来的运行规律"坏"了，不再是原有样貌。事件可以在"承"的发展中，按与"冲突加深"相反的方向发展，一路顺风顺水、高歌猛进（没有外在冲突和内在冲突），甚至可以一成不变，直到"转"的那一刻才会发生彻底的变化，即所谓"眼看他起高楼，眼看他宴宾客，眼看他楼塌了"。

换句话说，如果把"起承转合"看成一种思维方式，那么以这种思维方式创作的故事就会很适用于"起承转合"的框架（如果我们将其视为一种故事结构）。不是以这种思维方式创作的故事，则不适用于这种分析框架。

动画短片《中国奇谭：鹅鹅鹅》来源于志怪小说，是个典型的中式故事，动画片梗概如下：

- 起：主角送鹅，在路上遇到狐书生，狐书生请他喝酒。
- 承：喝酒后狐书生带出自己的夫人，便醉倒睡去。夫人带出自己的情人，情人又带出鹅姑娘，鹅姑娘与主角情投意合。主角犹豫再三，下了决心带鹅姑娘走。
- 转：夫人的情人醒了，收走了鹅姑娘，夫人收走了情人，狐书生醒了收走了所有。
- 合：主角损失了鹅和美好的憧憬。仅存的鹅姑娘的耳环也化为鸟群飞走了。

在这个故事的开头，主角"送鹅"只是为了上路或出发，是事情的源起，即"缘起"则"事"起，并未涉及任何"冲突"的起源。以"冲突观"来看，它几乎没有提供任何叙事动力。而后的"承"和"转"的部分有非常明显的分段，在"承"的部分，与狐书生相遇后主角虽不情愿，但也难言什么"冲突"。如果要用"与鹅姑娘在一起的愿望"与现实的冲突来分析，冲突在"转"的前后的引入和解决都非常迅速，主角的愿望刚出现就被消解了，展开得极其有限。最后"合"的部分回到一无所有（甚至多损失了一只"鹅"），即所谓"缘尽"则"事"灭。

> 这个故事有没有让你想到一些其他的中国古代奇遇故事？比如说大家都非常熟悉的《桃花源记》。事实上，从中国奇遇、志怪小说来看，以"冲突"为核心塑造的故事也有，但以描述"时间下事情起的变化"为核心的故事更多，其中不乏非常精彩的故事。按"起承转合"的思维方式，缘"起"之后，不管是宴宾客，还是仙人下棋，抑或海外蓬莱，甚至是阴阳路，终究是"天若有情天亦老，人间正道是沧桑"。事情总会起变化，那么这个"变化"是什么呢？它"变"的方式精彩吗？
>
> 相对于《中国奇谭：鹅鹅鹅》，动画电影《山海经之再见怪兽》采用的是一种以明确目标驱动主角、围绕冲突展开情节的故事建构方法。从以上的例子我们可以看出，西方叙事学中常见的围绕"冲突"为核心构建故事的方法，是诸多故事构成方式中较为成熟、成体系的一种方式，而非唯一。本书"四段式"框架的部分，不以"起承转合"作为其概括，是因为"起承转合"按笔者拙见并不属于这一体系，它代表了一套源于中国传统对时间空间理解的故事构建方法。这种以"时间流逝"为核心的故事构建方法体系，在叙事焦点、情节铺陈、精彩看点呈现，乃至对"故事"本身的理解上，都可能与以冲突为核心的故事建构方式有所差别。

三、线性三幕剧

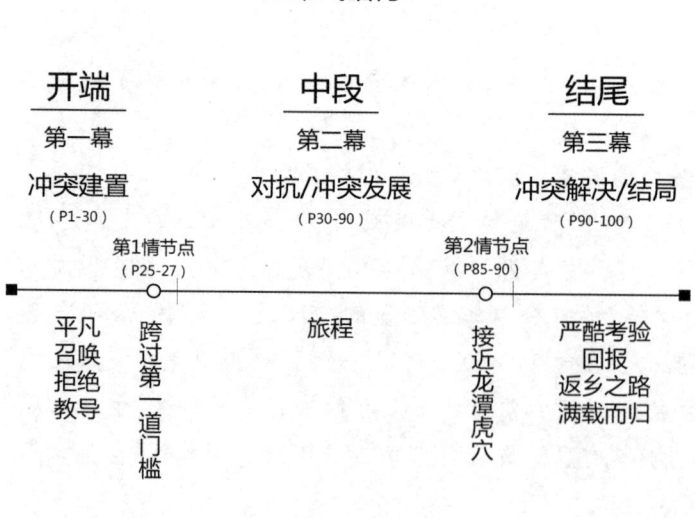

图 3-10 三幕式与英雄之旅的比较

如果我们将英雄之旅概括为三个阶段，那么它的结构框架就与三幕式完全契合，如图 3-10 所示。其中，"跨过第一道门槛"可以被视作三幕式中重要的第 1 情节点，"接近龙潭虎穴"是三幕式中重要的第 2 情节点。在这两个情节点之间的是"旅程"部分，对应着三幕式的中段，而"旅程"两端的其他部分对应着三幕式的开端和结尾。

线性三幕剧是好莱坞电影常用的手法,尤其常见于动作电影,如"007"系列、"谍中谍"系列,这类电影(不包括前奏)会有三个高峰式的节奏安排,大致如图 3-11 所示。

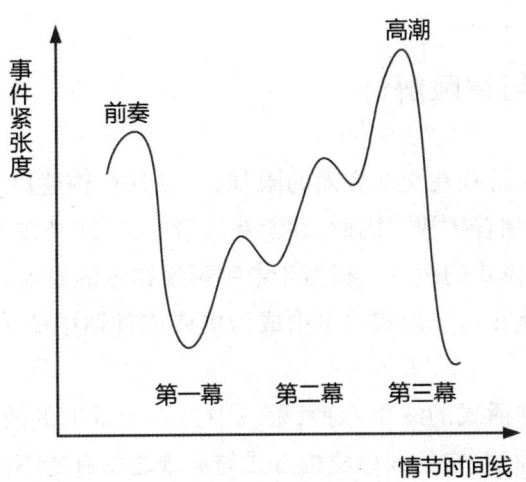

图 3-11　好莱坞电影的紧张度曲线①

以"007"系列电影为例,一部 007 式的电影通常以一个高紧张度的前奏开始,迅速抓住观众眼球。通常的情况是 007 正在了结之前的某一项任务,处在较为激烈的动作戏中。前奏场景结束之后,本片的主要内容才会开始,此处会出现一些较为平缓的说明性情景,这些情景中有大量对话,例如简短地描述主角获得了新任务等。

然后情节的紧张度开始提升,会出现第二个较为激烈的动作场景,但这个新的高峰比前奏的紧张度要低得多。这个场景结束后,会出现另一段比较平缓的剧情,这大致上标志着第二幕的开始。

第二幕的场景紧张度从最初的平缓开始逐渐提升,直到又一场激烈的大动作场面出现,这个场面将比第一幕的最高峰更加激烈,标志着第二幕的结束。第二幕往往是主角原来信任的人正式背叛了他,主角不得不与其对抗。

在有些情况下,电影会在对抗性的第三幕中加入一系列紧张度越来越高的事件,或者是在一个时长较长的情景中加入一系列的障碍让主角克服(此时反派多是占上风)。最后的高潮通常出现在第三幕的尾声,主角重新获得优势,在最终的冲突解决的一幕中以一段引人入胜的激烈动作场景来结束电影,比如用某种巧妙的方式杀死坏人。最后是一段较平缓的剧情,男主角和女主角共度美好时光。

---

① LOPEZ M. Gameplay fundamentals revisited: harnessed pacing & intensity[EB/OL]. (2008-11-12) [2023-12-30]. https://www.gamedeveloper.com/design/gameplay-fundamentals-revisited-harnessed-pacing-intensity.

第六节　回溯时间：解谜、侦探类故事结构

一、角色扮演与冒险解谜

如前面所述，数字游戏在交互方面的限制，导致其在构建以人物关系为核心的戏剧式故事方面仍然面临着挑战。因此，在游戏故事中，特别是在角色扮演类游戏中，极为流行的是英雄之旅模式的故事。得益于数字影像技术的发展，虚拟世界能够打造出壮丽的风景，而玩家就在这个模式故事中成为史诗或神话中的英雄，孤身一人踏上冒险旅程。

除了这种史诗、神话式的故事原型，游戏中另一个常见的故事模式依托"寻找真相或意义"类的故事原型，它的故事建构方式与英雄之旅有所不同。

在采用史诗与神话原型的角色扮演游戏中，游戏的进程通常融入一场正邪之间的斗争。从故事发生的时间顺序与逻辑因果来看，在旅程达到终点之前，英雄（即玩家）不会知道下一步将发生什么、最终结果将会是什么。这类故事叙述的时间线是以故事起点时间为原点，并向未来展开（见图3-12）。

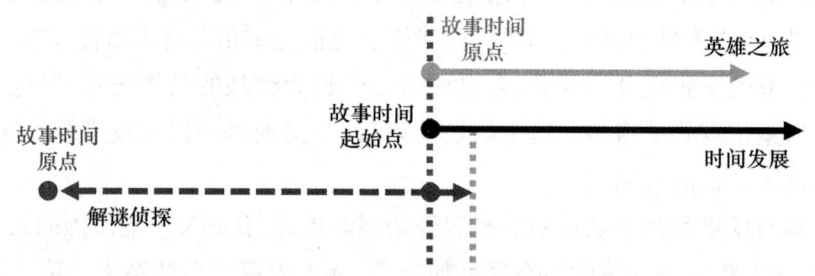

图 3-12　英雄之旅与解谜侦探类故事的时间线对比

另一类常见的解谜、侦探类游戏的故事原型，是讲述"寻找意义"或"弄清楚发生了什么"。它经常以故事开始讲述的当前时间点为起始点，但故事的主要内容并不是朝向未来展开的，而是回溯到故事起始时间点之前的一段时间内，揭示当初事实的真相及原本的事件顺序。随着真相逐渐浮现，故事回到了时间的原点，整个游戏最终完整叙述了这个原点是如何形成的。

这种故事的叙事展开方式与玩家在游戏中的实际进程体验十分贴近。在游戏中，玩家通常在一开始置身于一个未知的虚拟世界，对自己该做什么、身处何处、周围环境

如何一无所知。玩家首先需要做的就是对自己所处的世界进行阶段性的了解,这需要玩家主动去获取周围的信息。在这个探索过程中,有关虚拟世界的叙事内容以碎片化的方式被传递给玩家,玩家并不清楚哪些事件与游戏的解谜有关,也不确定该跟随哪条故事线,在没有具体线索指向的情况下,解谜往往依赖玩家在游戏中的探索和试错,并最终在这些尝试(及探索旅途)中找到解决的方法。

在动作类的游戏中,玩家通常扮演史诗或神话背景故事中的核心角色——英雄或主角。但在侦探解谜类游戏中,玩家在一开始并没有明确的目标来定位自己的角色,玩家作为探索者可以是一个侦探、一个探险家,或者任何一个在寻找答案的人。而最终找到的答案以及玩家扮演的角色在故事里(已逝去的时间)的身份往往是不确定的,比如可能直到游戏结束,玩家才会知道自己是受害者还是加害人。而游戏的结局从故事开始时就已经隐含着一种不变的确定性,因为它通常指向的是发生过的事。

在这种故事模式下,玩家在游戏中的历程也就是逐步探索虚拟世界的旅程,本身也可以被视为一个寻找意义的过程。游戏会以碎片化的方式传达信息,玩家在游戏进程中使用寻找和拼凑式的方法来接收信息。这种传达和接收模式,在形式和情境上与"寻找意义"原型故事和解谜侦探类故事有一定的相似性,因而这种模式的故事特别适合数字游戏的叙事。在解谜侦探类游戏中,玩家需要去逐一探索发现信息,多重的故事和情节碎片也因此可以被很好地融入故事世界,并进一步丰富和增强故事的互动性。

二、"寻找意义"原型、解谜侦探类故事的结构

这种"寻找意义"、侦探小说模式的故事结构,实际上也可以被看作一种英雄之旅,只不过它是以反向回溯的形式展现的,如以下结构所示。一个解谜类故事中可能还会包含以下结构中没有提及的其他部分,但这种结构可以被视为解谜或侦探故事的基本框架。

1.第一幕:平凡世界

(1)建置/现状

介绍故事开始时的状态,从主角开始,一一介绍角色。

如果是侦探故事的话,可以从侦探开始来介绍角色,这会让读者立刻明白从身份上该认同谁,从谁的角度出发来解开故事谜团。

(2)激发事件

如果是侦探故事,在此处作者有两个选择:写一场"未来的受害者和未

来嫌疑人在互动"的场景,或者直接引入一具尸体。

(3) 冒险的召唤与接受召唤

在侦探小说中,如果侦探不是警方的一分子,那么他们必须因为某个原因,或以某种方式被卷入案件。比如因为朋友的乞求、死者是主角在意的人,或者侦探背上重大嫌疑等。

2. 第二幕:未知世界的冒险

(4) 试炼:(第一波)信息与"红鲱鱼"①

在此处,主角会接触大量的信息,这是解谜所需要的第一波信息的集中传达部分。这些信息中必定包含着错误的信息,作者会在此处抛出引导读者向错误方向理解的"红鲱鱼",当然,"红鲱鱼"往往也并非只有一条。

在侦探小说中,这部分会有许多事情发生。侦探会问询所有可疑的、可接触的嫌疑人。具体情况可能有:

*嫌疑人提供不在场证明。

*作者抛出一个或两个"红鲱鱼"。

*一些嫌疑人说的是假话,有些人故意漏掉某些重要信息,有些人因为头脑混乱而错误回忆了某些事,有些人因为干过一些与此案件无关的坏事,说谎试图掩盖自己。当然,其中必然有一些人在说谎,因为他们是凶手。

*其中有一名嫌疑人实际上说的是案件的真实经过。

(5) 故事的中点

中点主要有两件事,一是发生新情况/引入新信息,二是(主角)变守为攻。

故事的中点会引入新的信息(第二波),这些信息改变了侦探对"未知世界"的看法。这种新信息可能是新情况的发生,比如刚刚发生的另一场谋杀;或者可能是关于凶手的犯罪动机、真实身份等一系列情况的再发现。总之,新的信息可以是任何改变侦探对案件理解的事件,它会提高风险,增加紧迫性,从而推动故事前进。

在故事的前半段,侦探对于凶手所造成的局面只是被动地做出反应,而从中点起,他们会采取攻势,积极地缉拿他/她。比如侦探会为凶手设置陷阱等。

---

① 在侦探小说中,"红鲱鱼"通常指的是一个误导读者或观众的线索或情节转折。"红鲱鱼"这个概念的来源在某些说法中与动物保护者保护狐狸的方式有关。据说为了保护狐狸免遭猎狗(尤其是猎狐犬)的狩猎,某些狐狸保护者会将气味浓烈的红鲱鱼扔在狐狸经过的区域,以此来转移或混淆猎狗的注意力,使其难以通过跟踪狐狸的气味找到它们。还有一种说法是这个概念起源于约翰·狄克森·卡尔(John Dickson Carr)的小说《红鲱鱼之谜》。

(6)挫折：回到原点，搜集第三波信息

主角受到"中点情节点"新情况和新信息的启发和影响。无论中点发生了什么，都会使主角回到原点。侦探必须根据新的信息重新评估以前的证据。

在侦探小说中，这意味着主角要再次和许多嫌疑人交谈。此刻嫌疑人有机会驳回前一次指控他们谋杀的证据。

3.第三幕：回归

(7)新计划/顿悟

这就是"灯泡亮了"的时刻。此刻主角有了顿悟，线索与线索被放在一起后，某样东西引发了启示。但主角必须证实自己的想法，他/她必须确认证据。

(8)高潮

此处要把主角置于危险之中。有很多不同类型的危险可以增加紧张感，或增加成功的风险。

在侦探小说中，比如侦探被凶手跟踪、被死亡威胁或名誉受损，所爱之人受到威胁等。但最终，侦探会扭转局面，并将反派绳之以法。

(9)总结

此处是故事的结局，不管故事是悲剧还是喜剧，为了清晰起见，解谜故事要被重述。在侦探小说中，侦探需要把帷幕再缓缓拉开一次，通过线索串联来重新解释他是如何解决这个谜团的，把所有发生过的事再按时间顺序复现一遍。

三、案例分析

本篇用于分析这种结构的案例，是经典希腊悲剧《俄狄浦斯王》（见二维码3-1）。这个故事的主题是"命运"，但故事的讲述方式是解谜类小说的经典叙述方式。它以此刻发生的事回溯过往，通过解开过去发生过什么的谜题，弄清楚现在的状况为什么是这样的。

二维码3-1

使用前述的结构分析这个故事（见表3-4）。

表 3-4　使用解谜原型故事结构分析《俄狄浦斯王》

平凡世界	建置/现状	瘟疫肆虐。
	激励事件	人们求助于王。
	冒险召唤与接受	主角俄狄浦斯因为王的责任，派出妻舅克瑞翁前去求神示。
未知世界	试炼（第一波信息；红鲱鱼）	克瑞翁带来阿波罗的神示，与先王之死有关。（模糊的信息） 先知预言主角俄狄浦斯是先王之死的凶手。（正确的信息） 俄狄浦斯与克瑞翁的冲突：先王的被害是先知与克瑞翁的共谋。（红鲱鱼）
	中点（新情况/第二波信息；变守为攻）	王后引入神示预言，说明先知不可信。 俄狄浦斯大惊失色，把自己的经历说出：他听到过预言，然后杀过路人。 俄狄浦斯请求王后召唤侍从证实。（变被动为主动）
	挫折（回到原点；第三波信息）	报信人带来消息，科任托斯王已死。 王后高兴极了，认为预言不会实现。 报信人安慰主角，其并非国王亲生。
回归	顿悟	王后明白了。（隐含新信息：儿子娶了自己的母亲）
	高潮	牧人与报信人对质。
	总结	一切都应验了。

第七节　章回体以及电视剧结构

一、电视剧结构

游戏在很多情况下是关卡化的，这使其故事也必须适应体现在其中的时间断点和接续性。这种形式与传统故事中的章节化故事结构有很好的契合性。在章节化的叙事模式中，有一些形式是我们非常熟悉的，例如中国传统的章回体小说，或者一些采用边拍摄边播放模式的电视剧集等。

以一些电视剧集（如肥皂剧、情景喜剧）为例，它们通常是以周为单位制作的，播放期间边编写剧本边拍摄，并可以根据观众的反馈对将要发生的情节进行调整。在这些剧集中，每周发生的故事不同，可以独立观看，但整个故事有着大致相同的角色和场所。在每集结束的时候，编剧有时会以悬念的方式设置一个相继的情节点，吸引观众下周继续观看。它的集结形式是约 20 集为一季,每季会交代一个相对完整的故事。这种连载的方式允许编剧自由地加入复杂有趣的情节,通过人物角色的改变和成长来丰富叙事内容。这种结构的优点是:它为临时的观众提供独立的故事,为忠实的观众提供更大的整体故事(有关电视剧集的情绪节奏等相关图示,详见本书第七章第三节图 7-7 至图 7-9)。

章节式故事一般采用分层式结构(见图 3-13)。通常来说,在章节式的叙事结构中,故事可以被分解成主线故事 A、章节故事 B,有时还会有小支线情节 C。故事 A 为通篇主要的故事情节,涉及所有的主要角色,贯穿始终,并占据主要的叙事时间。故事 B 会覆盖一个单元或章节,并涉及配角或其他小角色。章节故事有助于故事在场景之间的自然过渡,还可以把焦点从主角身上移开,如果故事的剧情很激烈,故事 B 可以加入一些轻松的调剂,纾解紧张的情绪。支线情节 C 通常被认为是贯穿整章的个别小任务内容,而并非一个真正的故事。

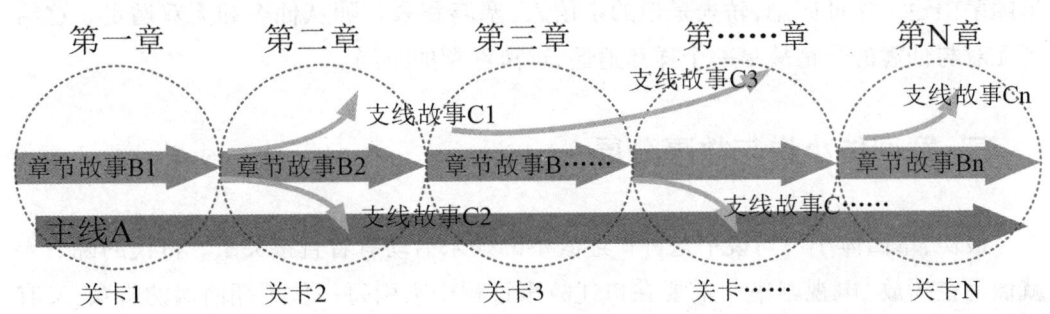

图 3-13 章节化的叙事结构示意图

二、章节化故事案例分析:《无双传》

唐人薛调所作的《无双传》是著名的唐代传奇故事,讲述了唐德宗建中年间刘震的女儿无双与其外甥王仙客恋爱的故事。作者围绕无双这个核心人物,安排了曲折多变的故事情节,刻画了不同人物的个性,取得了强烈的艺术效果。

唐代传奇的写法有些类似于中国画,中国画徐徐展开一个长卷,没有唯一的透视点,讲究的是要移步换景、"散点透视";但其中每个地方又需单独成景,自成一派。中国式美学下的传奇故事要精彩好看,就要高潮迭起,力求每一步的发展都突破读者的预期,让人欲罢不能,所谓"传奇"是也。我们在传奇故事中可以很自然地看出它的章节化处理,这可能也是中国章回体小说形式的来源之一。

二维码3-2

下面我们将以《无双传》[1]为例,分析单元化分层式结构故事的构成方法(见图3-14)。

《无双传》白话译文及原文见二维码3-2。

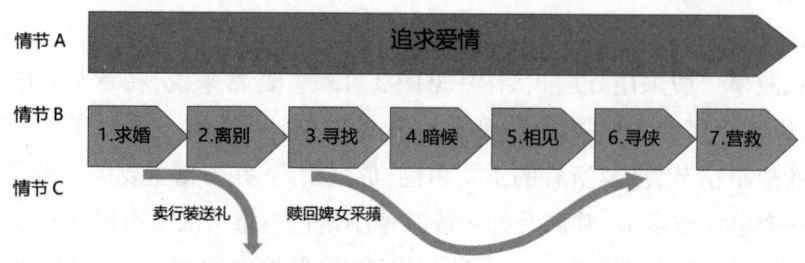

图3-14 《无双传》分层式的章节化结构[2]

作为唐代经典传奇,《无双传》有无数后人改编。其中明代陆采改编的传奇剧本《明珠记》,是明代昆腔戏曲出现之前最成功的一部传奇剧本。它将结局改为古押衙追随茅山道士学仙归隐,轿夫是他的亲信人,塞鸿和采蘋随从仙客和无双遁走。这给了无双与仙客的爱情故事一个祥和逍遥、远离江湖的结局。

三、章回体小说与故事分层

最初,章回体小说与说书这种口述故事的娱乐活动有着直接关系。古代的说书人就像是在播放"电视剧集",需要在口述故事过程中吸引每一位不期而遇的听众,又有必要为长期的听众创造完美的故事体验,留住长期的看官们,所以必须做到章节化的部分内容与完整故事的整体内容的有机结合。

我们在前面论述过故事的叙事动力和单个故事的叙事动力消失、叙事线关闭的情况。以《无双传》的分层故事为例,其整体叙事动力和叙事线关闭情况如图3-15所示。

我们可以看到,作为整体故事的故事A以主角追求爱情为主线,它在B层故事中形成了层层障碍。主线A每一个阶段化的障碍都形成了一个独立完整的小故事弧,而且每个弧线都有自己叙事动力的起点和次级叙事线关闭的终结点。

章节化叙事讲究一波未平、一波又起,在前一个障碍还没有得到彻底解决或已陷入无解之境时,就要勾连出下一个次级叙事线的新情况和新障碍,从而形成新的章节化的叙事动力(见图3-16)。事件的紧张程度也在层层推高,悬念迭出,让读者不禁关心起角色的命运以及他们最后是否能得偿所愿。

---

[1] 李昉,高光,王小克.太平广记[M].北京:中华书局,2021.
[2] 丁赟.论《明珠记》对《无双传》情节结构的继承与发展[J].开封教育学院学报,2015,35(10):2.

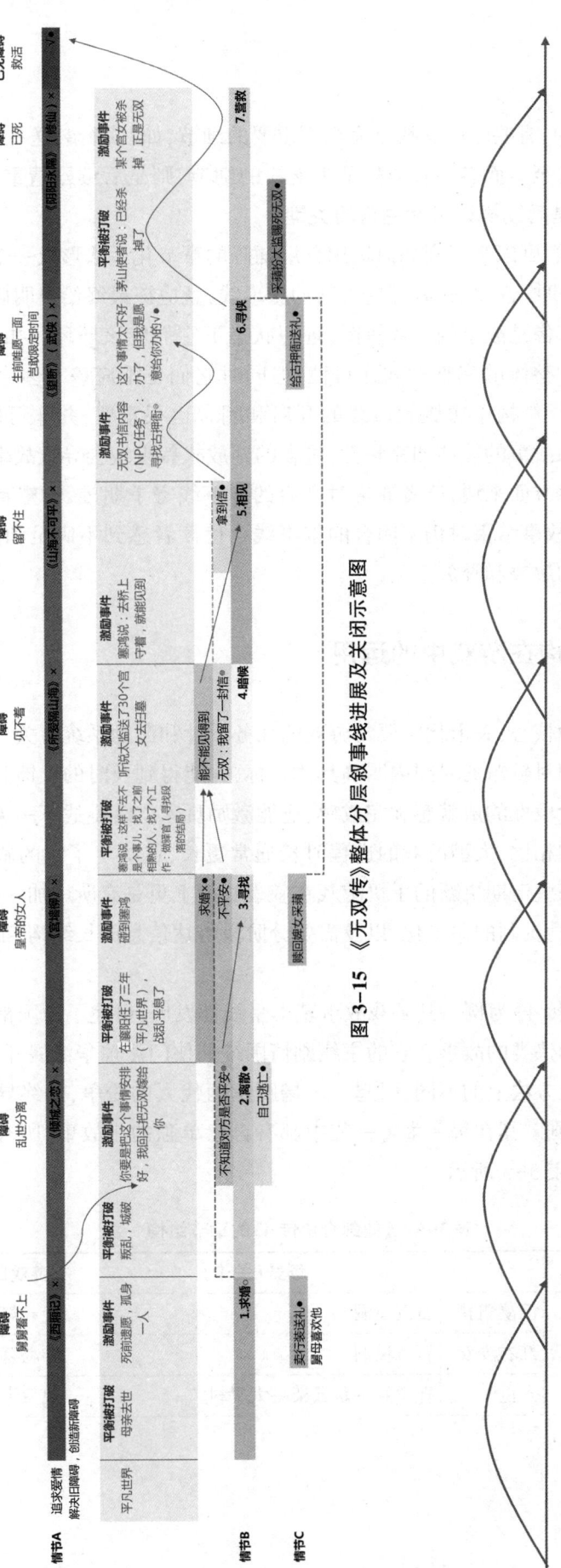

图 3-15 《无双传》整体分层叙事线进展及关闭示意图

图 3-16 章节化叙事中呈现的小的叙事弧勾连示意图

在 C 层故事中,有些小的支线是完全不重要的细节,如"卖行装送礼"只是为了表现男主角的殷勤备至。而有些看似只是小支线的细节,则是后续剧情重要的铺垫,如中段"赎回采蘋"是后续辨识出女主角的关键。

通过例子,我们可以学习到如何运用分层铺陈的章节化手法形成一个故事。也应该明确,在线性叙事中,一旦作者开启了新的叙事线,就应该最终给出明确的结局和解释。每条叙事线都像是故事的一块拼图,理想状态下它们应该环环相扣,任何一块的缺失都有可能影响整体的完整性和连贯性,但同时它们也不应该有多余和枝蔓的部分。也就是说,分层结构中次级叙事线的开启和闭合也很重要,并非可以随意处理。合适的闭合能确保故事的简洁和完整性,过多的开放式叙事线会导致故事松散、臃肿、失去重点。从情感方面来说,读者通常对开启的叙事线寄予期望,希望看到它们的发展和结局,在整体故事结束时仍未闭合的叙事线会使读者感到不满足和困惑,无法为读者提供情感上的解决和释放。

四、章节结构在游戏中的运用

游戏以机制为核心,关卡化主要与游戏的任务设计和激励系统有关。这些设计需要让玩家在一段相对较短的时间内明确具体目标,并能得到及时的反馈和奖励。这种设置不仅提供了阶段性的成就感和完成感,还能激励玩家继续挑战下一关卡。

与电影或戏剧相比,大型游戏的进程时长通常更长,这决定了它的叙事容量更像电视剧。最近的一些定期更新的手机游戏在叙事长度上更是有所增加。总体来看,游戏的任务设计、激励机制的关卡化,以及需要分阶段传达信息的长结构,都促使游戏采用章节化叙事。

以《仙剑奇侠传4》为例。其游戏故事基本呈线性发展,讲述了中国常见的武侠题材中的一类——仙侠类的故事。它的主线剧情围绕仙侠门派琼华派展开;道门之间在修成剑仙的立场及方法上的不同,引起了一场跨越两代人的纷争,最终导致了梦想破灭、爱情消逝的悲剧。其在每一章每一节中都有自己单独的小故事,所有章节共同构成了故事主线,如表3-5所示。

表3-5 《仙剑奇侠传4》的章节结构

		场景(关卡)	游戏自带剧情章节
序章 主角离开封闭的生活环境。	沉溪猎猪	石沉溪洞	晚起祭父
	红衣少女	石沉溪洞	神秘墓室
	入世	青鸾峰—紫云架—太平村	决意下山

续表

		场景(关卡)	游戏自带剧情章节
第一章 主角在人间世界里行侠仗义。	初涉红尘	湖边树林,寿阳	无心闯祸,露宿湖边
	迷香梦绕	柳府	寿阳揭榜,柳府故人
	女萝平妖	八公山—女萝岩	女萝槐妖
	少年行	八公山—寿阳	
	风水惊变	淮南王墓,碗秋山	淮南王陵
	弦歌问情	陈州,千佛塔	陈州行侠
第二章 主角进入仙侠世界。	寻仙昆仑	播仙镇—紫微道—白灏道—继玄道—琼华派	太一仙径
	幻境试炼	须臾幻境—酒色财气	初入琼华
	御剑逍遥	琼华派—月牙河谷	修仙习剑
	叹沧桑	月牙村	沙地助人
	寒剑夜鸣	琼华剑林	寒剑夜鸣
	心事难明	剑林,后山禁地	
	三寒器	醉花荫,清风涧	三件寒器
	为祸一方	即墨—狐仙居	狐仙之乱
	义结金兰	剑林	结拜兄弟
	神农仆众	炙炎洞—月幽之境	桫椤树仙,月夜惜别
第三章 主角了解仙侠世界的对立一方妖界,并产生同情。	水中妖界	百翎洲—巢湖	水下居巢
	仙妖乱	琼华派	
	往事	剑林	兄弟话别
	龙颜怒	不周山,盘龙镇柱	妖界降临
	是惜流芳	无常殿,放逐渊	禁地生变
	心愿	堰都—封神陵	大荒不周
	焚心以火	幻暝界	重逢天青
	君莫思归	旋梦	冥河故人
第四章 主角在非正义的"正义"一方与非邪恶的"邪恶"一方之间进行艰难抉择。	步虚词终	清风涧	亘古神陵,妖界幻暝
	欢乐苦短	青鸾峰	玄霄往梦,噩梦纷争
	死生悠茫	青鸾峰	生离之痛,宗炼手记
	终局	播仙镇,琼华	最后之战

本章小结

本章以叙事学中相关概念介绍为起点，分析了传统的故事结构，为读者提供了一个理解故事构建和叙事方式的框架。

第一节介绍了一些基本的叙事概念，为后续的进一步讨论打下了基础。

第二节到第四节分别介绍了三幕式的基本概念及其叙事结构、"叙事功能"理论及其六单元结构、"英雄之旅"模式及其各个阶段的情节组织，并简要讨论了这些结构在游戏叙事中的应用，以及它们在游戏设计中的应用。

第五节对叙事结构的情节安排进行了通览，阐明了在构建故事情节时应关注的几个关键问题。

第六节主要关注"回溯时间"类型的叙事模式，这种模式常见于解谜和侦探类故事中。由于这一模式的故事在信息传达与接收方式上与游戏流程本身有着一定的相似性，因此在游戏叙事领域得到了广泛应用。

第七节讨论了章节化故事和分层结构，并通过分析具体案例，阐述了分层式故事在整体结构上的设计与布局方法。由于游戏故事的关卡化特性，章节化故事在时间断点和接续性上与其有着类似性，因此分层结构在游戏叙事设计中也得到了广泛应用。

思考与练习题

试着用三幕式结构来构思一个小故事。

第四章　桌面游戏的互动叙事

在数字化浪潮之前，叙事桌面游戏已经以其独特魅力成为互动叙事的表达形式。相较于数字游戏，桌面游戏作为互动叙事的展现形式有其独特之处，在摒弃数字形式的同时，也摆脱了数字媒介的部分交互限制。在这个充满虚拟体验的时代，桌面游戏以其真实而触手可及的特性，成为人们重拾面对面互动、感受实体组件体验的选择。

通过这种体验，桌面游戏为玩家提供了深度的情感体验和人际交流，正是因为这种深度的人际交流，桌面游戏发展出一些在数字媒介下难以实现的故事叙述形式，例如形成以人际关系为主的戏剧冲突式故事，这也是其在互动叙事方面常见的形式之一。桌面游戏在玩家沟通和情感表达上具有独特的价值，其叙事过程能更好地激发玩家的创造力，使每个参与者都能成为叙事的创作者。

我们前面讨论过互动与叙事在三个层面的冲突，叙事类桌面游戏直面第一个层面的冲突，即互动与叙事本身存在的矛盾。通过设计各种机制来处理这种矛盾和冲突，桌面游戏充分发挥了互动叙事的优点，规避了其缺点，深化了这种讲故事形式所带来的乐趣。本章通过对叙事类桌面游戏的分析、设计和实践，总结其在设计层面上的基本原则。数字游戏的互动叙事与桌面叙事游戏有交汇点，本章旨在通过叙事桌游，使读者更好地理解和掌握互动与叙事的矛盾点与结合方式，从而更深入地理解与创作游戏故事。

◉ 游戏互动叙事

第一节 叙事类桌面游戏

有一类桌面游戏的主要目标是生成一个有趣的故事,或者为玩家提供叙事类的体验,我们可以将这类游戏统称为叙事类桌面游戏。这种类型的游戏的叙事玩法中或多或少包括"事"的创作和"叙"的创作两个方面,在具体的游戏中,其侧重各不相同。有些注重"事"的创作的游戏,可能需要玩家具备一定的编故事技能和叙事修养。

本书将叙事类桌面游戏粗略地分为轻度叙事桌游、中度叙事桌游和高度叙事桌游三类。随着级别的提高,游戏对玩家编故事技能和叙事修养的要求也逐渐增加。本书的这一分类只是为了便于介绍,并非旨在清晰地区分游戏中对于叙事创作要求的强度,有时级别的提高主要是因为游戏中叙事机制的复杂程度的提升。

一、轻度互动叙事游戏

在比较初级的、轻度的互动叙事游戏中,值得一提的有《故事骰》(Rory's Story Cubes)、《很久很久以前》(Once Upon a Time)和《是的,黑暗领主大人!》(Aye, Dark Overlord!)等。

(一)《故事骰》

《故事骰》是通过骰子上的图标来创造故事的游戏,其玩法如下:每个大骰子上有6个图标,一套叙事骰子共有54个图标。玩家可投掷所有9个骰子来随机生成图标组,然后从得到的图标组中创造故事。《故事骰》的玩法(游戏规则)有很多种,可以单人玩也可以多人共同参与(见图4-1)。

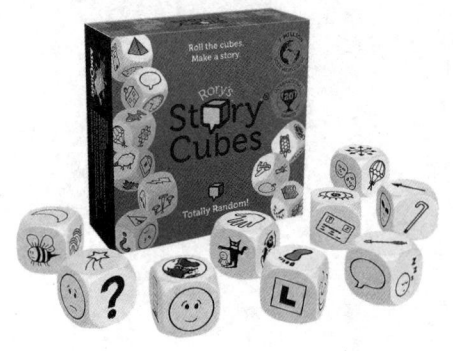

图 4-1 《故事骰》

(二)《很久很久以前》

《很久很久以前》是一套基于童话背景的聚会游戏,需要玩家共同合作完成故事,简单来说就是故事接龙(见图4-2)。

每个玩家在游戏的一开始都会得到一部分含有关键词(人物、地点、物品)的手牌,以及一张每个人都不同的结局卡,这张结局卡的内容不能让其他玩家知道。每个玩家需要轮流作为说书人,并用手中的卡牌讲一段含有该关键词的故事,并尽可能将故事的走向引向自己手中的结局卡。当说书人词穷,或其他玩家通过中断牌篡夺故事讲述权从而成为新的说书人时,故事的控制权就转移到了下一个玩家手里。第一个打完手中所有卡牌、顺利出掉结局卡结束故事的人将成为游戏的赢家。该游戏的乐趣在于用卡牌讲一个欢乐的故事,而不是为了赢得游戏。

图4-2 《很久很久以前》

(三)《是的,黑暗领主大人!》

《是的,黑暗领主大人!》是一款搞笑的聚会游戏,它与《很久很久以前》的相似之处在于它也是一款看卡牌讲故事的游戏;不同的是,这款游戏不是由玩家轮流掌握叙事权,而是由一个玩家充当GM来完全掌控故事的主题和走向(见图4-3)。

图4-3 《是的,黑暗领主大人!》

在游戏中,一个玩家扮演邪恶的、冷酷无情的黑暗领主(GM),而其他玩家则扮演无能的、懦弱的、一文不值的地精。游戏的流程如下:首先,GM确定主题、发布任务与任务自动失败。领主开头先给手下的地精们派发一个邪恶的任务(任务的具体内容没有任何限制,领主可以随意描述,也可以看牌,为自己提示一个任务)。然后,地精们会把任务搞砸(可能是没有抢到公主,可能是财宝被野蛮人抢走,总之任务自动失败)。因此,必须有人为此负责。在 GM 的问责下,玩家根据抽到的"提示卡"进行辩解,并试图将责任推卸给其他玩家。在游戏的过程中,玩家还可使用"异议卡"表示其他玩家编的故事与"事实"不符。

如果玩家编的故事不够圆满,就会收到"冰冷的凝视"卡,代表"领主瞪你以示警告"。收到一次之后,"冰冷的凝视"就会升级,从"小瞪"上升到"中瞪"再上升到"大瞪"。第一个收齐了 3 张"黄牌"的玩家,只能乞求游戏流程中"最后的怜悯"。如果 GM 不愿意再给玩家最后的机会,该玩家就输掉了该轮游戏。

二、中度互动叙事游戏

(一)《晦暗世界》

中度叙事游戏中值得一说的是《晦暗世界》(Gloom)。其叙事牌中的事件非常清晰,因此可供玩家发挥的空间较为有限,但其在游戏机制方面却更为复杂。属于策略与角色扮演游戏的《晦暗世界》主题幽默又阴森,基本上以"谁敢比我惨"为核心。游戏中,每位玩家要控制一个行为古怪、不喜欢与人接触的家庭的命运(每个家庭有五个角色,具体分配给每个玩家的家庭角色数量取决于参与游戏的玩家人数),把这个家庭里面的每个人都"玩"死是玩家的职责所在(见图 4-4)。

图 4-4 《晦暗世界》

游戏的目标在于在角色悲惨死亡之前,让他们经历尽可能多的不幸事件,将他们的人生幸福感(人生价值)降至最低。当某位玩家控制的家庭中的所有角色全部死亡时,游戏就停止了,所有玩家计算自己手中所有角色的人生价值总和。当玩家手中控制的家庭(手头所有角色)人生价值总和低于所有其他玩家控制的家庭角色总和时,即赢得游戏。由于有可能出现分值相同的情况,所以游戏中可能会出现多个赢家。

《晦暗世界》的具体玩法是:每个玩家在游戏开始时会得到事件卡牌(后续如何得到事件卡牌由抽到的手牌决定),这些卡牌描述了悲惨事件(比如"被村民用火烧"),被打在角色卡上会产生负分,玩家需要打出(覆盖)尽可能多的负分事件卡牌到自己的角色卡上,降低手中角色的人生价值。同时,玩家还要把经历结婚或者快乐的生活等正面事件的卡牌(正分),打到对手玩家(其他所有玩家)的角色上,提高对方角色的人生价值(正负值会相互抵消或覆盖)。当玩家认为所控制的某个角色遭受了足够多的悲惨事件时,可以翻转角色卡并施加"猝死"(Untimely Death)状态,这样的角色连同他所遭受的所有事件就可以被放到一旁,不再参与下轮叙事,直至游戏结束。

游戏的叙事部分需要玩家在打出手牌时编织事件的前因后果,像在《很久很久以前》中打出手牌一样。玩家需要先讲出为什么会发生这个事件、这个过程中又发生了什么等,才能顺利出牌。在游戏背景中,角色具有家庭和职业,所有的角色身上发生的事件会被其他玩家拿来作为叙事的前因后果。随着叙事进程,虚构的世界会变得越来越具体,玩家不仅要编织自己角色的故事,还要倾听并参与其他人的叙述。

因为《晦暗世界》是竞争类游戏,策略也是游戏机制中重要的一部分。角色不能"死"得太早,否则他的人生价值可能终止在不够低的分数上,在最终计分时无法赢过其他玩家;但也不能"死"得太晚,否则其他玩家可能会让好事发生在你的角色身上(甚至可能不会产生负分),所以需要尽可能又快又低分死掉。因此在整个游戏的进程中,玩家也需要随时判断和决策。

(二)以空间为核心的叙事桌面游戏

有一类叙事桌面游戏是以空间为核心来构建游戏流程的,整体叙事机制类似于在地图上行走以触发事件,如《一千零一夜》(*Tales of the Arabian Nights*)和《山屋惊魂》(*Betrayal at House on the Hill*)等。

这类游戏叙事机制的基本流程如下:

(1)空间拓展:如《山屋惊魂》每次可拼接一张地图格子。
(2)走地图触发事件:如《一千零一夜》中每到达一个新地点都会遭遇新的事件。
(3)玩家给出反应:根据玩家此时替身的状态和使用技能做出行动。
(4)得到游戏规则反馈的结果。

上述两个游戏的整体流程中有很大一部分都依此循环。

有关游戏空间叙事部分可详见第六章内容,本部分不再详细论述,其与该类型桌面游戏的基本思路一脉相承。

三、高度互动叙事游戏

此处简要介绍一下《万象》(*Universalis*)和《祸不单行》两款互动叙事桌面游戏。这两款游戏相对来说体量较小，但需要玩家具备较强的叙事能力，同时也要求较高的故事沉浸。

（一）《万象》

《万象》是一款偏向于跑团的沙盒类桌面互动叙事游戏（见图4-5）。相较于前几款游戏，它的规则体系整体来说相对简单，却有着极高的自由度，个人可发挥的余地比较大，同时也意味着玩家需要具备更高水平的叙事能力和技术。

《万象》不仅需要玩家有效地建构情节，而且其规则重视故事逻辑的自洽，因此游戏对玩家整合故事前后内容的能力有相对较高的要求。如果玩家在安排故事情节时遇到困难，如故事四分五裂不连贯，或者情节矛盾，都会面临"编"不下去的困境，致使游戏失败。相较于前述几款游戏，《万象》的故事可以超脱固定的结构或元素，更加符合玩家的想象，但游戏难度也因此增大。

图4-5 《万象》的游戏规则书封面

在实际游戏的过程中，《万象》类似于多个编剧合作完成一个剧本写作的过程。游戏以"场景"（scenes）为基础构建叙事，所以它的故事更像视觉化或以视觉为基础的叙事媒介，如漫画、电影或戏剧等。

游戏的核心机制可被简单概括为以资源换取叙事权。每个玩家在初始状态都能得到一定数量的"资源"，这象征着玩家的初始故事力（叙事权），通常具象化为硬币（coins），但也可以是其他的代币（token）。一个硬币（coin）代表你能在故事中建构一个"事实"（fact），简单来说核心机制就是"一币一事"（one coin one fact）。

游戏过程中会有一位玩家担任记录员的角色，以条目或简句的形式记录故事中出现的重要的"事实"，以便在后续的游戏中查阅，防止故事前后出现矛盾。"一币一事"的规则不仅适用于构建情节，也适用于删除情节，已确定的"事实"在后续的故事中可以花费资源删掉。但通常情况下，一旦一个"事实"被确立，就会在其基础上建立很多后续的"事实"。这意味着如果一个"事实"在被确立之初没有被删除，那么在后面删除它以及在其基础上建立"事实"将需要花费更多的资源。

《万象》没有传统跑团游戏中的 GM 角色,或者说,在这个游戏中所有人都是 GM。当一个"事实"要成为故事的一部分时,需要得到所有玩家的同意(所有人都是 GM)。如果有人不同意,那就需要通过拼资源的方式来解决情节冲突,以达成一致。

其核心规则可以简单从以下几个方面加以说明。

1.币与事

币是代表玩家有多少故事力(叙事权)的资源。通过支付币,玩家可以在游戏中创造故事中的"事实"。这些"事实"可以涉及角色、设定以及在"当前场景"中发生的任何事。每个玩家在游戏开始时都会得到一定数量的币(一般为 25 枚),当游戏中一个场景(情节构建)结束时,玩家会再得到一些币(通常为 5 枚)。玩家也可以通过赢得挑战来获得一些币。

2.设定原则

在多数 RPG 中,游戏的基础设定和任何特殊规则的设定,要么取决于该游戏的通用规则,要么由 GM 直接决定。

与大多数 RPG 不太一样的是,修改规则在《万象》里相对简单,它的规则只是另一种"事实",可以通过支付币来建立。

《万象》的每一局游戏都从设定游戏原则开始,原则决定了玩家在设定故事或背景时需要遵循的基本准则(比如这次是有关星球大战的故事,那么任何元素可能都需要进行科幻化的修正,以实现有逻辑地融入故事)。

每位玩家都可以选择用币来建立自己需要的故事宗旨或叙述原则,也可以选择跳过(pass)有关原则的决策。如果两个玩家对原则的设定有分歧,可以使用规则发出挑战来决定听谁的。

一般来说,在原则阶段很少见到挑战,大多数情况下,这一阶段的分歧通过协商解决。一旦没有玩家想在本局游戏开始前添加更多的故事原则,游戏的初始原则阶段就结束了,讲述故事的阶段正式开始。

3.场景

《万象》的故事情节是通过场景(scenes)展开的。在游戏(故事)的进程中,场景可以从一个切换到另一个,每一个新场景的建立都会对该场景中的整体后续情节产生重大影响。这意味着在故事编写时,谁来设定初始场景,谁就对故事拥有更大的控制权(即玩家得到较大的叙事权),因此在《万象》中,场景设定权是通过竞标(bid)来决出的。竞标的玩家需要告诉其他人他想设定什么样的场景,以及他愿意为这个场景设定付出多少币。通常出价最高(花费最多资源)的玩家赢得竞标,他可以设定场景的时间和地点,并在场景中引入角色和情节元素等。

每个场景中发生的情节由大家按顺序轮流讲述,每个玩家都有自己讲故事和花费币的回合。玩家也可以通过支付一枚币来打断叙事权的正常流转,立刻获得讲故事的机会。

4. 挑战

挑战(challenges)主要用于处理游戏中由多名玩家引起的叙述冲突,例如如果不同的玩家对故事情节的安排构想不一致,就可以发起挑战。如前所述,在《万象》中,一个"事实"要成为整体故事的一部分,需要得到所有玩家的同意。当一个玩家想要建立一个"事实",但另一个玩家反对时,不赞同的玩家可以提出自己对此处"事实"的构想,从而在游戏中产生一个挑战。挑战有时也用于处理玩家在后续故事中撤销早期确定的"事实"。

在挑战中,所有的玩家都可以用币为自己所赞同的"事实"投票,然后使用骰子来决定挑战的结果(骰子投掷次数取决于每一方的"事"和"币"的数量)。获胜者将获得新的币,并根据挑战所得出的结果来叙述故事。

(二)《祸不单行》

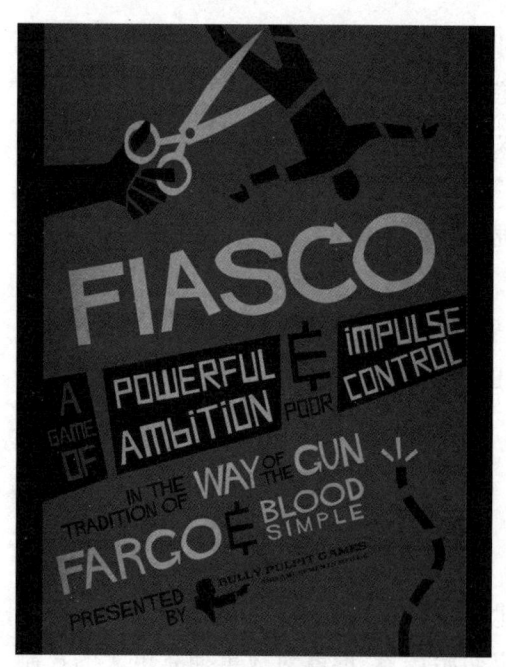

图 4-6 《祸不单行》

《祸不单行》与之前我们介绍的叙事性桌游有所不同,它的故事是围绕人际关系构建的,通过人与人之间的互动和冲突来推动故事的发展(见图 4-6)。

《祸不单行》的故事风格类似于科恩兄弟的电影,它的设计灵感来源于《冰血暴》(Fargo)、《阅后即焚》(Burning After Reading)、《横财三分惊》(Simple Plan)等电影,是一个交织着欲望、贪婪和恐惧的黑色喜剧故事。游戏的英文名直译应为"惨败",但考虑到对于桌游玩家来说,"惨败"并不是一个好的兆头,所以根据游戏的叙事性内核意译为了《祸不单行》。

这款游戏形成的互动故事更像传统的

电影故事。正如在传统的抢劫和恶作剧电影中一样,玩家扮演的角色是野心勃勃、自控力低下的普通人。在故事中,玩家试图通过阴谋来实现自己的欲望——做一些不合法或不道德的事。所有的角色在试图实现自己的欲望时,都会与他人的欲望发生交织与冲突,最终导致所有人都遭受"惨败",这遵循了这类电影的传统——每个人都不会有什么"好下场"。

1. 规则结构

这款游戏采用二幕式结构,流程分为五个阶段,从开始到结束依次为:
- 开局设定(Setup)。
- 第一幕(Act One):在第一幕中,所有人都需要策划各种大计划,第一幕结束时投骰并使用"节外生枝表"。
- 节外生枝(Tilt):"节外生枝表"会带来两项出人意料的内容,所有人都会因此陷入混乱。
- 第二幕(Act Two):在第二幕中,玩家将目睹自己的计划一步步、不可逆转地瓦解。在第二幕的最后环节,玩家需要投骰并使用"劫后余波表"。
- 劫后余波(Aftermath):揭示事件过后角色所经受的遭遇和不幸。

2. 核心机制

(1)通过故事套组(playset)中的表单和掷出的骰子点数,玩家可以在开局确立一个有关人物、地点和物品的关系网。故事套组可以被看作一个剧本的点子,它提供了一个初始设定,为故事的铺陈提供灵感。玩家可以根据游戏套组的规则模板自己编写剧本(见图4-7)。

(2)玩家轮流充当焦点玩家(叙述者),以场景为单位,讲述一段以自己的角色为主角的故事。故事由个人口述事件或与其他人对话组成。每幕中每个玩家有两次成为焦点玩家的机会。

叙述故事的过程有两种:

搭建(establish)场景:焦点玩家搭建场景,确定场景的地点,选择配角(玩家角

图4-7 《祸不单行》的故事套组之一
《1978年周六夜》(Saturday Night 78)封面

色或非玩家角色)、设计故事的起因等。

拆解(resolve)场景：其他玩家搭建场景,焦点玩家在别人的场景中扮演自己的角色,选择结果或描述主角如何应对接踵而至的麻烦。

焦点人物可以选择搭建场景,让其他玩家扮演自己的角色共同叙述故事内容；也可以选择让其他玩家搭建场景,扮演自己的角色来拆解场景,但他不能同时做这两件事。在游戏的最后,即使是最好的计划也会恶化,一切都将被打乱。因此在叙述中,玩家不必费力寻求一个好的结局,只需要选择合乎角色处境的行动即可。

(3)用骰子控制剧情节奏,决定玩家叙事权的分配,以及决定情节的走向。

节奏：焦点玩家或其他玩家会在特定时刻从桌面中间的骰子堆里拿走一颗骰子。当桌面中间只剩下一半的骰子时,第一幕结束,进入节外生枝环节。当最后一颗骰子被拿走时,第二幕结束,进入劫后余波阶段。在劫后余波阶段,玩家根据自己投出的骰子点数,按照表单轮流描述自己角色的结局。所有人的骰子都用完后,游戏结束。

剧情及叙事权分配：在第一幕和第二幕中,黑骰代表主角行动不利,白骰代表主角行动顺利。其他玩家可以用不同颜色的骰子对焦点玩家叙述的故事事件进行"投票",判断该事件接下来会顺利或不顺利。也就是说,在第一幕以及其他某些时刻,骰子的颜色而不是其点数会影响剧情。

在节外生枝阶段,拥有同一种颜色的骰子越多的玩家,越有可能赢得决定节外生枝剧情的权力。在劫后余波阶段,拥有同一种颜色的骰子越多的玩家,越有可能获得更好的结局。此时,黑骰代表生理方面的成功,白骰代表精神方面的成功。

也就是说,游戏中的这个机制会给玩家带来一些叙述故事的倾向性。因为得到其他玩家投票的一致性比得到好的期待更重要,所以策略上,玩家可以在故事中做一些让别人觉得事件会顺利发展的事,收集好(白)的骰子,也可以铤而走险做尽坏事,收集坏(黑)的骰子,让自己的角色变得越来越坏。从某种程度上来说,这个机制间接地保证了在整个叙述过程中角色塑造的一致性。

《祸不单行》流程详见二维码4-1。

二维码4-1

> **拓展阅读**：有关TRPG类介绍(作者：董炫辰)
>
> 桌上角色扮演游戏(Tabletop Role-playing Game),简称TRPG,俗称"跑团"游戏,目前在我国流行的主要有《龙与地下城》(DND)和《克苏鲁的呼唤》(COC)两套规则体系。除此以外,还有许多有趣的独立规则体系,例如《迷雾之城》、*Skyline*、《信仰都市》等所采用的体系；也有基于现有规则制作的同人规则,如《诡秘之主》《明日方舟》《东方幻想乡》等游戏和小说的同人TRPG规则。

1.DND 与 COC 规则体系

DND 体系更注重玩家角色的成长性，倾向于要求玩家能有固定时间一同进行游戏来获得更好的体验，有时一个故事可以延续数年。也是因为这种特性，DND 相对 COC 来说更难上手（有关该体系的进一步介绍可详见《动画编剧与互动型剧本创作》①中第八章"龙与地下城"部分，本书不再赘述）。

COC 是基于美国小说家霍华德·菲利普·洛夫克拉夫特创作的一系列小说世界观构建的同名规则。故事的主题往往包含科学幻想、哥特式恐怖和虚无主义宇宙恐怖。一个风味纯正的 COC 故事往往强调玩家面临的是一个不可知、不可对抗的存在，调查员越是渗入真相的内核，则越是接近死亡或疯狂。

二维码 4-2

COC 规则的游戏流程及其衍生见二维码 4-2。

2.剧本杀

剧本杀由欧美文化国家聚会常见的 TRPG"谋杀之谜"演化而来，故事的主题一般是一件谋杀案。玩家选择人物、阅读各自的剧本，通过谈话发掘彼此的秘密和线索，推理并投票决定玩家中谁是凶手。整个故事的流程像是去除了检定规则的跑团，比 COC 或 DND 更容易上手，但可采取的行动也相对有限。在大部分玩家看来，剧本杀的社交属性比游戏属性更重要。

国内商业化的剧本杀延续了 DND 中的称呼，将主持人称为 DM，主持人是专职或兼职的工作人员，旨在让付费的玩家得到更好的游戏体验。门店从发行商或直接从作者处购得剧本，向玩家提供场所、剧本和主持服务。更为精致的剧本杀还会有配套的戏服和布景，可以现场搜证来找出线索。一部分剧本杀还有特殊的游戏环节和机制，例如，民国题材的《孤城》中有阵营、接头信物和货币，玩家在决战前通过拍卖获取武器装备；在剧本《拆迁》中，找到凶手并不重要，重要的是玩家如何通过暗中交易获得一张真正的房产证。

从用户体验的角度划分，商业化剧本杀有本格推理、情感、恐怖、欢乐等类型。由于去除了跑团的检定规则，玩家采取口头推理以外的行为都难以决定结果，因此可以说，若无专门设计的机制规则，玩家的游戏行为仅限于交谈。作者在写作剧本杀时，为了保证每位玩家的参与度，玩家角色最好都与案件高度相关，NPC 则要尽可能少，通常只需要一位 DM 扮演，或者不需要人扮演，只存在于剧本中。这些限制会导致剧本中的玩家角色通常具有多重身份，故事高度戏剧化。为了保证案发过程能被准确还原，

---

① 姚忠礼，王巍寅.动画编剧与互动型剧本创作[M].上海：华东师范大学出版社，2013.

通常有一位易于排除嫌疑的角色能提供关键的信息点。熟练的玩家会整理案发前的时间线,逐一排除嫌疑,一般而言,最后一位接触生前死者的人最有可能是凶手。

这些客观因素的限制和高度的套路化导致了剧本杀中玩家的体验和成长是有限的。一旦玩家群体的新鲜感消退,市场热度就难以维持。

3. 网络企划

网络企划是在互联网上进行的共创故事,形式分为以插画和漫画为主的画企和以文字为主的文企,题材分为同人和纯原创企划,由发起人将世界观、故事主题和参与的起止日期发布在社交媒体或内容创作网站上。其中,同人企划沿用原作的世界观,有时会有改编,企划会根据发起者的要求允许或禁止与原作角色互动。参与者可以根据格式要求上传原创角色,也可以基于现有的角色进行同人创作。著名的网络共笔科幻怪谈体系 SCP 基金会本质上也属于一项企划。①

第二节 桌面游戏视野下互动叙事的设计方法

上一节介绍了几个叙事型桌面游戏的例子,正如我们在第二章中所讨论的,所有这些桌面叙事类游戏的基本游戏机制(规则系统)都需要解决两个最基本的问题:新信息的添加和保证故事系统的一致性。考虑到互动叙事的特性,设计者还需要在交互规则中加入叙事权的平衡性限制。因此,叙事桌面游戏的核心规则系统必须包含以下三个方面。

(1)叙事权的轮转与平衡:规则需要体现游戏的互动性,并在整体上确保玩家对故事影响的相对平等(如无特殊需求)。

(2)输入机制:规定玩家如何在游戏中添加新的信息。

(3)整合机制:确保新信息在融入原来的故事系统后,叙事仍能保持一致性(否则就不能称其为"一个"故事)。

接下来,我们将具体分析在实际的游戏设计中这三个方面都是如何被处理的。

一、叙事权的轮转与平衡

对所有游戏来说,保证规则系统的平衡性都非常重要,叙事权的分配会影响互动

---

① 微博的企划信息发布平台@ACMG 企划博物馆和企划网站 http://elfartworld.com/首页会轮播近期热门的角色和企划,登上首页被企划玩家视为企划的最高成就,被称为"上春晚"。

叙事所呈现的故事情节,更重要的是,有关叙事权的争夺会引发之前所说的叙事统一性问题。因此,在这部分的规则中,除了保证基本的互动性外,游戏所能讲述的故事越复杂,其叙事权的分配规则往往就会越复杂。

(一)最简单的方式:自然轮转

自然轮转是最简单的轮转规则,《故事骰》就使用了这种规则。以该游戏的基本套装九颗骰子为例,如果有多名玩家,就按就座顺序,以一个方向为基准(顺时针或者逆时针),从任一玩家开始,每个玩家依次从口袋中抽取三颗骰子进行投掷,按照所得结果讲述故事,然后轮到下一名玩家接续上一名玩家的故事讲述。为了降低骰面的重复率,投掷后的骰子会被置于一旁。

这种规则的特点是每个玩家都有相同的机会和权力,在一名玩家使用叙事权时,没有任何中间的干涉可以发生。

(二)打断、指派、转移

1.打断

打断的例子可见于游戏《很久很久以前》,一个玩家可以直接从另一个玩家那里夺取叙事权。在取得该轮叙事权的玩家讲述情节的过程中,如果他提到的关键字与在场的任何一位玩家手中持有的"中断卡"上的关键字相同,则持有中断卡的玩家可以直接打断正在叙述的玩家,然后自己接续上述情节讲述故事,中断卡面如图4-8所示。

图4-8 《很久很久以前》中的"中断"卡

2.指派

在《是的,黑暗领主大人!》中,游戏故事以GM来发布任务并自动失败为开端,然后以问责的形式指派叙事权:领主大人随意挑选一个看上去最心虚的地精(长得最难看的也行,GM决定一切),开始质问他任务失败的原因。被GM挑中的玩家获得叙事权,GM也可以在过程中随时质问并要求任何一个玩家作答,使其获得叙事权。

图 4-9 指控卡（pointer）图标

3.转移

《是的,黑暗领主大人!》中叙事权的拥有与《很久很久以前》正好相反,被领主点到名字是非常危险的,所以聪明的做法是在第一时间把责任推卸给别的地精。

玩家可以将游戏动作卡中的一种"指控卡"(见图4-9)与提示卡一起打出,这样就可以在故事里添油加醋,并且成功地将领主的怒火转移到另一个可怜的同僚身上,之后就轮到这个新的倒霉蛋出牌编故事再嫁祸其他人。

4.在别的玩家的叙事中加入自己的元素

图4-10 异议卡（stop hand）图标

《是的,黑暗领主大人!》的动作卡中除了"指控卡"之外,还有一种"异议卡"(见图4-10)。当其他地精在叙述的时候,你可以打出1张提示卡和1张异议卡,对正在讲故事的地精提出异议,这样那个地精就必须把你的提示卡中的要素融入故事,否则就会遭到领主的惩罚。这种机制可以强制玩家在行使自己的叙事权时,使用其他玩家对于情节的设定或想法。

图4-11 既可以做指控卡又可以做异议卡的动作卡

(三)平衡机制:限制或增强某位玩家的叙事权

在《是的,黑暗领主大人!》中,玩家会因为收到三张"冰冷的凝视卡"而进入"最后的怜悯"阶段(见图4-12)。在不利的情况下,收齐三张"黄牌"的玩家可以在GM的准许下,得到比别人多的额外叙事轮,如果在该轮辩解中过关,则游戏继续按照正常轮转进行。当然,GM在游戏中有着绝对的裁决权,"如果你实在太烂了,以至于主人不愿意再给你最后的机会,那你就必须出局,成为这场游戏里唯一的输家,负起任务失败的全部责任,同时游戏结束"。

图4-12 三个等级的"冰冷的凝视卡"

在《晦暗世界》中,游戏有着相对更复杂的平衡机制。如果玩家抽到的手牌会导致分数迅速积累或减少,那么手牌上会有相应的规则来调整下一轮的摸牌或使用牌的机会。例如,如果分数增加较多,则牌面上会有取消下一轮的摸牌机会或积分机会的图标;如果该轮出现不利的情况,则会增加下一轮出牌的张数等。

这种机制与某些通过走地图来触发故事的游戏(如《一千零一夜》)中的机制类似,玩家会因为角色得到了某种技能或抽中了某种效果而增加或减少移动的机会,从而影响叙事的进程。

(四)竞争、挑选

1.竞争:竞标与投票

《万象》的规则本身就包含了保证故事精彩度或朝有趣的方向发展的机制。相较于绝对的公平,它更注重将叙事权交给最合适的人。

它的规则将对故事影响较大的"场景设定"(set the scene)部分与普通情节部分区

分开来，通过竞标的方法决出谁的想法更符合大多数玩家对故事的基础期望。

在后续进行的每一个情节中，因为有挑战规则的存在，谁的"事实"更有趣（获得大众的支持），或者谁对自己的设定想法更有信心（给出更多的投标币），谁就更有可能得到叙事权。

当然，这并不意味着叙事权总是偏向那些"更会编故事"的人。获得叙事权从而确立更多"事实"的人，就会失去更多的币，在相继的叙述阶段，就会缺少资源来建立更多的"事实"，对叙事的掌控力也会相应降低，从而从侧面保证玩家之间叙事权的相对平衡。

2.挑选

《祸不单行》是由人际关系建立起来的故事，角色可以自建场景或在别人的场景中行动。自建场景的玩家，可以挑选任何一个玩家（的角色）与自己的角色共同表演，构建剧情。如果玩家不想自建，则可任意指定一名其他玩家为自己搭建场景，在其中展开叙述。

二、输入机制

解决了谁在什么时刻可以讲述故事（控制叙事权）的问题，接下来就是互动叙事的两个核心问题：如何添加新信息以及如何将其整合进故事系统。首先，我们来分析叙事类桌游如何解决添加新信息的问题。

Brian Upton 以戏剧表演为例，以演员的表演隐喻了玩家的行为与叙事自由空间的关系。他提出，典型的舞台剧本为表演而准备，包含了一连串的戏剧节拍。节拍可能是某种舞台调度、某场对白、一条短台词甚至是一个词。每一个节拍都是一个明确的时刻，意味着在这个时刻演员（或群演）需要做一些行动、说一些台词，或移动到某个位置、流露某种情绪等，节拍总是可以用各种各样的方式来表现。

在戏剧中，总会有一些独立于演员（意愿）之外的限制性因素，如剧本、导演、场地等。剧本中会有写好的台词，确定演员要说的话；舞台导演会指导演员上场和下场的时间。尽管演员需要遵从很多类似的约束，但在他的表演中，究竟如何说出特定的台词，如何走位到另一位舞台表演者的身边，却是即时发生的、由演员自己来决定的。一个好的演员会塑造很多细节，如时间处理、表情控制、音调高低、语调变化等。演员有一千种方法说出台词"生存还是毁灭"（to be or not to be），同时又有很多种将其呈现在观众面前的方式，当表演的那个时刻来临时，他必须从中做出选择。

不同的剧本给予演员的自由度不同，每个节拍之间的自由度也因情境而异，但总有些自由空间是留给演员的,在一些表演理论中,即兴表演往往被特别强调①,如图4-13所示。因此,在表演过程中,演员不仅要仰仗预设的台词和导演指定的固定姿势,还需要凭借即兴的因素。②

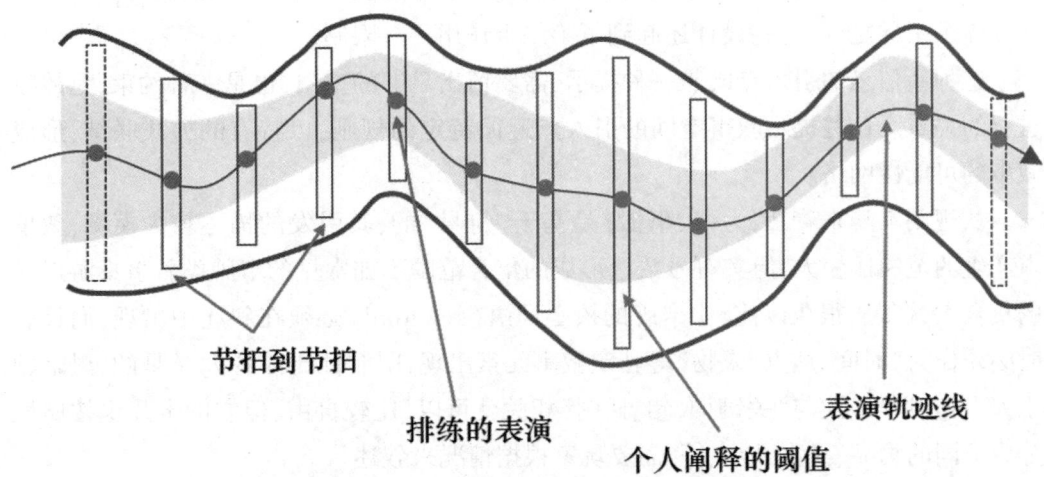

图4-13 表演的发挥空间与最终形成的叙事线

互动叙事必须为玩家保留一定的空间,使他们可以对叙事本身进行更改。我们可以将玩家视为"演员",叙事桌游的该部分规则要创造的就是有足够自由发挥空间的"剧本",使没有此类游戏经验的玩家也能轻松理解规则并迅速上手,积极参与游戏。

如何加入新信息?答案主要在于两个方面:一是需要提示,二是需要限制。

如果游戏一开始没有任何提示信息,玩家将不知道要做些什么。因此,游戏需要做的第一件事就是提供引导性的提示信息。如果游戏的最终目标是编织一个故事,那么游戏的第一个机制就是告诉玩家从哪里着手编织这个故事、可用的入口在哪里、材料有哪些。

具体来说,我们可以看到几款桌游在引导玩家加入新信息时,采用了不同的提示方式。

(一)关键词联想法:符号、文字(词语)、图像

在如何加入新信息方面,轻度叙事游戏如《故事骰》《很久很久以前》《是的,黑暗领主大人!》这三个游戏有相似之处,它们都采用了类似关键词联想的方法。

《故事骰》使用的是"符号",玩家按规则从每次掷出的骰面上的符号来激发想象,

---

① 由斯坦尼斯拉夫斯基(Stanislavski)提出的斯坦尼表演理论中,体验派会对即兴更为强调。
② UPTON B. The aesthetic of play[M]. Cambridge, Massachusetts, London, England: MIT press, 2015.

作为构建故事事件或情节的来源。跟《故事骰》中的"符号"类似,《很久很久以前》则是根据每张卡牌上的"文字"(一个词)来展开联想,这个词必须成为关键性情节中的必备元素。《是的,黑暗领主大人!》的每张提示牌上都有文字(一个词)、图像和短句,同时它们之间还有各种联系性的暗示,这些都可以作为玩家故事灵感的来源。

除了引导之外,这些设计还起到了第二个作用——限制。

这种新信息的引入点既是一种提示,需要留出足够的空白,也是一种约束,是故事进行的锚点。这些提示叙事空间的引入点遵循特定的规则,以特有的方式联结,形成叙事的可能性网络。

从规则本身来看,因为《故事骰》是基于"符号"的,其引发的描述较为模糊,叙事点产生的范围比较大,但其符号数量形成的集合范围不如常见的卡牌类叙事桌游形成的集合大;《很久很久以前》中卡牌的核心词语(key word)必须在叙述中出现,而且有时必须作为"时间、地点、人物"等特定叙事元素出现,限制性比前者大;《是的,黑暗领主大人!》则是叙述与"关键词、句、插图"相关就可以,比较自由,但它的卡片也按属性分为不同的物品、怪物、地点等,需要玩家根据情况来叙述。

玩家叙述的故事线围绕着这些关键词式的锚点展开,被约束在一个有限但浮动的范围之内。事件在叙事空间中的某些点之间穿梭,叙事权以不同的方式从一个人转移到另外一个人,故事就在不同玩家的互动中以这种方式被编织出来(见图4-14)。

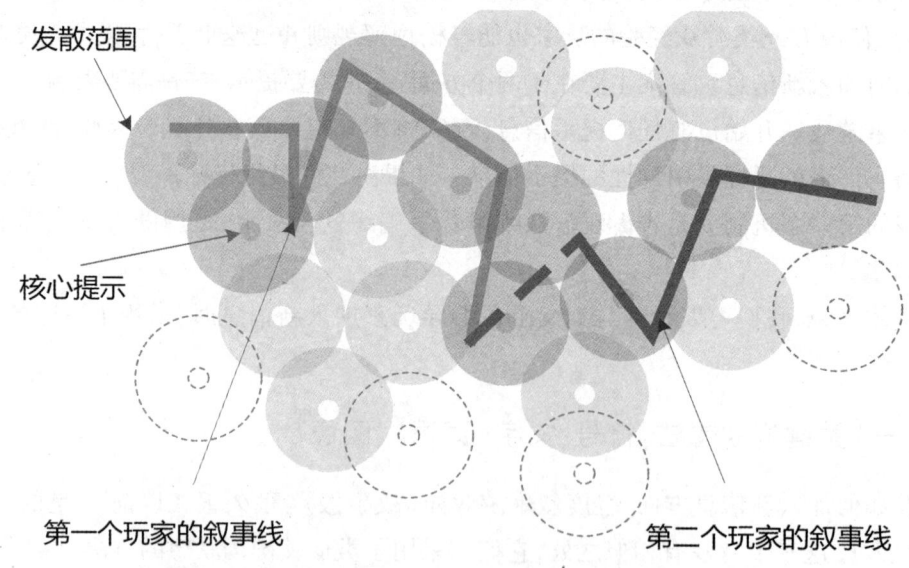

图4-14 新信息的加入——从关键词发散形成叙事路径

虽然在游戏过程中,不同手牌引发的玩家叙述的情节是不确定的,但这些手牌建立的自由发挥空间与其他未被选择的卡牌一起,构成了叙事的可能性。有限的玩家从有限的集合中抽取有限的卡牌,这些有限的锚点又使它们构造的可能性空间必然有边界(虽然该边界可能是不定的),这个有限性的自由空间形成了新信息的引导网络,而新的信息就通过这个网络逐渐成形并被搭建起来。

(二)固定的事件与角色背景下的新信息加入

在轻度叙事游戏中,《故事骰》与《很久很久以前》的玩家扮演的都是"上帝"的角色,他们是全能的故事控制者。而在《是的,黑暗领主大人!》中,玩家扮演自己的角色,并与其他角色进行合作或者竞争。在《晦暗世界》中,玩家可以同时控制一个家庭中的几个角色,同时是"这几个人"之一,这种角色设定介于"上帝视角"与"角色代入"之间。

(1)事件:与关键词联想法不同,《晦暗世界》中有一类专门的事件卡,所有可能发生的事件(情节)都已经被预先确定。

(2)角色:《晦暗世界》中所有的角色已经存在。角色的性格、职业、过去的经历、愿望以及每个家庭内部的关系等,都已经被游戏系统的背景固定下来了。

(3)玩家自由度方面:

角色与事件之间:事件与角色虽然固定,但哪个事件会发生在哪个角色身上则是随机的。在每张事件卡的短句中,事件已经完成,但事件为什么发生、如何发生则需要玩家给出描述和前因后果。如果之前有其他角色发生过某事,它可能会被再次利用,被编入稍后角色的事件因果链中。

角色与角色之间:家庭内部的角色关系是固定的,但每个家庭彼此之间却并无规则上的联系,这需要由玩家自行决定。换言之,家庭与家庭之间的角色关系是由玩家们建立的。《晦暗世界》的事件发生在同一个世界中,前面出现的剧情会被后面的玩家角色参与并用来构建新剧情,因此玩家会把细节编织得越来越密集。角色与角色之间会发生关系,共同参与情节,最终可能所有人都有彼此间的人际联系。

背景设定:相较于有清晰世界观的故事来说,《晦暗世界》的自由度也很大。它的世界中有古怪的、中世纪的穿着打扮,也有科幻与科学家情节、修道院、毛绒玩具(阴郁的孩子)、马戏团(动物)、混乱的家庭关系等。这些元素让这个由憎恨与痛苦编织起来的游戏在每一局中都有很大的自由发挥空间和很强的个人印记。

(三)复杂规则下的新信息加入

与轻度叙事游戏不太相同的是,较复杂的叙事游戏在加入新信息时规则更多。如前面所述,《万象》在加入新信息时显得更谨慎,通过竞争和多人决策的方式来决定叙事权,从而一开始就在"输入新信息"的可能性上保证了故事拥有更精彩的内容。

在《祸不单行》中,每个人设立场景(setting scene)是故事的必备阶段。通过严格的预设(最初的剧本选择)、设立场景的次数和时间限制(使用了多少个骰子)、谁(哪个角色)可以加入什么样的信息、故事系统(情节)需要加入什么样的信息等,使整体故事轮廓在玩家的脑海中浮现出来,为输入更具整体感的信息提供了支持。

以设立场景为例,预设是通过随机选取表单的内容来确立的。每个故事套组的表单包括:

- 关系(relationship):两个玩家角色之间的人际联系。
- 需求(need):通常是人物希望在故事结束后实现的目标,在故事中,主角的行为由这种欲望驱动。
- 地点(location):决定了故事发生在哪里。
- 物品(object):可能是人物的随身物件,或者是环境里的道具(比如搁在壁炉架上的手枪)。
- 节外生枝(tilt):节外生枝是第一幕结束后开始的阶段,此处会使用"节外生枝"列表来决定新剧情的发展。

以《1978 年周六夜》[①]剧本设定中的关系表单为例(见图 4-15)。这些表单中的每一条目都是每局故事中新信息的锚点,但同时描述又足够模糊,留出了大量的自由发挥空间。

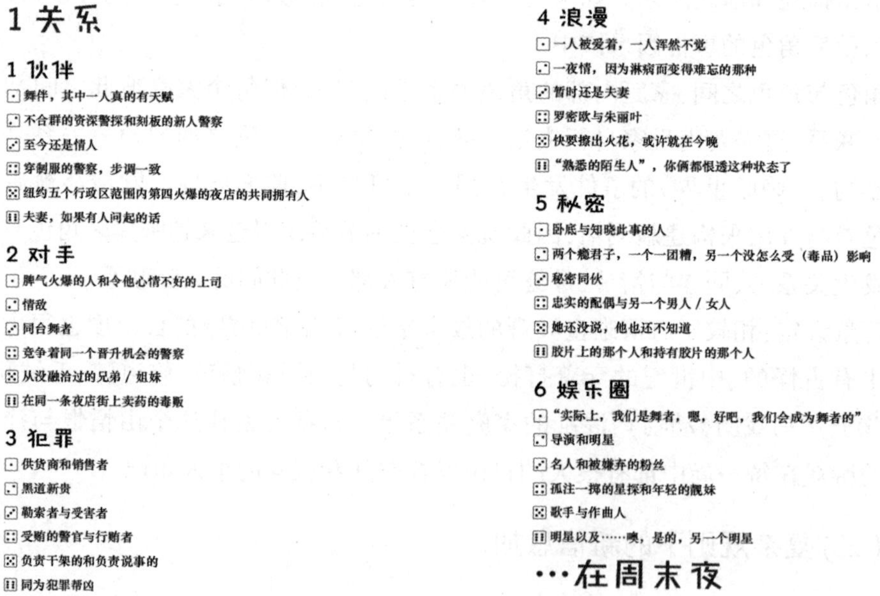

1 关系

1 伙伴
- 舞伴,其中一人真的有天赋
- 不合群的资深警探和刻板的新人警察
- 至今还是情人
- 穿制服的警察,步调一致
- 纽约五个行政区范围内第四火爆的夜店的共同拥有人
- 夫妻,如果有人问起的话

2 对手
- 脾气火爆的人和令他心情不好的上司
- 情敌
- 同台舞者
- 竞争着同一个晋升机会的警察
- 从没融洽过的兄弟/姐妹
- 在同一条夜店街上卖药的毒贩

3 犯罪
- 供货商和销售者
- 黑道新贵
- 勒索者与受害者
- 受贿的警官与行贿者
- 负责干架的和负责说事的
- 同为犯罪帮凶

4 浪漫
- 一人被爱着,一人浑然不觉
- 一夜情,因为淋病而变得难忘的那种
- 暂时还是夫妻
- 罗密欧与朱丽叶
- 快要擦出火花,或许就在今晚
- "熟悉的陌生人",你俩都很透这种状态了

5 秘密
- 卧底与知晓此事的人
- 两个瘾君子,一个一团糟,另一个没怎么受(毒品)影响
- 秘密同伙
- 忠实的配偶与另一个男人/女人
- 她还没说,他也还不知道
- 胶片上的那个人和持有胶片的那个人

6 娱乐圈
- "实际上,我们是舞者,嗯,好吧,我们会成为舞者的"
- 导演和明星
- 名人和被嫌弃的粉丝
- 孤注一掷的星探和年轻的靓妹
- 歌手与作曲人
- 明星以及……噢,是的,另一个明星

…在周末夜

图 4-15 《1978 年周六夜》中文译版开局设定所用的表单之一:关系表单

---

① 该剧本由 Wil Welton、Will Hindmarch 和 Jason Morningstar 共同创作。

以 Wil Welton 的游戏流程实例形成的故事为例①,游戏开始时,角色和关系的设定按表单掷骰形成如图 4-16 所示的人物关系网。人物关系、需求、地点、物品都被包含在内,这些随着锚点而具体化的信息,是后面故事发生的基础。

自由设定的角色、保证偶然性的掷骰规则、描述模糊但有限的选择性条目,共同构成了《祸不单行》中引导新信息加入时可供自由发挥的约束性网络。

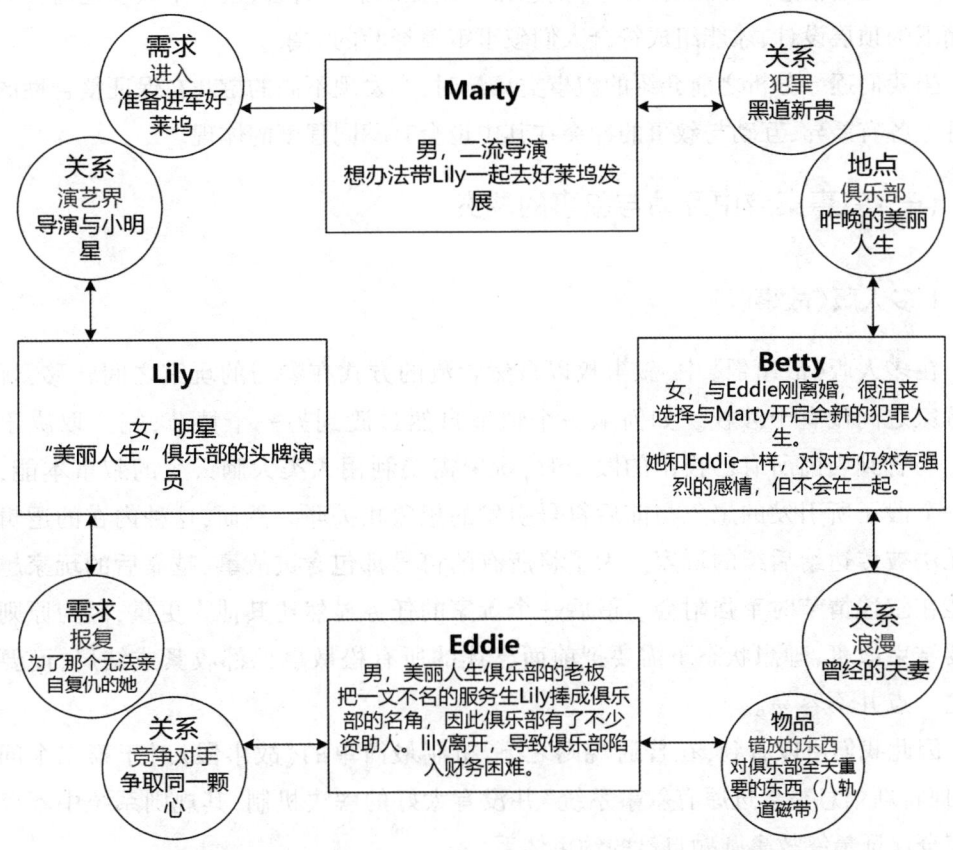

图 4-16 《1978 年周六夜》根据设定表生成的初始人物设定情况

三、整合机制

解决了第一个问题"添加新信息"之后,接下来的任务就是整合所有的新信息。这涉及我们在前面论述过的"叙事弧"概念。

---

① 本流程来自 Wil Welton 在其个人 YouTube 频道上发布的 *TableTop* 系列节目,该系列节目主要介绍桌游,其中有三期节目是关于《祸不单行》的试玩。具体视频地址可详见本章第三节相关注释的说明,文字版流程概述详见二维码 4-1。

人类从远古时期开始就经历着一代又一代的故事熏陶,在这个过程中,人们逐渐形成了某种对故事固定的"审美经验"。这种经验变成了一种预期,一个故事必须符合"叙事弧"的发展,应该有开始、中段、高潮和结尾。如果缺少这些元素,人们会认为那只是事件的堆叠,不能称之为叙事。

我们在第二章中提到了有关交互与叙事的冲突问题。在叙事桌游的规则设计中,我们可以把新信息的加入看成一种信息自下而上的输入过程,但一个故事还需要有自上而下的顶层设计,才能组成符合人们叙事审美经验的故事。

当我们逐一分析之前介绍的叙事类桌游时,会发现不同的游戏在保证整合性的有效性上各有差异,互动与叙事的冲突在其中也会有不同程度的体现。

(一)叙事桌游中互动与叙事的冲突

1.多人版《故事骰》

在多人版《故事骰》中,叙事权以自然轮流的方式在参与的玩家之间转移,玩家与玩家之间没有干涉权。如何从一个情节自然过渡到另一个情节,完全取决于玩家。当看到当前所有已投出的骰子时,玩家需要利用人类大脑天生的叙事本能,将每一个骰子所引发的想象与前后符号引发的想象相关联。然而,这种内在的逻辑往往无法被传达给后续的玩家。为了将所有的符号都包含进故事,越靠后的玩家越有可能在叙述情节时牵强附会。最后一个玩家的任务显然比其他人更重,因为原则上他要结束故事,理想状态下需要把前面已述的所有松散事件都收紧成结局,而要做到这一点并不容易。

因此我们可以看到,在普通规则之下,机制最简单的《故事骰》对于第二个问题"如何将新信息整合进原有叙事系统"并没有太好的解决机制,其规则系统中不存在能完全保证最终故事圆融自洽的约束体系。

由《故事骰》产生的互动与叙事的冲突,是我们在第二章中所述的"问题1"的典型体现:"几个事件排列起来,可以被看成一个故事,但那会是一个有趣的故事吗?"

当然,《故事骰》并不是不能产生有趣的故事,只是在它简单的规则之下,所有的互动都可能只基于"零碎的锚点",而没有整体的基于"叙事弧"的考量。玩家的互动自由导致叙事难以成形。想仅用这种简单机制来实现在任何互动的情况下都能产生一个较完善的、符合人们预期的故事,实际上是不太可行的。

正因为这个问题,《故事骰》推出了修正类的规则之一:三部曲(the trilogy)。其规则具体如下:

"最好为三个玩家,并有多于一套故事骰。"

"你们能一起创造一个史诗般的三部分的故事吗?均匀分配玩家之间的故事骰,然后决定一个共同的主题。每个玩家使用他们的骰面来讲述他们那部分故事。而第三个玩家必须结束故事,把之前出现的任何松散事件系紧在结局上。"

这种三幕式的顶层设计,部分解决了通用《故事骰》规则中"问题1"所带来的问题。

一个由"故事骰"生成的故事

试一试:看到以下骰面(见图4-17),你能想到一个什么样的故事?

图4-17 掷骰结果

《一个美妙的地方》作者:空无门①(见二维码4-3)

二维码4-3

2.《很久很久以前》

《很久很久以前》与《故事骰》在加入新信息的处理方式上类似,但它在信息整合

---

① 空无门.一个美妙的地方[EB/OL].(2017-12-04)[2023-12-30]. https://www.jianshu.com/p/ebbd7cb0b169.原文可见上述简书网站链接,图源来自本文首发网址 http://blog.sina.com.cn/s/blog_75f78ebc0102vabe.html.

上有更多的限制。

（1）有关《很久很久以前》的信息整合。

游戏的规则系统使"结局卡"上的固定信息没有太多的发挥空间，这种卡起到的作用不是提供可供发挥的信息锚点，而是提供作为故事的固定结构锚点。

互动叙事的特点之一是"面向过程的叙事"，换言之，没到故事的终结谁也不知道会产生什么样的故事。但《很久很久以前》的结局已定，玩家只需要构建出"故事是怎么来到这一步"的过程。在《故事骰》中，最后一个玩家面临的收尾风险要远大于其他玩家，因为他必须负责结束故事，并把零散事件收尾。而在《很久很久以前》中，玩家在故事的中段就要绞尽脑汁地使事件更为合理和符合逻辑，以便朝终点推进。

在《很久很久以前》中，如何判断玩家的某一段叙述符合要求？关键词是否合乎逻辑地成为某一段叙述的核心？首先，玩家为了赢得游戏，会努力构建通向结局的事件逻辑。其次，其他玩家会参与监督。

通过"打断卡"争夺叙事权更偏向于一种竞争机制规则，而非叙事机制规则。原则上，因为没有 GM，某一个玩家得到叙事权之后，不管他说了什么，后续都不能再更改。因此，叙事前后并非不会出现逻辑错误或混乱。

但实际上在玩的时候，某个玩家经常会因为某段故事讲得太烂（太牵强或核心词不够重要），不得不在众人的嘘声中把某张打出的牌收回。在现场即兴的状态下，与前面的玩家所叙述的内容互为抵触的情况很难发生。

《很久很久以前》有一个限定的叙事世界，核心词汇能让人轻易联想起童话故事，规则又给出了玩家叙述内容的目标——把故事引向自己手中的结局卡——多为童话结局。这个为叙事机制服务的规则对于游戏竞争机制来说，并非绝对公平。事实上，拿到不同结局的玩家的赢面并不相同，那些抽到更为童话结尾的玩家，如"王子与公主从此过上了幸福的生活"，就会比其他玩家更容易取得最终的胜利。

但总体来说，它以童话的叙事世界构成了一个范围区域，使人们在讲述时更趋向于童话的情节套路，而结局卡给玩家提供了一些在编造故事时该结局应有的情节发展暗示，玩家编出来的故事也因此更有可能贴近人们对童话故事的传统经验。

综上所述，《很久很久以前》在叙事规则上更完备，受叙事世界和结局卡的约束，其产生的故事的开头、中段与结尾也更分明。相比《故事骰》来说，其流程更像"一个故事"。

（2）《很久很久以前》中互动与叙事的冲突表现。

《很久很久以前》虽然在一些方面有所改进，但由于松散的展开方式，其故事中最经常出现的有关互动叙事统一性的问题，根源在于故事通篇的驱动力。

在《很久很久以前》中，故事有多个结尾，分别掌握在不同的玩家手中，玩家在游戏过程中轮流将故事推向自己的结尾。可想而知，当一局游戏结束、胜利玩家的结局出现时，大量跟结尾无关的冗余事件、不连贯的过程就成了这个游戏所产生故事的原貌。最有可能发生的情况是，第一个玩家所叙述的开头与最终获胜玩家的结尾几乎毫无关系。这种在整体上根本没有谋篇布局的故事，在多个玩家有不同的故事计划时出现的概率非常高。

在构建故事时，不同的人可能对同一个故事有不同的构想，当大家一起来推进这个故事时，就成了互动叙事。在故事中选择的叙述内容如何才能有叙事上的意义，此时的选择对之后的故事构建又会造成什么样的影响，都是很难预计的。"事件堆叠不能构建出符合叙事弧的故事"进一步延伸，就会出现"即使有开头、发展和结局，它的整体驱动力也未必能像好故事那样统一"的难题。

(二) 有整合作用的游戏机制

1.《是的，黑暗领主大人！》

《是的，黑暗领主大人！》在整合方面做得更巧妙。首先，它设置了 GM，游戏本身的玩法保证了它会比《很久很久以前》更加统一。

游戏的叙述顺序由 GM 决定(先从谁开始问)，GM 引导整个故事的发展，通过提示串起整个故事，GM 可以提问：当时发生了什么？然后你又做了什么？有一些旁白的意味。

其次，它的整体故事(倒叙—脱罪—辩解—抵赖)的世界观，使得故事中天然存在事件互相矛盾的解释。类似于我们在辩护律师与法官故事中看到的那样，所有人的叙述都只是他们自己对事件的叙述，矛盾的出现是因为每个人都在试图为自己辩护或开脱，游戏规则中的协调机制(指认卡、异议卡)，使争夺叙事权变成了一种把编故事的主动性推拒出去的方式，是一种变相地选择哪些新信息可以融入原有故事系统的机制("他说得不对""当时发生的事只有我知道"等)。

而 GM 决定最终这个故事的"真相"该是什么样的，并确定结局。不像推理故事，GM 不需要做出正确的判断，而只需要找出故事的哪部分是自己满意的。这也是故事具有统一性的原因之一——黑暗领主大人(Dark Overlord)自有其逻辑。最终，真正的倒霉蛋会受到惩罚，GM 决定谁是输家，而不是谁是那个"真正"犯错误的人(也根本并无此人)。

比较有趣的是，在这个故事中，因为存在角色扮演的元素，玩家之间可以建立人际关系，这在之前玩家只能作为叙述者的两个游戏中是无法实现的。

2.《万象》

《万象》的规则系统在保证故事的一致性上有着独特的优势,在处理新信息时,它首先确保了故事的一致性。

故事在加入新信息时遵循一个非常简单的条件:即便彼时叙事权在一个玩家手上,任何新信息的加入都需要得到所有玩家的同意。这个游戏中没有 GM,但它的机制使所有玩家都能成为 GM。若不能达成一致,其他玩家可以随时发起"挑战"机制,或者稍后花费资源删除。这一机制预先消除了许多无法维护故事一致性的枝节情节,即使出现无法达成一致的情况,只要有大部分人的支持,故事情节仍可在一定范围内朝着更精彩的走向发展。

在处理结构方面,游戏有一个独特的原则阶段,类似于故事的粗略草案。在这个阶段,影响整体故事的背景设定和加入情节原则等已经由玩家确定,新信息的加入已经有了部分范围性的限制,事件的核心议题为整合提供了基础。

《万象》是逐场逐场设置的,虽然其机制可以保证故事精彩且具有统一性,但有关事件的强弱以及开端、中段、结局的设置并没有强制性的机制。它的中段部分可能会使剧情拉长,而没有明确的点指向高潮和收尾的到来,因此可能无法最终创造出完美契合预期结构的故事。

(三) 结构框架:叙事桌游的整合系统

1.《晦暗世界》

一个故事并不一定会有一个明确的主题,有些主题依靠人们自己的诠释。《晦暗世界》作为交互叙事游戏,有一个明确的切入点来实现故事的整体性,那就是阴郁而悲观的主题。在这个游戏中,故事的最后结尾和游戏的终极目标都是一定的,那就是死亡,而角色在活着的时候也会遭受各种不幸。游戏的玩法目标与故事世界中出现的统一的主题,使它显现出一个稳定的事件框架。

故事结构就是某种相对稳定的故事模式,是人类在叙事的发展中总结积累出来的。在《晦暗世界》中,虽然新信息似乎是通过"短句提示"的联想法得到的,但在规则限制下,其事件发生是有一定规律的,这使它们变得有次序起来。我们可以从它的整合机制中分析出某种故事的结构。我们可以参考《故事》[①]一书中有关"主控思想"的情节发展模式,来比照分析《晦暗世界》的部分游戏流程。

---

① 麦基.故事[M].周铁东,译.天津:天津人民出版社,2014:140.

在《故事》一书中,作者将故事的主控思想分为三大类,如图4-18所示。

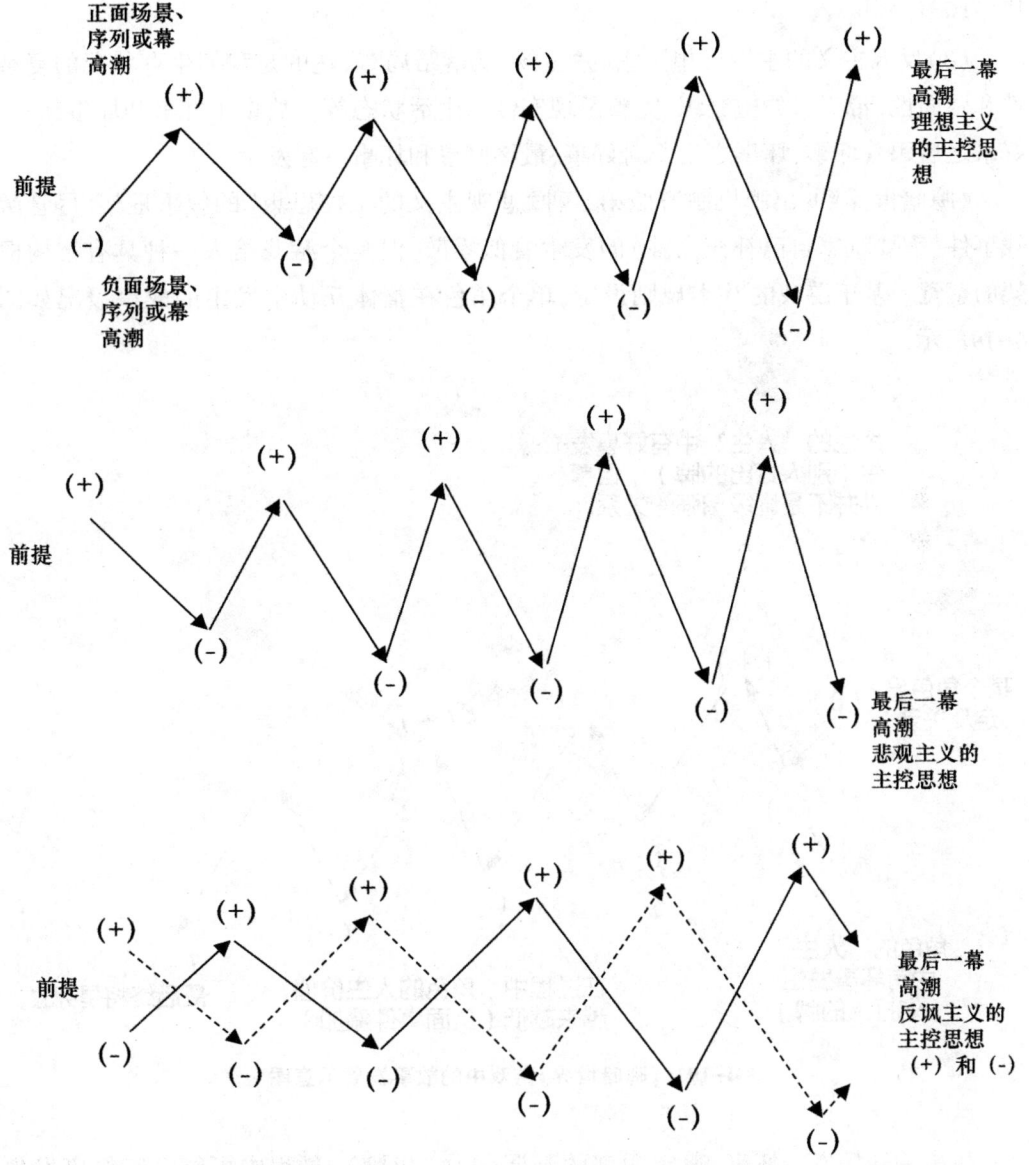

图4-18 三种主控思想故事中情节发展的结构①

(1)理想主义的主控思想。它的明显标志是"上扬结局",表达乐观主义、希望、人类的梦想等。故事中的事件结构简单来说是先发生坏事,再发生好事,以此交替,但最终结局是好事。

---

① 麦基.故事[M].周铁东,译.天津:天津人民出版社,2014:139.

（2）悲观主义的主控思想。它的标志是注定的"低落结局"，表达的是愤世嫉俗、失落、时运不济、无望的未来等。故事中先发生好事，再发生坏事，以此交替，但最终结局是坏事。

（3）反讽主义的主控思想。它的"上扬/低落结局"表达的是我们生存状况的复杂性和两面性、希望与失望交织、完整及现实性的生活状态等。故事中好事和坏事都有，好事之后跟着坏事，坏事之后跟着好事，最终好事和坏事一起发生。

《晦暗世界》的出牌机制遵照第二种"悲观主义的主控思想"的叙事框架，尽管游戏事件（需要玩家自己补充完整）的发生看似零散，但整个游戏给人一种具有结构框架的感觉。基于游戏的基本规则设定，单个角色在整体互动中发生的故事概况如图4-19所示。

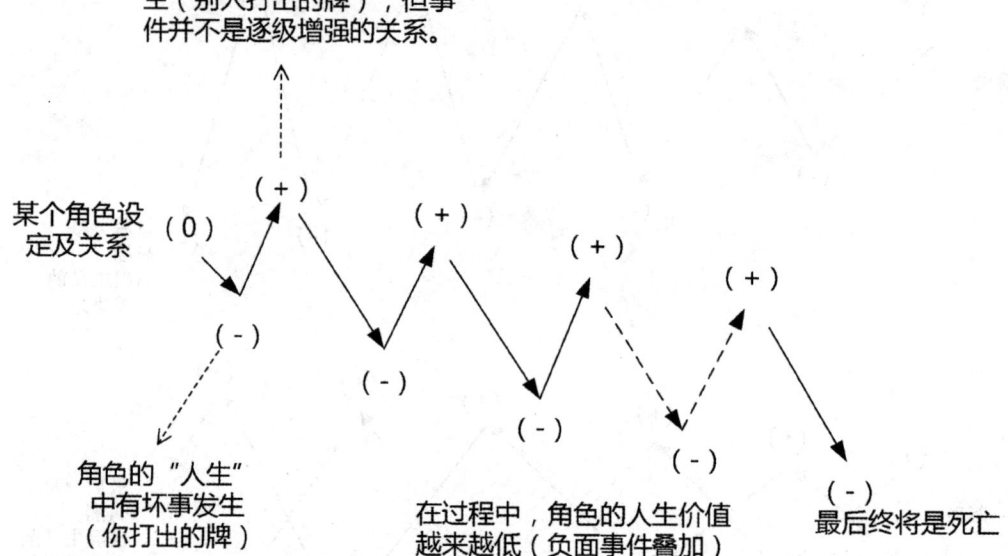

图4-19 《晦暗世界》游戏中的故事发展示意图

故事一开始发生坏事，奠定阴郁的基调（"你"出牌），过程中可能会有好事发生（对家出"发生好事"牌在"你"的角色上，给"你"的角色减分使绊子），但角色的人生价值感仍然越来越低（"你"出牌），当低到一定程度时，角色就走向了死亡。虽然游戏中存在人际关系，但它的重要性不大。这种由规则设定的事件发生顺序，使《晦暗世界》玩起来更像一个故事。框架唯一的问题是，其规则无法设定发生事件（好、坏事件）的强度，整体事件并不能逐级递增，使冲突越来越激烈。

2.《祸不单行》

《祸不单行》添加新信息时也是通过锚点(表单选项)抽取每一局游戏所需要的信息,然后玩家根据这些简略的锚点及其关系发挥想象力。锚点的具体内容由骰子生成,其随机性保证了游戏的自由度和重复可玩性。

《祸不单行》本质上形成了一个类似电影故事的双幕式结构,在其规则系统中,故事的节奏、情节、结构都受到了强有力的控制,形成了完整的故事发展框架,这使其成为一个能形成完整叙事弧的互动叙事游戏。

罗伯特·麦基(Robert McKee)在《故事》的第七章中提到了"主客鸿沟",用来阐述如何围绕主人公(及其欲望)使故事成形。围绕"主客鸿沟",故事中会出现一连串的情节,并形成事件链(见图4-20)。

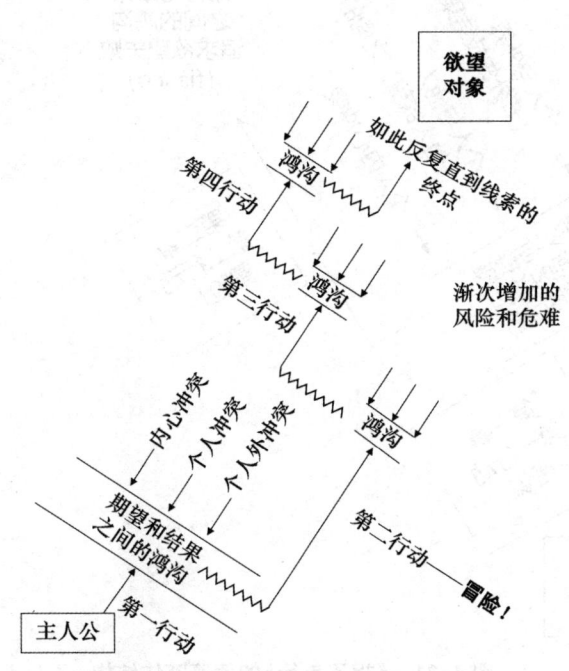

图4-20 故事进展过程中的"主客鸿沟"[①]

《故事》一书指出"故事产生于主观领域和客观领域的交接之地"[②]。主人公追求自己的欲望,采取第一步行动,这个行动激发了对抗力量,阻碍了其欲望的实现,并在预期和结果之间设置了一道鸿沟。主人公忍受挫败并应对改变了的现实情况,采取第

---

① 麦基.故事[M].周铁东,译.天津:天津人民出版社,2014:170.
② 麦基.故事[M].周铁东,译.天津:天津人民出版社,2014:165.

二个更困难更冒险的行动，但这激发了新的对抗力量，并使自己的主观世界与客观世界之间又出现了一道鸿沟。他不停地激发对抗力量，在他的现实中出现一道道鸿沟，这一模式在不同的层面上循环往复，直到线索的终点。最后的行动出现，使观众们感到除此之外不会有其他选择。

《祸不单行》的两幕整体结构完全符合"主客鸿沟"情节发展中第一行动与第二行动的故事结构，套用这个结构，《祸不单行》的整体情节结构和游戏整合机制如图4-21所示。

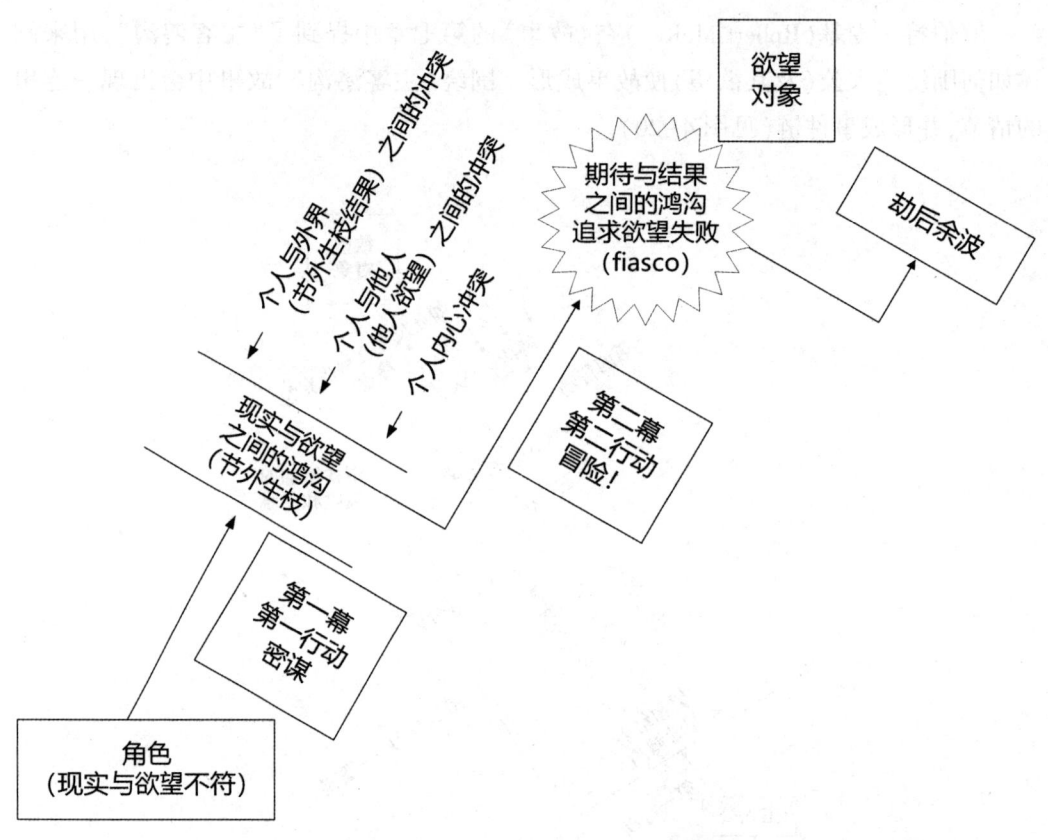

图 4-21 《祸不单行》的两幕整体结构

《祸不单行》采用的结构确保了故事始终符合开始、中段、高潮、结尾所需的事件强度。除了随机性之外，骰子牢牢控制着节奏，管理着具体信息的加入以及信息在故事中发生的时间点，使整个故事完整而紧凑。作为一个带有电影剧本质感的桌面游戏，《祸不单行》利用故事结构来保证游戏不会因过度自由而完全丧失情节性和完整性，同时又采用了仅有大概提示、需叙述扣题的发挥机制，使玩家有较大的自由空间。

四、总结

通过以上对于多个桌面互动叙事游戏的分析,我们可以发现,一个较为完善且能形成完整故事的互动叙事体系,一般都包含一个由各种方法构成的、可供互动者加入新信息的提示系统。这些提示信息既是故事世界的开放点,又是玩家围绕其进行叙事世界编织的锚点。它们将输入内容限制在一定的范围内,我们可以将其视为互动故事的底层结构。

对于这些零碎输入的信息,如何将它们整合为稳固结构中的一部分,使其最终形成一个完整的故事,不同的互动叙事规则体系有着不同的方法。大多数桌游采用符合游戏机制的叙事框架或结构进行较模糊的顶层设计,从整体上将破碎的新信息放置在叙事框架/结构的某个稳定点上,并起到固定的叙事作用,以此来使互动的结果更符合人们对故事的预期。

因此我们可以总结出,依托琐碎的锚点和上层的结构框架,互动叙事设置了各种约束体系,这些约束体系保证了故事成形,引导和分配玩家的叙事权,给予一定自由空间的同时限制玩家的任意发挥。约束体系至少可以在两个层面上进行设计:

(1)底部结构(新信息的输入):可组合、接续以及保证随机性与偶然性的数据库结构,可以形成包含某种自由度的叙事网络,形成初始的叙事空间。

(2)顶部结构(故事系统的整合):多以各种常见的故事框架和结构出现,系统性地安排各种信息形成的事件,使其符合基本的故事特性。

了解了这两种约束系统后,我们可以为那些结果不太完美的互动叙事游戏添加一些机制细节,增加一些限制引导性元素的设计。例如前面提到的《很久很久以前》,其童话体系的背景世界非常适合采用经典的皮克斯叙事提示结构,该结构如下:

- 很久很久之前(有)……［Once upon a time(there are)…］
- 每天……［And everyday…］
- 直到某一天……［Until one day…］
- 因为(这件事)……［Because of that…］
- 因为(这件事)……［Because of that…］
- 因为(这件事)……［Because of that…］
- 直到最后……［Until finally…］

如果将这个结构形成的故事框架加入游戏规则,我们就可以使用这个叙事机制来控制节奏,使某个叙事者在游戏特定的时刻或阶段必须进入故事框架的某个状态;或者使用竞争机制,以符合叙事框架的方法来分配叙事权。这样一来,前述的松散故事结构导致的故事驱动力与统一性的问题,就会得到相当大的改善。

第三节　桌面叙事游戏设计实践

如前面所述,《祸不单行》是一款以人物关系为核心构建戏剧式故事结构的叙事游戏,采用类似叙事手法的电影有《两杆大烟枪》《疯狂的石头》等。《祸不单行》的叙事模式比较能够体现桌面叙事游戏的特点和优势,本节将以其规则框架和剧本组件模版为例①,设计剧本组件并实践桌面叙事游戏。

一、设计故事组件

设计故事组件一共需要考虑六张表单。其中,"关系表""需求表""地点表""物品表"这四张表单涉及故事的初始设定,"节外生枝表"和"劫后余波表"涉及故事情节的发展。"节外生枝表"对应大的剧情转折,"劫后余波表"对应结局。

(一)基础设定表单

创作故事组件剧本时,最少有四张表单需要自行设计,即"关系表""需求表""地点表""物品表"。设计时可以从该游戏已有的剧本组件中寻找灵感,它们种类繁多,有各种不同的故事背景。表单中可以加入一些具有戏剧性内容的条目,使玩家一看到就感觉会有事情发生。以下是学生作业《生日宴》生成的故事组件表单里的一些元素。

---

① 其流程较短,时长适合课堂实践,且网络资源丰富。
①规则书:中文版规则书由"乐博睿"出品,网络社区有简略版中文规则书。
②剧本组件:网络社区有大量中译版国外剧本组件,也有国人自制组件。
③视频流程:可见"乐博睿"在爱奇艺上上传中文版翻译版完整流程视频。文字版本剧情流程总结详见本书二维码 4-1。
完整流程上集:https://www.iqiyi.com/v_19rrnrvh74.html。
完整流程下集:https://www.iqiyi.com/v_19rroat8zw.html。
有关角色设定部分需要另见 https://www.youtube.com/watch?v=uuJizhyf-y4。
④实践时若受限于骰子或其他需要使用的实体物件而无法开展,可直接于 Steam 中"桌游模拟器"(Tabletop Simulator)社区的"创意工坊"中下载《祸不单行》虚拟组件。
四人局可使用《Fiasco For Four》、五人局可使用《Fiasco For 5p》(制作者均为网友 CaptainTenille),三人局可删去部分使用;也有中文版虚拟组件(内含多种中文版剧本套组)可供选用。
⑤《祸不单行》后发行了卡牌简化版本,简化版的机制规则系统相对固化,不太利于创作修改,因此本部分并未采用,但基础玩法基本一致且设定更简单。有关该版本设定创作可参见 https://www.yystv.cn/n/981015,也有完整的虚拟组件可供下载使用。

1. "关系表"示例

表 4-1　关系:朋友关系("关系表"骰子点数 1 下的内容)

⚀ 朋友		
	⚀	狐朋狗友/势利眼跟班
	⚁	地位不对等的朋友
	⚂	互嘲的乐子人朋友
	⚃	诤友/鼓励自己的人
	⚄	萍水相逢的投缘者
	⚅	灵魂伴侣/忘年交

2. "需求表"示例

表 4-2　需求:成功("需求表"骰子点数 6 下的内容)

⚅ 成功(自我、社会)		
	⚀	第一名/好成绩/职业成功
	⚁	赚钱/改善经济状况
	⚂	出风头/最闪亮的星/得到关注
	⚃	大家都开心的聚会
	⚄	证明自己被诬陷/扯平/得到公平
	⚅	得到爱/尊重

3."地点表"示例

表 4-3　地点:安静之地("地点表"骰子点数 6 下的内容)

⚅	安静之地
⚀	背街小巷
⚁	废弃的防空洞
⚂	繁茂爬山虎覆盖的可容身之所
⚃	花团锦簇的无人小院
⚄	风大到听不见人话的山坡
⚅	阳光炽烈的露台

4."物品表"示例

表 4-4　物品:纸张("物品表"骰子点数 3 下的内容)

⚂	纸张
⚀	一张火车票
⚁	一张账单
⚂	一张订购券
⚃	一张证明
⚄	一张成绩单
⚅	一张照片

(二) 设计改变故事基调的表单

"节外生枝表"对应大的剧情转折,由于《祸不单行》的整体基调,其转折通常朝向消极方向,因而"劫后余波表"多数对应黑色电影式的消极结局,游戏终局时骰子点数的判定中大部分的结局都是坏结局或失败结局,好结局所占比例非常小。

我们可以设计"节外生枝表"的细项,并调整"劫后余波表"中好结局的比例,使故事基调变为喜剧或以积极结局收尾。以《生日宴》为例,其基调是学生时代的一个难忘的生日,整体氛围是轻松愉悦的,并多以大团圆或喜剧收尾。我们可以将"节外生枝表"改为"意外之喜表"或"出乎意料表"(见表4-5),并将"劫后余波表"修改为更中性的"各自明天表",或者更大比例地增加好结局的数量,使其成为更有喜剧色彩的"皆大欢喜表"。

表4-5 "出乎意料表"示例:柳暗花明("出乎意料表"骰子点数6下的内容)

⚃	柳暗花明
⚀	良善之人的帮助/善良的陌生人出现
⚁	牺牲以意想不到的方式得到回馈/意义
⚂	因人太挤而拥抱
⚃	意外的心意
⚄	奇特的吸引力
⚅	美好的回忆再现

《祸不单行》整体故事机制最显著的优点是其节奏性,除了保留固定的节奏感之外,其他的规则都可以进行修改。对于修改的内容,需要单独制作一份规则书,以供玩家参考和使用。

二、实际推演

(一)人物关系及其他设定

《祸不单行》整体流程共有两幕,每幕八个场景,每个场景都有一个焦点人物,每幕每个玩家控制两个场景(可见本部分叙事弧结构部分图示,以4位玩家为例,每位玩家用ABCD标示)。在第一幕的第一个场景开始前,游戏需要确定人物关系和其他关键设定。

确定人物关系需要按规则在玩家中轮转两圈,每相邻两个玩家的关系都需要确定。以《雷雨》为例,故事中共有8位主要角色(见图4-22),其中有角色弧的角色可以组成一个五人局的游戏(见图4-23)。这其中有一些没有角色弧但比较重要的角色,比如鲁贵,他是个故事引线式的人物,在《祸不单行》的实际推演中,这种角色属于

NPC 角色,可以由即时场景的焦点人物随意指定一位玩家扮演。

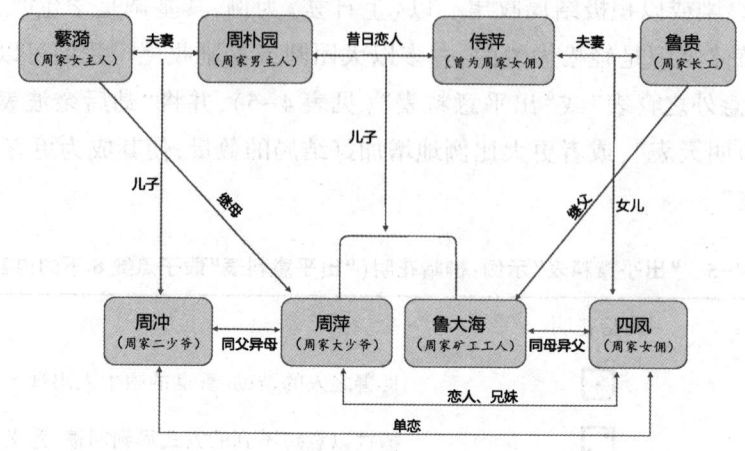

图 4-22 《雷雨》人物关系图

角色设定完毕后,还需要确定地点、物品和需求。其中,需求是指建立关系的两个人之间的共同需求。在该五人局游戏中,需求、地点和物品的设定总数量与"关系"一致,共五个,五个中三项的数量各占多少可以任选。例如,设定中可以有三个需求、一个物品和一个地点,或者两个需求、两个物品和一个地点。一般要保证这三者都至少有一个,而需求通常相对较多一些。

如果将《雷雨》中人物关系转换成按《祸不单行》的规则设定而得出的人物关系表,可以呈现的情况之一如图 4-23 所示。图中除人物之间的五种关系外,共有三种需求、两种物品和两个地点(这七者中可任选其五)。

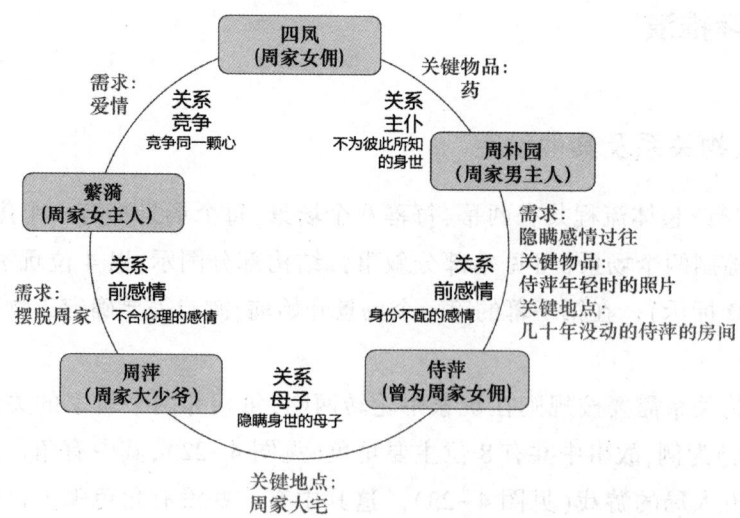

图 4-23 用《祸不单行》的设定模式表现《雷雨》中的人物关系

(二)叙事模块和叙事弧结构

通过改写"节外生枝表"和"劫后余波表",可以得到上扬结局的两张表单。这样,游戏就有了悲观的下降结局和乐观的上扬结局这两种形式。

在实际推演故事的进程中(见图4-24至图4-27),第一幕的场景1的一般内容是所有玩家介绍自己角色的基本情况(可参考第六章第五节提到"塑造角色"时的三个坐标内容),阐述自己在故事设定中的人物关系、需求和困境,搭建故事开场基础,场景1的最后往往是角色讲述自己将要针对当前情况采取的行动(行动意愿)。场景2是故事发展,内容往往是角色展示因为追求自己的需求(解决困境)而实际采取的行动。

之后推动故事进展的过程需要在整体故事中形成情绪高点和情绪低点。根据叙事弧高低起伏的安排原则,在失败结局的故事中为了体现戏剧性,需要有"假胜利"的情绪高点。

第一种情况下可以将这个点安排在第一幕的场景2和第二幕的场景3中(见图4-24)。第二种情况下可以在其中再设计一个剧情翻转,即在行动后迅速失败或未果,然后再次行动。这样就会将情绪高点安排在第一幕的场景2和第二幕的场景4中,在即将最后结束时处于"假胜利"状态(见图4-25,图中的ABCD分别代表4位玩家)。

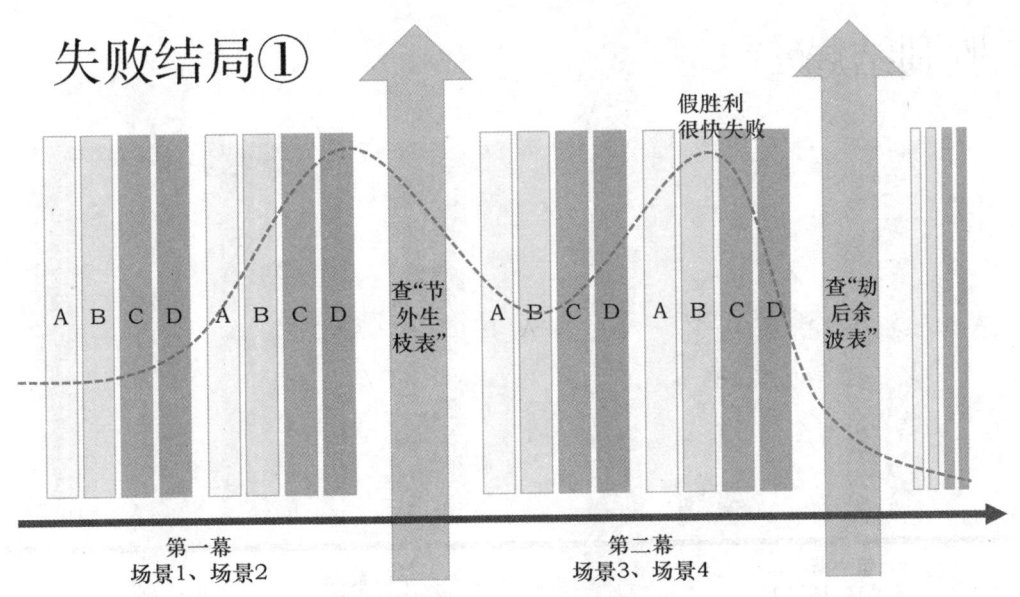

图4-24 失败结局的叙事弧安排之一

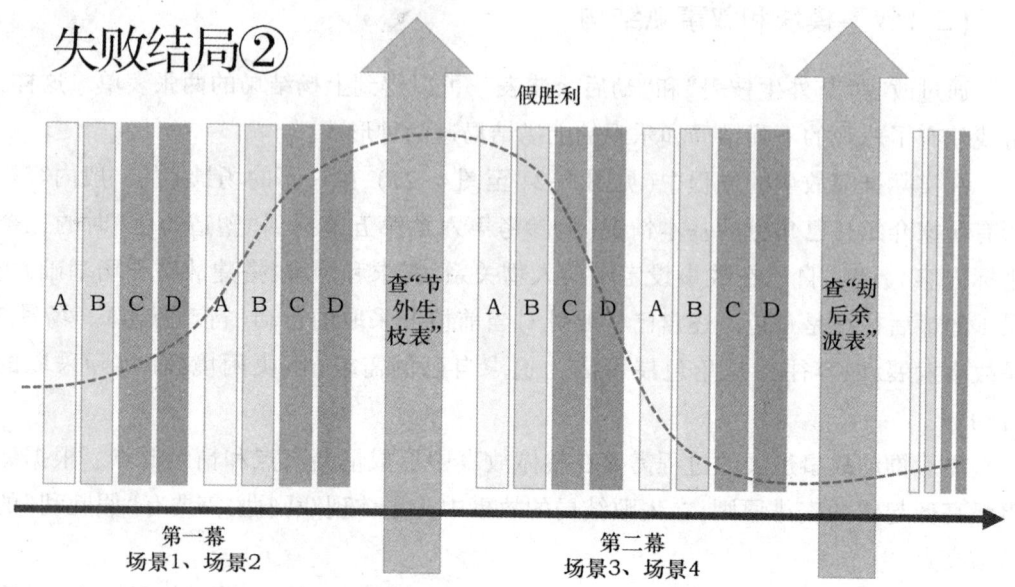

图 4-25　失败结局的叙事弧安排之二

胜利结局的安排原则正好相反，它需要"假失败"的情节点来推动剧情反转。这个情绪最低落的点可以被安排在第二幕的每个角色的场景 3 和场景 4 中（见图 4-26 和图 4-27）。

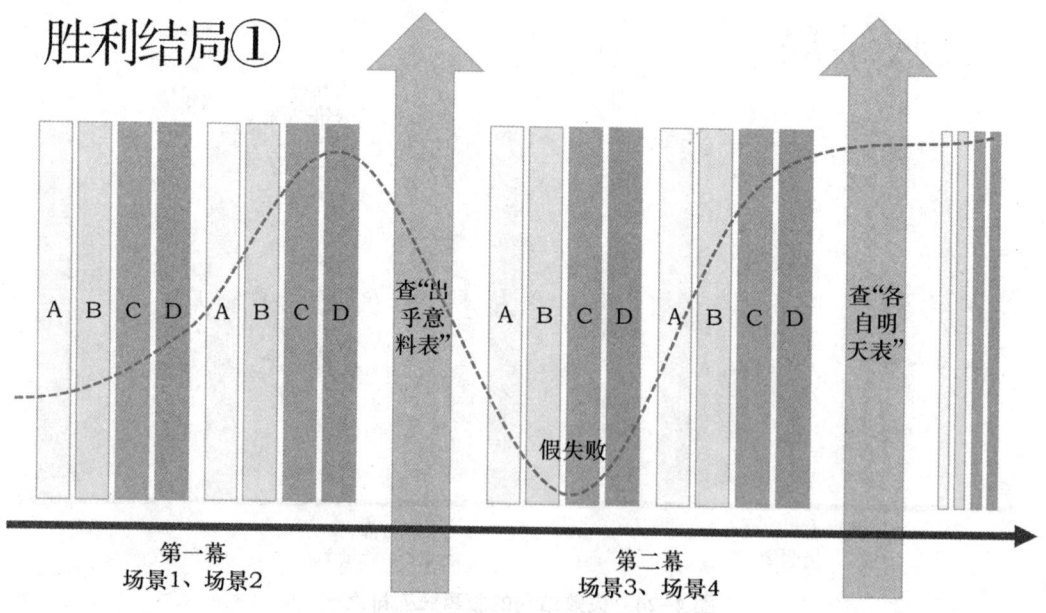

图 4-26　胜利结局的叙事弧安排之一

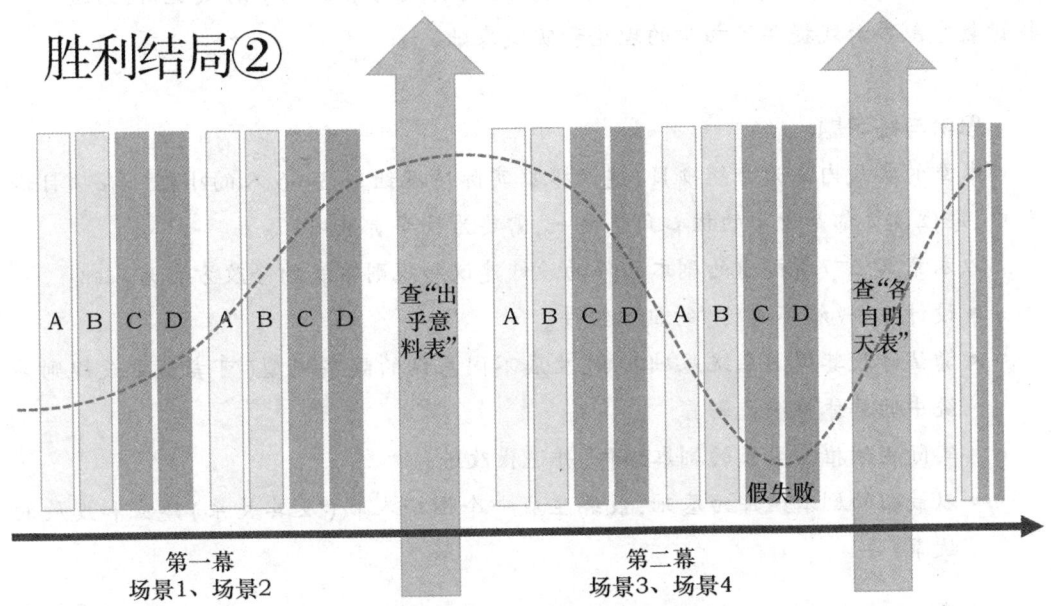

图 4-27 胜利结局的叙事弧安排之二

基于不同的状态和不同的角色,设计者可以交叉使用这几种叙事弧的情节安排,务必使每个角色都有自己故事的高潮点和转折点。

(三) 测试

设计和推演都可以采用比较即兴的方式,但需要反复测试,以保证最终可以生成一个或几个较为完美的故事。最后,可以把较为理想的设定表单固定下来,组成剧本组件,并最终按惯例,生成默认预设表,注明三人、四人、五人局时如何按照默认情况跳过设定选择直接开始。

本章小结

本章主要聚焦桌面游戏中的互动叙事。根据桌面游戏对于玩家叙事能力的需求程度,本章分别介绍了几款桌面叙事游戏,并探讨了它们的设计和实践方法。

第一节简要概述了将在后续部分详细探讨的几款桌面游戏。第二节重点分析了叙事桌面游戏设计中的几个核心要素,主要包括叙事权的轮转与平衡、在游戏中如何引入新的信息、如何确保这些新信息被有效地融入整体叙事中。第三节提供了一个具体的桌面叙事游戏案例,并基于此实例提出了有关剧本组件的设计建议和规则系统的修改方案。通过这种实际的设计与推演,读者们可以更直观地理解相关桌面游戏的设计要点并将其转化为实践。

综上所述,本章为读者提供了一个从理论到实践的桌面叙事游戏视角,为进一步探讨数字叙事游戏提供了初步的理论和实践基础。

思考与练习题

本章的实践内容为小组项目,建议根据实际情况组成3—5人的小组。在项目进行中,每位成员都是故事的核心角色之一,需要为故事贡献内容。

以本章第三节所提出的剧本组件的设计建议和规则系统的修改方案为基础:

- 设计一个《祸不单行》的剧本组件。
- 尝试修改其规则系统基础表单,生成不同基调的故事模型(可尝试更改规则系统中的具体推演规则)。
- 实际测试推演生成的剧本组件,并迭代改进。
- 以最初的剧本组件为基础,最终生成一个围绕人物(及其关系)建立和发展的故事。

第五章　数字游戏互动叙事结构

本章将集中讨论数字游戏中常见的互动叙事结构。本书的第二章引入了互动叙事作为一种"面向过程的叙事"的概念,并通过对比两个"爷爷的睡前故事"指出,在这两个故事中,爷爷作为叙事的主要掌控者,与听众(小孙女)所获得的叙事权是不同的,这种分量的差异反映了不同的个体对于故事控制力的高低。

本书以《数字游戏的交互叙事》(Interactive Storytelling for Video Games)[①]和《数字影像的非线性与互动叙事》[②]中所采用的归纳方法和类型特征为参考,将游戏互动叙事结构分为五种:链状结构故事、多结局故事、分支型故事、开放式故事和玩家驱动式故事。

这五种结构类型的分类标准是从传统故事中"作者的控制力"和游戏中"玩家的自由度"这两个变量出发,考虑其对游戏故事的影响,我们以数字游戏中设计者给予玩家多大程度的控制权,即以故事的互动性高低进行分类,如图5-1所示。

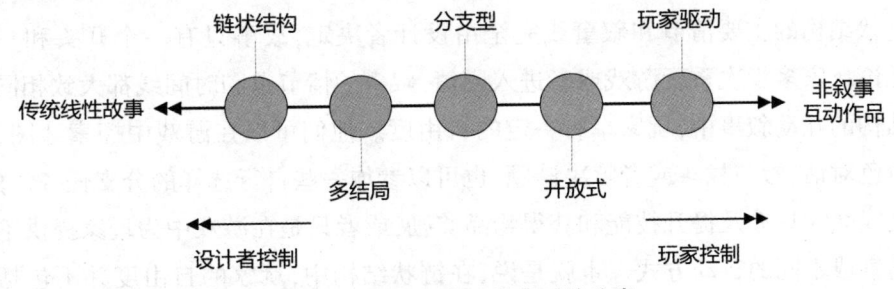

图 5-1　互动叙事结构类型的分类

该轴线的左侧方向是由设计者控制叙事,其最极致的形态就是传统的线性叙事;右侧方向是由玩家控制叙事,其最极致的形态是非叙事的互动作品。这五种类型之间并非泾渭分明,而是一个连续过渡的状态。许多互动叙事游戏并不能简单地被归为其中某一类,而是处于中间状态。

---

① LEBOWITZ J, KLUG C. Interactive storytelling for video games: a player-centered approach to creating memorable characters and stories[M]. Massachusetts and Oxford: Taylor & Francis, 2011.
② 王雷.数字影像的非线性与互动叙事[D].北京:中国传媒大学,2008.

第一节 链状故事结构

一、链状故事结构

这种模式在不同的书中也被称为互动线性结构、陈述型叙事结构、固化的故事、珍珠链、轨道式结构等。链状结构可以被视为一种增加了互动形式的传统故事结构或线性交互结构。在游戏中,叙事情节线基本上呈线性发展,在其线性的主线情节上有时会并连其他的小支线,呈链状结构发展。如图 5-2 所示,玩家虽然在情节点 C 上有一些小的支线选择,但整体故事还是按照"A—B—C—D—E"的线性结构推进的。

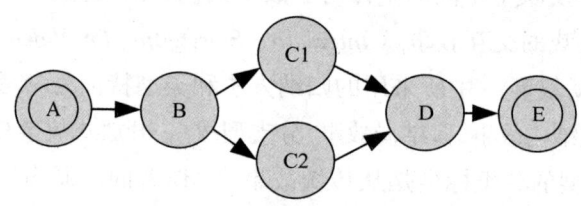

图 5-2 链状结构

链状结构的主要情节和叙事线完全由设计者决定,故事只有一个开头和一个结局。无论玩家多少次重玩游戏或者进入剧情,叙事的情节点和时间线都大致相同。在链状结构的互动叙事中,玩家享有一定的自由度。他们可以在游戏中探索地图、与不同的角色对话、参与战斗或者解决谜题,也可以参加一些自行选择的分支任务。然而,这些支线往往只涉及提升技能和获得物品奖励,或者只是在游戏中为玩家提供不同的互动场景或不同的行动方式。也就是说,在链状结构中,玩家的自由度并不包括任何对主线剧情的控制。

二、链状故事结构的游戏

早期的一些重视叙事性或以叙事性为主要导向的游戏都会采用链状结构,如《最终幻想》系列和《合金装备》系列等。《合金装备》系列是由 Konami 公司出品、由知名的游戏制作人小岛秀夫监制的经典之作。它以战术谍报类游戏机制为核心玩法,配以优秀的链状结构叙事。

早期的《合金装备3：食蛇者》讲述了单兵潜入完成特殊任务的作战特工 Naked Snake 的故事，他在执行一个由幕后者操纵的任务时，杀死了自己的恩师，得到了 BIG BOSS 的嘉奖称号，在这一过程中，他醒悟并理解了自己的恩师，最终继承并发扬了恩师的意志。

《合金装备》系列对硬件的性能的深度挖掘，以及对游戏视觉和细节的精心打磨，使其具有了电影般的质感。比如，当玩家趴伏在草丛中时，可以以极近的距离看到被子弹打断的草叶飞起，并"感觉"到它拍打在（替身）脸上。这种极致的细节给玩家带来了身临其境的场景体验。

从故事角度来看，游戏对于情节节点和叙事节奏的精准把控，以及其中充满戏剧性的反转和揭秘式的信息安排，能带给玩家强烈的悬疑感和情感冲击力。丰富的潜入方式又带来了动作电影般的紧张感，使叙事成为其电影质感重要的组成部分之一。

从链状叙事结构的角度来说，除了个别叙事场景允许玩家参与之外，游戏中与主线故事有关的场景都是预先设计好的，并使用了大量的对白和过场动画来揭示关键的情节。

在玩家自由度方面，由于游戏战术谍报类的机制设计，玩家需要在双方军队对抗的背景下，穿过大量复杂而庞大的战斗场景。在这些场景中，有多种探索任务场景的方式和路径供玩家选择。虽然主线剧情是固定的，但玩家可以通过参与互动场景来决定主角的角色、身份和性格。例如，玩家可以选择成为孤独的潜伏者，使用潜伏技能一路前进，偷偷溜过任务场景，不引起任何人的警觉。玩家也可以选择成为疯狂的杀戮者，杀掉场景中所有的敌人后通过。或者玩家可以选择成为战争一方的支持者，使用队友丢掉的武器帮助一方来对抗另一方，并能得到场景中友方 AI 火力的支援。

因此，尽管玩家不能更改主线剧情，但每个玩家都可以在游戏中获得独一无二的互动体验，形成自己参与的独特故事。

三、链状故事结构的优点和缺点

链状故事结构的优点在于它继承了传统线性故事的特性，设计者能全面控制故事的事件安排、信息传达、节奏控制和情感起伏等，使玩家可以得到类似于传统故事的体验。对于信息传达来说，玩家可能会在更为开放或松散的结构中遗漏重要信息或忽略细节，从而导致无法理解整体故事，而链状结构则不会导致此类问题。同样，因为互动，在其他结构中玩家的选择可能会破坏叙事逻辑连贯性或情节戏剧性，链状结构故事几乎不会出现此类问题。对于角色塑造来说，链状结构可以塑造出更为真实可信、复杂多面的角色，无须考虑角色性格在不同分支叙事线的决策中是否能够自洽的问题,也无须担心玩家的选择会造成角色性格前后断裂。

从自由度的角度来看,尽管玩家无法控制整体剧情,但他们可以通过交互,代入"自我"身份的第一人称视角参与故事的发展进程,体验到身处故事之中的情感和经历。

链状故事结构的缺点也在于设计者完全控制故事。这不可避免地导致其互动性较弱,从而全面影响游戏的沉浸性。在早期的游戏中,叙事段落依赖大量的对白和过场动画,玩家的体验更像是"玩一段游戏、看一段电影"。随着技术的进步,目前已经有各种各样即时渲染的方法,可以将过场动画与互动内容更平滑地连接起来,但依旧没有完美的方式将玩家不可控段落和可控段落之间的界线完全消除。由于玩家对叙事主线完全没有控制力,所以当故事本身不够精彩时,玩家可能因为无法在情感上代入而失去控制力。一些玩家可能会选择快进或跳过叙事部分,这会使得消耗大量成本与精力的故事内容变成游戏中无关紧要的冗余信息。

第二节 多结局故事结构

一、多结局故事结构

多结局故事结构的互动性和自由度优于链状结构。它的基本叙事结构类似于传统故事,但允许玩家在游戏过程中选择多个主线情节或在最后选择多个结局。除了关键选择之外,玩家不能以其他方式显著改变剧情。多结局结构是树状结构的典型代表,不同的选择导向不同的情节,这些情节彼此之间不会发生联系,也就是说,它实际上是若干个平行展开的线性故事。多结局故事结构如图5-3所示。

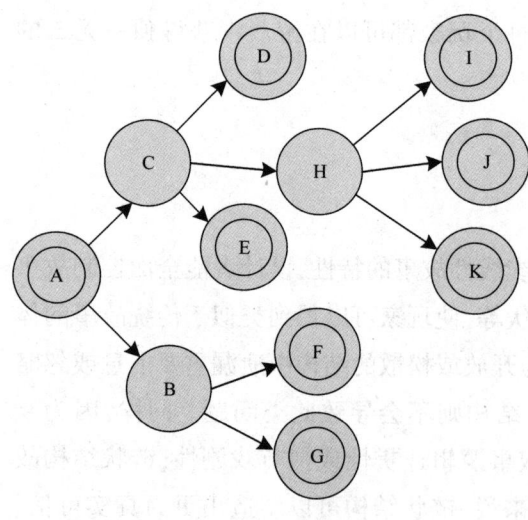

图5-3 多结局故事结构

有时,多结局结构会给玩家明确的决策点,让玩家感觉到他们可以决定某些结局。但在大多数情况下,这种决策系统对玩家来说是隐藏的,甚至关键决策也是不可见的。常见的多结局故事通常采用一些明确定义的系统,如某种计量或积分系统(该系统可以向玩家开放或隐藏),根据玩家在游戏中的行为或选择导向系统中的某个确定结尾。也就是说,它对结局的设定不是根据大的关键事件的逻辑网,而是通过小的选择或行为的不断累积。

从互动自由度的角度来看,玩家的选择会导向不同的情节线,最终导向多个结局。给玩家带来更深的叙事沉浸感以及探索情节发展不同方向的空间,玩家会思考自己的选择如何影响故事的发展,也能获得更深的"第一人称情感"的体验。

二、多结局故事结构的案例

(一)《星之海洋 2:二次进化》

多结局故事的结局数量有时可能非常庞大,例如,史克威尔(Square)公司的游戏《星之海洋 2:二次进化》(*Star Ocean: Second Revolution*)就以其结局的上百个分支剧情而闻名。

《星之海洋 2:二次进化》的故事设定在遥远的未来,男主角 Claude 是地球联邦的一名寻找古代文明遗迹的宇航员。在一次事故中,Claude 被传送到了一个类似中世纪的魔法世界 Expel 星球,在那里,Claude 遇到并救了女主角 Rena,两人随后组队开始了他们的冒险。

游戏为玩家提供了 Claude 或者 Rena 两个可供选择代入的主角替身。虽然选择不同的角色不会改变主线情节,但由于两个角色在故事中的经历略有不同,所以玩家可以从两个不同的视角来体验这个故事。

《星之海洋 2:二次进化》有一个被称为"个人行动"(private action)的内置计分系统,它是玩家最终能达成哪一个游戏结局的重要依据。当两个主要角色 Claude 和 Rena 到达一个新的场景时,游戏会提供选项,让玩家选择操作其中一个角色行动,如与其他角色对话、共同战斗或者遇到不同的事件。完成个人行动后,角色们会重新组队共同行动。

《星之海洋 2:二次进化》的一百多种结局主要基于众多角色之间不同的情感归宿形成。游戏设计了一套隐藏的"友好度"(友谊/情感值)评价系统,根据玩家选择的个人行动不同,角色与角色之间的"友好度"会发生变化。个人行动主要影响角色之间的关系进展,他们会因各自不同的经历而对其他角色产生好感或反感,从而最终形成所有角色之间成为朋友或爱人的不同结局。

《星之海洋 2:二次进化》的结局众多,但每一个结局持续的时间都比较短,且部分结局之间会有重叠。由于"友好度"(友谊/情感值)系统是被隐藏起来的,玩家不能得知其判断规则,只能通过反复重玩来尝试获得自己想要的结局。游戏爱好者们也因此建立了有关游戏所有结局的详细资料,包括全部结局的文字描述[1]和视频文件列表。

(二)《质量效应》

Bioware 公司出品的《质量效应》(*Mass Effect*)系列是多结局故事结构的经典游戏之一。除了 2017 年发行的《质量效应:仙女座》之外,该系列于 2007 年发行的《质量效应 1》、2010 年发行的《质量效应 2》和 2012 年发行的《质量效应 3》,在背景设定、主要线索和角色上一脉相承,构成了一个连贯的三部曲。

《质量效应》三部曲的故事背景设定在未来的宇宙,讲述的是有机生命体跟机械体之间的战争。

故事的起源是宇宙中有一个强大的种族利维坦,其创造了一个人工智能体——催化者以保存物种的生物性,即保护有机生命免受机械化的威胁。

催化者背叛了利维坦,屠杀了他们,并且利用利维坦的基因创造了第一只收割者。利维坦为了避免种族灭绝,躲进了宇宙的深处。

收割者开始收割宇宙中的高级文明。每当银河系的文明发展到一定程度时,收割者就会出现,对其进行毁灭性打击,然后进入下一轮,即让低等文明逐步发展成高等文明,再进行一次毁灭性打击。就这样,银河系陷入了无止境的灭绝轮回中。

然而,收割者在每次毁灭高等文明之后,都会销毁所有与自身存在有关的证据,只留下零散的科技仪器,所以有关收割者的存在只剩下了一个没有太多人相信的传说:有一个叫收割者的古老的机械种族,每隔五万年就会入侵银河系,毫不留情地彻底摧毁银河系中所有的高等文明。

在一次轮回中,收割者奴役了一个古老种族普洛仙(Protheans),将其改造成了收集者。普洛仙的科技被银河系中的其他种族发现,其他种族得以迅速进化,并成立了由各高等文明种族组成的银河议会(Galactic)政府。人类也在火星发现了普洛仙族的科技,用它来进行超光速飞行。人类借此获得了银河议会的认可,被正式承认为星际文明的一个种族,加入了银河系联合政府。

该政府的所在地神堡(Citadel)是一个巨型深空空间站,被认为是普洛仙的科技物。故事开始时,人类被神堡议会正式承认为新的文明并在神堡建立

---

[1] FERAL. Star Ocean 2[EB/OL]. [2023-12-30]. http://shrines.rpgclassics.com/psx/so2/endings.shtml.

大使馆已经18年了。玩家在游戏中扮演的是银河议会特遣部队指挥官约翰·薛帕德(John Shepard),也是宇宙维和组织幽灵机构(Spectre)中有史以来唯一的人类精英队员,他清楚地知道收割者是真实存在的。

在银河系中多种族和平共存持续了一段时间之后,收割者认为是时候再次进行大规模的种族收割了。而银河系联合政府并不知道神堡议会的所在之地神堡其实是收割者用来返回银河系的装置,其作用正是便于收割。收割者的先遣部队以及他们控制的一种生物桀斯(Geth),为了更多收割者舰队的抵达入侵了神堡。人类的指挥者薛帕德领导同盟者与收割者战斗。

在系列的后续作品中,虽然薛帕德取得了胜利,但并未完全阻止收割者。收割者不能使用远距离传送,他们只能穿越宇宙远道而来。最后,收割者抵达了地球并且开始攻击……

在该系列的最终结局中,薛帕德需要召集他的同盟舰队与收割者进行最后的战斗,并做出一些重大抉择。游戏的可能结局包括地球的毁灭或繁荣,以及薛帕德和其团队成员的生或死。

其中一个受玩家欢迎的结局是薛帕德牺牲自己,将自己融入了一个生物体和机械体相融合的进程,这形成了新的生命形态,能让生物体和机械体彼此理解,和平共处。收割者的使命是消灭生物体,而当纯粹的生物体和机械体都已经不存在时,收割者也就不再有所行动了。

在《质量效应》游戏的一开始,玩家可以选择并创建多个版本的主角替身,可以决定主角约翰·薛帕德的性别、外观等,同时可以选择几个不同版本的主角的背景故事。在游戏过程中,薛帕德不同的身份背景会引发与其他人交流时的不同对白。在玩家操纵角色替身展开对话时,可以在几个选项中选择替身如何回应,从而改变故事情节的发展;同时可以选择与同伴对话时的不同方式,影响不同情感线索的发展结果。尽管无论玩家做出什么样的选择,主线情节的结局只会有细微的不同,但《质量效应》系列游戏仍然给予了玩家强烈的沉浸感。

《质量效应》系列的统一性设计允许自定义的角色在系列游戏中延续。例如,《质量效应2》可以让玩家导入自己在《质量效应1》中的自定义角色,并且在之后的《质量效应》系列中继续使用。这样不但作品之间的故事是连贯的,玩家替身的身份也更为一致。

三、多结局故事结构的结局

(一) 多结局故事结构的特征

对照前面展示的多结局故事结构的示意图(见图5-3),我们可以看到它在情节点的排布方式上似乎与即将阐述的分支型故事结构有相似之处。然而,这两种故事类型在最终结局的形成方式上存在着明确的区别。在分支型故事结构中,不同主线上的情节点彼此之间可以互相回溯,相互联系;而多结局故事的最终结局往往是通过一些系统计算得出的,它们彼此平行,互相排斥。

以《质量效应2》最终结局的产生方式为例,我们可以看到多结局故事与分支型故事在结局分支的生成机制和判定上有着明确区别(见图5-4)。

在"忠诚度系统与结局判定"中(见图5-4),我们可以清晰地看到,《质量效应2》作为多结局结构的故事,各个结局是由具体的数值积累进行系统计算而得出的,其中忠诚度是一个比较核心的数值,而结局之间的达成条件是互斥的。这种故事结局生成的平行性,是多结局故事结构与分支型故事结构最大的区别。

(二) 游戏应该有哪几种类型的结局

在设定结局时我们首先要关注的是结局是为了什么目的服务的。一般来说,故事的结局最能凸显设计者的叙事意图。

在游戏中,第一种区分标准就是好与坏的结局,即通常所说的悲剧结局(Bad Ending,BE)和喜剧结局(Happy Ending,HE)。某些重要角色的死亡、不可挽回的灾难、希望的毁灭等常见的悲剧性情节都可以用来构建一个悲剧结局。但游戏故事与传统故事不同的是,事件发生之后引起好与坏的结果并不意味着整个故事的结束,坏的结果会促使玩家进一步探索整体故事,寻求避免这种情况发生的方法。玩家也因此可以引导结局的转变(虽然未必能一次性就达成好结局),从而增加游戏的重复可玩性。除此之外,还可以分为完整结局(Full Ending,FE)和真实结局(True Ending,TE)。真实结局并不必然意味着寻常意义上的好结局,它可能会添加更多的细节或者揭示更多的故事内容,抑或表达与暗示更深层的故事,往往需要玩家更多的思考。总之,多结局结构的结局类型可以用来表示事件发生之后好坏、有时是好坏兼备或中立的结果。

第二种区分标准是关注道德选择。很多游戏通过多个结局来展示主角在做出重大抉择后所导致的不同后果,这种抉择通常涉及善与恶、正与邪,有些游戏在善与恶之外也会提供道德中立的选项。

第五章 数字游戏互动叙事结构

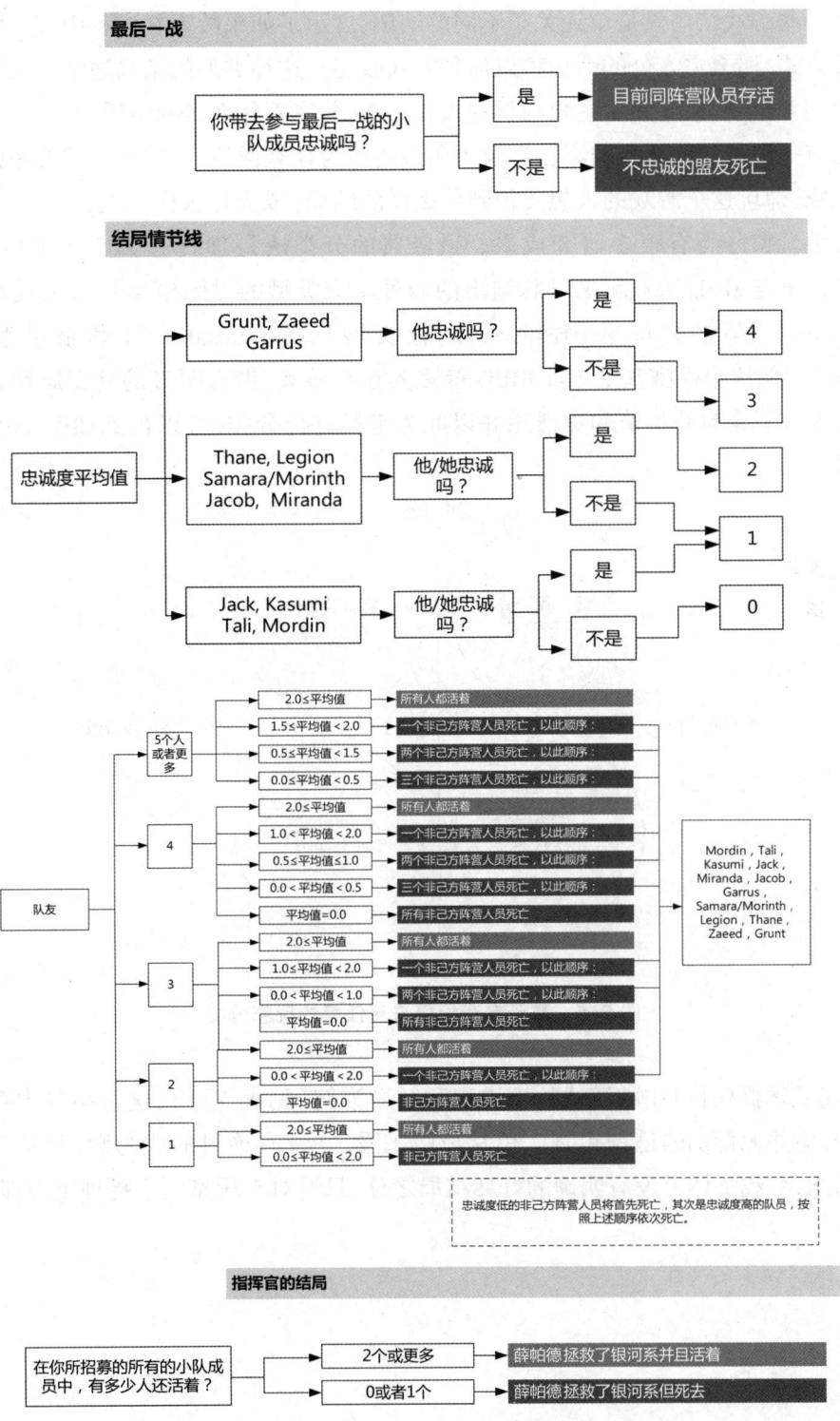

图 5-4　忠诚度系统与《质量效应 2》的结局判定

另一些游戏结局只是单纯关于不同的结尾,展示了如果故事在进程中有一些不同的展开方式,那么主人公的命运将以何种方式收尾。这种类型的结局通常涉及剧情的时间轮回和重复,最终展示主角与哪些人在一起、分享着什么样的生活等。

还有一些游戏的结局类型会涉及主角最终成为什么样的人,这里就需要考虑到游戏的玩家,即玩这个游戏的人想要得到什么样的结局(成为什么样的人)。

有关玩家分类有很多研究成果。最经典的分类法是理查德·巴托尔(Richard Bartle)在研究 MUD 游戏玩家时总结出的四种玩家类型的巴图模型[1],即成就型玩家(Achievers)、探索类玩家(Explorers)、社交型玩家(Socialisers)和杀手型玩家(Killers)。但这个模型基于 MMORPG 等多人在线游戏,带有明显的社交属性。如果我们仅关注玩家自我价值和责任感并以此为坐标进行分类,可以得到如图 5-5 所示的结果[2]。

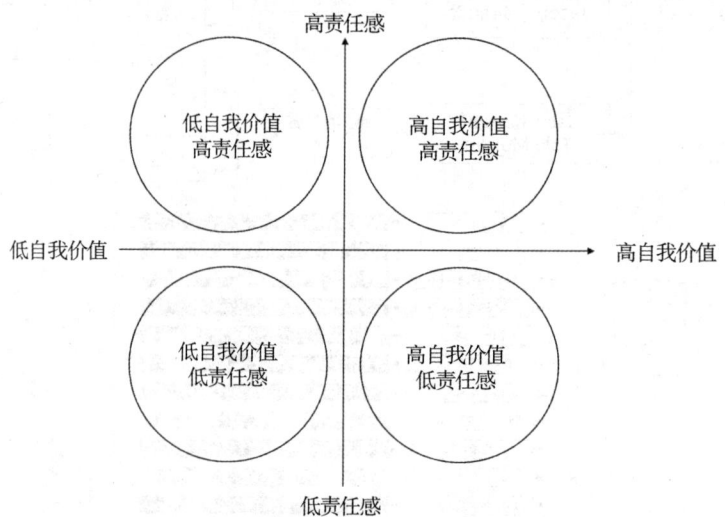

图 5-5 基于自我价值与责任感的玩家分类

以《武林群侠传》中的游戏故事进程和结局为例(见表 5-1),这些结局中存在善恶之分,但并无特别的道德审视。单从成败来看,并没有绝对的成与败,只是程度不同。因此,游戏整体上没有明确的好坏结局之分,只看对于玩家而言哪种更为理想。

---

[1] BARTLE R. Hearts, clubs, diamonds, spades: players who suit MUDs[J]. Journal of MUD research,1996(1):19.
[2] 陈京炜.游戏心理学[M].北京:中国传媒大学出版社,2015:153.

表 5-1 《武林群侠传》中的游戏故事进程和结局

玩家可选	玩家需选行为事件	道德类型	玩家类型
乞丐篇	1.一直在客栈睡觉到八月底。 2.导致各门派被灭。 3.被天龙教追杀,谋生不易,变成乞丐。	中立	• 低自我价值低责任感 • 自由主义者
武林盟主篇	1.游戏过程中帮助过绝刀门和天剑门。 2.解决三大派跟绝刀门、天剑门的问题后,揭穿江天雄的阴谋。 3.武林大会上被选为武林盟主。 4.归隐江湖,成为江湖传说,跟爱人在一起逍遥快活。	善 完满成就 (达成条件最为困难)	• 高自我价值高责任感 • 成就者 • 策略者
武林至尊篇	1.游戏过程中没有帮助绝刀门和天剑门。 2.在武林大会上虽然被推选为盟主,但比试武功时输了。 3.归隐江湖,成为江湖传说,跟爱人在一起逍遥快活。	善 不完满成就	• 高自我价值高责任感 • 成就者 探索者
武林霸主篇	1.游戏过程中,帮助反方门派天龙教和百草门。 2.选择跟师叔走,拿师叔的毒丹药去各门派逼他们吃下。 3.打败龙王跟其余武林门派。 4.杀了师叔,再杀天王。 5.成为大英雄小虾米之后的另一传奇。	恶 成就	• 高自我价值低责任感 • 杀手玩家
西域安国侯篇	1.游戏过程中在杭州见到香儿。 2.帮香儿跟另一护法与其他两大护法对打。 3.去少林送东西时选择帮他们救天王,救出天王后回逍遥谷被赶出师门。 4.跟随天王打败龙王跟各大门派。 5.结局时主角会对各大派说道理,让大派对主角真正佩服。 6.主角跟天王在西域建立了理想国,天王死后主角归隐去,而后被尊封为"安国侯"。	中立 非成就 (不爱江山爱美人,也是"另一传奇")	• 高自我价值低责任感 • 社交玩家 探索者 • 自由主义者

《武林群侠传》的各个结局非常契合武侠"江湖"故事的主题,即主角在"混江湖"的过程中最终能"成为什么样的人"。这使得各个类型的玩家都会有自己想要达成的结局,也因此会关注可以达成特定结局的情节发展线。因此,在设计纯粹的关于不同事件发展结果的游戏结局时,如果传统的善恶、好坏、成败等分类标准显得不够契合,可以从玩家的期望出发进行考虑。比如说考虑游戏内容的题材需要适配何种结局才能够令玩家满意,或者针对该种题材常见的结局应该采用何种分类标准,从而设计出对各种玩家来说具有吸引力并且适合情节线发展的结局。

（三）结局判定

有些游戏会在结束或接近结束时向玩家提供明确的选择方式，直接决定玩家会得到哪一个结局。有些游戏会使用计时的方法，使结局取决于玩家决定在故事的哪个节点击败最终 BOSS，游戏《超时空之钥》（Chrono Trigger）就采用了这种模式。这样的方法比较直接，不仅让玩家清楚地了解结局是怎么被选定的，并且赋予了他们直接控制选择权。

有些结局的生成方式不明显，使用的是前面提到过的基于特定核心数值的算法系统。例如，善恶系统基于玩家的正义与邪恶行为，操作表现系统基于玩家的动作或技术水平，角色关系系统基于玩家选择的人际亲疏等。由于这些系统的计分方式对于玩家来说可能不够明显或者不可见，因此结局对于玩家来说难以把控，通常要求玩家从游戏一开始就设定一个明确目标，以达成游戏中的某个特定结局。

即使游戏使用明确的决策点确定某个结局，也无须将所有的结局都安排在接近游戏结束的阶段。有时为了凸显某些决定带来的严重后果，可以在游戏中段就直接触发相应的结局。

（四）多结局结构故事的续作

在《星之海洋2：二次进化》中，不同角色的最终结局是他们有可能发展为情侣或密友。而当这些角色再次出现在续集中时，他们应该跟谁在一起？

对于选择哪个结局作为续作或系列作品的开头，不同的游戏有不同的处理方法。第一种方法是选择一个特定的结局，然后官方宣布它为正统结局。从确定它是正统结局开始，其他的结局都变为可能的情节，只有这个结局在游戏故事线中真正发生，并且是所有未来游戏故事发展的依据。那些有好、中、坏结局的游戏通常会选择好的结局作为正统结局。

在使用其他类型结局的游戏中，官方结局的选定主要取决于游戏故事作者的偏好。有时游戏会根据哪个结局在游戏玩家群体中更受欢迎来确定正统结局，但这种方法可能会引起一部分玩家不满（比如某个特定结局的粉丝）。

还有一种不太常见但可行的方法是不使用前作中出现过的任何结局。设计者可以从多个结局中提取自己喜欢的元素，组成一个全新的结局。这种方法的问题在于游戏需要被重制，尽管新的结局可以复用素材和资源，但仍然需要大量工作；并且，由于这个结局在之前并没有出现过，老玩家可能会感到困惑。

如果游戏的续集与之前的游戏在硬件或系统方面有较高的继承性，或者新系统可以向前兼容，那么游戏的续作就可以允许玩家导入他们之前游戏结局的旧文件，系统可以根据接收到的旧结局开始新游戏。

采用这种方式的一个经典案例就是《质量效应》系列。由于《质量效应1》中的大多数主要场景和角色在《质量效应2》的剧情中没有发挥重要的作用，因此系列1中的数据并不会显著改变系列2的主要故事线，它改变的主要是一些具体的事件和对话的部分。这使《质量效应》系列在一定程度上保持了一致性，除了采用线性的互动式传统故事之外，这种一致性在其他类型的游戏故事中往往很难实现。

这种方法的优点是它以玩家为中心的方式解决了大多数多结局故事续作的困境，缺点是对新玩家不太友好，会使新玩家觉得必须从之前的版本开始玩才能完全理解游戏。这种做法也会对游戏的重复可玩性造成影响，毕竟重玩两个游戏显然会更耗时耗力。

还有一种导入角色的方法，被称为客串式导入。《梦幻骑士3》(Growlanser III)中有一个可选任务，玩家完成该任务后可以从前作《梦幻骑士2》中导入他选择的伙伴。如果不从前作中导入该伙伴，其将不会出现在第3部的故事中。

导入角色的规则是，除了主角 Wein 之外，其他角色只有玩家在前作中玩出与其相关的结局才能导入。这一机制不仅提供了前作角色客串续作故事的机会，而且让第2部的老玩家可以在第3部的早期就获得一些强大的技能和强力的物品。它还提供了一种优秀的激励机制，使玩家有充足的动力在前作中积极地玩出每个角色的结局。虽然完成所有角色结局的成就很难达成，但这种机制把有趣的游戏玩法和优秀的故事相结合，使《梦幻骑士》系列游戏让玩家觉得值得一路玩下去。

四、多结局结构故事的优缺点

(一) 多结局结构故事的优点

多结局结构故事赋予了玩家一定的控制权，使他们能够以自己喜欢的方式推动故事发展。这种控制感极大地提高了玩家以"自我"身份投入故事的参与感与沉浸度，即便换取这种控制感可能会牺牲故事传达强有力主题的能力，但这种权衡是值得的。它也为玩家提供了通过不同的视角体验故事的可能性，同时更多的结局也保证了至少有一个结局是玩家喜欢的。

(二) 多结局结构故事的缺点

1.导向多重结局的分支点的位置难以平衡

设计者在确定导向多重结局的分支点在故事中的位置时，面临着两难的问题。玩家在完成一个结局后通常会希望了解另一个结局,如果决定性的分支事件在故事中发生得太早,那么玩家需要重玩大部分游戏的内容。在有些游戏中,一旦玩家在过程中犯下某个错误,就不可能达成某个结局(或最佳结局),有结局目标的玩家也就只能重新开始。如果分支点设置得太靠后,虽然玩家只需要很短的时间就能看到另一个结局,但由于此时主线情节大部分已经确定了,各个结局之间的差异也就不可能太大。如果结局太相似,那么反复返回观看其他结局会让玩家感到厌烦。

2. 角色塑造断裂

多结局故事的故事线发展依赖玩家在决策点的选择,而这些选择在人物(角色)发展逻辑上并不一定具有前后一致性。对于那些注重角色塑造的游戏来说,提供给玩家多种结局的选择可能会造成角色连贯性的断裂,引发严重的前后逻辑问题。玩家可能会发现主角在结局中的行为与游戏其他部分展示的角色信仰和个性相矛盾。例如,游戏在故事的前半部分强调并塑造主角的正义感,但到了结局分支事件以后,由于玩家的选择,主角突兀地转向了邪恶的一面,角色动机因此发生了重大的断裂。

3. 意识不到其他结局的存在

有时玩家在玩完游戏后可能完全没有意识到故事还存在其他可能的结局,因此无法体验到像通常故事结束时那样的满足感。有些游戏如《魔界战记》(*Disgaea: Afternoon of Darkness*),其最佳结局不仅包含并解释了一些原来隐含的情节线索,而且还作为系列游戏其他故事叙述和建立的基础存在。在这类游戏中,玩家如果没有意识到还有其他或最佳的结局存在,就可能引发大问题。

常见结局并非一定是最好的结局,但它至少应该能提供给玩家部分的故事满足感,不至于让只看到这个结局的玩家感到极度不满。除此之外,如果有部分结局非常重要,游戏需要在故事发展中清晰地传达还有其他结局,并提供达成这些不同结局的提示信息。

4. 多结局可能会使结局本身失去情节冲击力

如果玩家达成不同结局的过程太容易,那么故事结局就会失去其应有的冲击力。在一个结局中,玩家可能刚刚经历主角挥泪与爱人永别的感人场景,因为爱人为了拯救主角而牺牲了自己,然而下一分钟,玩家就可以通过加载存档跳到下一个结局,让主角跟爱人永远在一起。这种分支选择显然会减弱原先线性故事结局所具有的情节冲击力。

第三节 分支型故事结构

一、分支型结构

分支型故事结构与多结局故事结构类似,也会产生多种可能的结局。它们的不同之处在于,在多结局结构故事中,玩家基本是沿着相同的故事路径到达各个不同的结局;而在分支型结构中,各个分支之间会发生联系,玩家可以通过不同的情节路径到达同一个结局。也就是说,分支型结构是通过一个严密的决策点结构和通往这些决策点的分支路径建立的(见图5-6)。

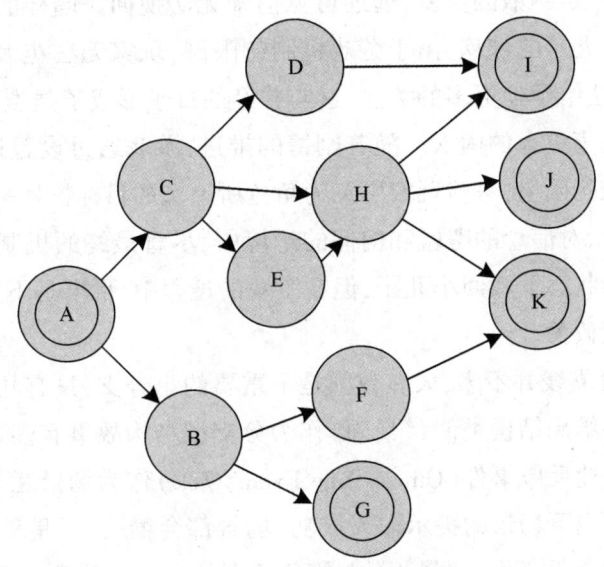

图 5-6 分支型故事结构

在分支型结构故事中,玩家享有更大的自由度和控制权。游戏会在故事的多个关键点上赋予玩家重要的权力,其中一些决策可能对剧情产生重大影响,玩家能够按照符合个人意愿的方式推动故事发展。然而,尽管分支型结构提供了更多的自主权,但叙事的整体控制权仍然掌握在设计者的手中,无论分支型故事的结构多么复杂,情节分支都是提前设计好的,也因此是可预见的。

分支型结构故事在以设计者为中心的传统叙事和由玩家驱动的更加开放式的叙事之间架起了一座桥梁,在一个被精心控制的故事中提供给玩家做出重要决定的权力。

二、分支型结构故事案例

分支型结构故事常见于冒险游戏和所谓的"互动电影"游戏中,如 Quantic Dream 工作室出品的一系列游戏《暴雨》《超凡·双生》《底特律:成为人类》等,这些游戏以能让玩家体验到丰富而深刻的情感著称。

以《暴雨》为例,该游戏从开篇就使用了常见的玩家与角色间情感投射的方法,即让玩家通过花费游戏时长来特意建立起(替身)玩家与其他角色的联系。在故事的开头,玩家扮演的是一个父亲的角色,需要投入大量时间并且选择不同的方式陪伴自己的两个孩子玩耍。这些游戏时长能使玩家充分代入父亲的角色,从而在后续的故事中深刻地感受到主角作为父亲失去孩子时的绝望。

在主角最后一次见到大儿子的场景中,拥挤的人群中唯一可见的是孩子手中擎起的气球,它像一个注定飘散的美梦,远远可见但却无法挽回。同样的手法也可以让玩家感受到对另一个儿子的愧疚,由于游戏机制的限制,玩家无法花太多时间陪伴自己的小儿子,甚至无法给予他更多的关注,这与曾经的日子形成了强烈对比,并可以使小儿子的丢失引发玩家更大的内疚。随着剧情的推进,游戏通过设置道德困境,让玩家感受到耻辱和两难的困境,考验玩家愿意为角色所追求的目标牺牲多少。在故事的最后,游戏让角色陷入对信念的考验和信仰的绝境中,尽管最终的机制能使玩家在放弃挑战或者未完成的状态下救回小儿子,但在游戏的过程中,玩家是不知情的,这使得每个选择都显得生死攸关。

《暴雨》中的分支线并不多,大多数都是不重要的小分支,只有几个中型分支和一个主线分支。与多结局结构类似,《暴雨》作为分支型结构故事有多达 17 种结局。游戏使用了大量的快速反应事件(Quick Time Event,QTE)作为场景互动方式,无论玩家是否能够按照游戏当下场景的提示输入成功,场景都会继续,只是稍后的事件会随着玩家的成功或失败有所变化。《暴雨》中的角色即使在游戏进程中死亡或失败,也不会影响整体故事向前推进。

大量使用 QTE 机制在以叙事为核心的游戏中是很常见的做法。这种方式不强迫玩家重复尝试某个片段,只需根据玩家的即时反应,创造出一种控制感,同时保证故事节奏的紧凑和叙事结构的完整。QTE 也有缺点,对于习惯动作类游戏互动方式的玩家来说,他们可能会觉得 QTE 提供的互动性相对较弱,这种机制推进剧情的方式并不符合玩家期望中"角色所做的一切都很重要"的感觉,有时这种弱交互性可能会让玩家感到失望。

在游戏《底特律:成为人类》中,某个角色的选择或者任务完成的情况,会对其他角色造成影响,比如任务失败或者时间上的不及时会导致其他角色的死亡。在该游戏中,前期做出的决策可能在当下并无实质影响,但在之后的关键分支处会起到作用。分支处决策点有时会被隐藏,有时游戏会根据玩家过去的决定自动选择一个分支,所以虽然前期做出的决策在该分支点并不可见,但会在此时产生延迟式的或者跳跃式的影响。

三、分支型结构的分支

与链状结构或多结局结构的故事相比,创作带有分支路径的故事需要更多的设计和规划。在确立故事的基本概念和大纲之后,设计者需要仔细研究故事结构,决定每个决策点放在哪里、每个分支线的目的是什么、各个分支线在故事过程中如何交织或者分离等。

(一)分支的类型

在分支结构中,所有分支并非均等创建的,可以把它们分成三类:小型分支、中型分支和主线分支。它们在结构中起着不同的作用,服务于不同目的。如图5-7所示为一个故事中的分支。

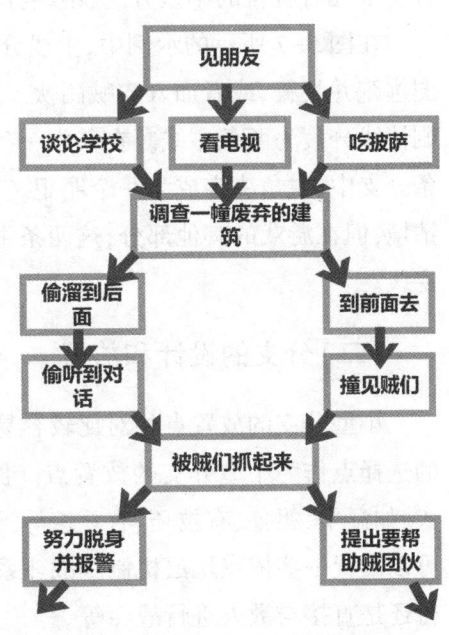

图5-7 故事中的分支示例①

1.小型分支

小型分支分叉后会在很短的时间内快速回到主线故事,对故事影响较小或者说没有重要影响,提供了故事发展的几个不同版本的场景。在图5-7所示的示例中,第一个分支就是一个小型分支。主角与朋友见面后,玩家可以选择让他们两个谈论学校、看电视或者吃比萨。这些选择对主线剧情来说并不重要,最终这三个小型分支将汇聚于主角决定去调查一栋废弃建筑的事件节点。

尽管小型分支对主线没有持续的影响力,但它们的场景可以被用来传递背景故事信息、暗示未来的角色发展或情节发展方向等。

---

① LEBOWITZ J, KLUG C. Interactive storytelling for video games: a player-centered approach to creating memorable characters and stories[M]. Massachusetts and Oxford: Taylor & Francis, 2011: 185.

2.中型分支

跟小型分枝一样,中型分支也会最终回归故事主线,但会持续更长时间。它们对故事影响不大,但在回归主线之前会让玩家经历截然不同的场景。在图5-7所示的示例中,主角可以选择从建筑后方潜入,发现盗贼团伙在开会并窃听到他们讨论的内容;或者选择从前面走,立刻面对盗贼团伙。每个中型分支都会包含其他分支所没有的特定信息。比如说在示例中,玩家只有溜到建筑后面、听到盗贼团伙谈话才能知道他们的计划,因此这条支线是得知某些信息的唯一路径。

3.主线分支

小型分支与中型分支都是为了修饰它们的主线分支,而主线分支的剧情线则会完全分离,它们不像小、中型分支会回归主叙事线,而是会形成新的主线剧情。每个主线分支都会有各自的小型分支、中型分支和结局。

在图5-7所示的示例中,主线分支出现在最后。被盗贼们捉到之后,主角可以试图逃跑并报警,或者加入盗贼团伙。这一选择将对剧情产生重大影响,使原本单一的剧情线分裂为两条主线。在其中一条主线分支中,主角继续与犯罪作斗争;而在另一条分支中,主角决定成为一个罪犯。虽然在两个分支中可能会出现一些相同的人物或情境,但在游戏的其他部分,这两条主线分支是独立的,并创造了两个截然不同的故事主线。

(二)分支的设计和放置

小型分支的放置点相对比较容易确定,可以将那些不会对主线情节产生重要影响的选择点作为小型分支的放置点。例如,可以在对话情境中设置角色不同的说话方式,如温柔、粗鲁、有技巧、有礼貌等,让玩家选择自己喜欢的方式进行对话。此外,还可以设置一些依赖玩法机制和战斗系统的小型分支,比如在战斗策略上让玩家选择潜行还是直接与敌人进行战斗等。

中型分支的设计需要提前考虑整体剧情。中型分支代表的是从主线情节上分离出去,稍后再回到主线的一些选择,它可以是达成目标的不同方法。例如,在目的地相同的情况下,我们可以把其中一条中型分支设计成安全但漫长的爬山路径,而另外一条则是危险但快捷的穿行山洞。如果故事主线的任务是主角需要得到一件古董,那么中型分支就可以被设计成以下几种情况:主角可以潜入收藏古董的富商豪宅偷取该古董、主角可以通过完成其他任务来换取该古董、主角可以通过赚钱直接到拍卖行将该古董买下。这三种支线中的任务都需要花费一些时间,但主角会由此接触到不同的角色和场景,一旦拿到古董(任务物品),所有的支线就会汇合到一起。

在设计主线分支时,需要考虑每条主线分支之间的关键区分元素是什么。这些关键因素导致了一系列不同的事件,从而产生不同的故事主线。角色的爱情关系、伙伴或盟友的团队组成是两种常见的关键性因素。此外,还有善与恶的选择、特定角色的生死,以及哪个英雄会成为叙事线的"主角"等。例如,在恋爱故事中,主线分支的决策点可能与主角如何对待潜在的爱情对象相关,那么在设计分支点时,设计者就需要思考和判断哪个潜在的分支点最能支撑起主线分支。

在设计主线分支时一个可能会出现的错误是,剧情中某个决定在玩家看来可能很次要,但在实际的故事结构中却是主线分支的关键决策点。这种设计上不够明显的选择会让玩家错过大量的故事内容。

在《前线任务3》(Front Mission 3)中,故事的一个早期选择是主角是否要帮朋友送新装备。这表面上是一个看似微不足道的送货任务,但实际上这个选择点将故事分成了两条主要的剧情线。

如果主角选择不去,他会收到角色Alisa求助的邮件,及时赶到并救出她,但也会因此被陷害,背上导致基地被毁的罪名,被迫过上隐姓埋名的逃亡生活,并寻找能为自己洗清罪名的方法。

如果主角选择去送新装备,他将错过救助邮件,等回来再去救Alisa时,Alisa已落入组织MIDAS之手。主角为了追踪Alisa的下落,加入了游戏中的一支队伍。

这两条故事主线都围绕两位主角对于组织MIDAS的调查展开。在调查过程中,角色会去相同的地点,但故事细节却有着显著不同。例如,在不同的支线中,主角会在区域冲突中加入不同的阵营,不同的支线中也会有不同的可玩角色。

在游戏中,故事开始时的那个决策点似乎不太重要,但实际上它却是游戏中唯一的主要分支点,玩家很容易低估其重要性,并且可能在第一次选择后就告别了游戏,而从没有意识到自己错过了至少一半的内容。

主线分支点的设置位置分为两类:一类是玩家迟早会到达某个情节点,故事会在此处一分为二(或一分为多),玩家必须在其中选择一条继续剧情;另一类是设立一条默认的剧情主线,玩家在玩默认主线时,只有满足了某些特殊条件或完成了某些特殊任务后,才能开启其他主情节线。

在实际设计结构时可以把三种分支结合使用,一个决策点的选择结果可以同时通向一个小型分支、一个中型分支和一个主线分支(见图5-8)。

决策点的选择不一定需要完全由玩家决定,有些选择可以是自动的。比如常见的根据主角与某些角色的"友好度"数值来自动选择支线,这些数值是玩家之前在剧情的小型分支和中型分支中的选择结果积累而成的。

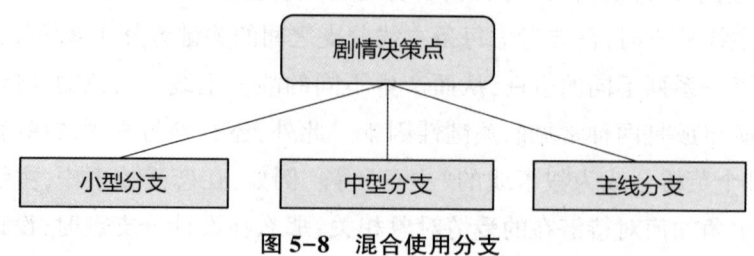

图 5-8 混合使用分支

(三) 确定故事的支线数量

一个故事应该有几条分支线？这并没有一个简单的标准或硬性的规定，主要取决于游戏作品本身的情节列表和进程规划。当故事的进程点和情节列表都较为清晰时，设计者可能就会对应该设置几条支线有大概的预期和想法。

创作分支是一个成本高昂的任务，每条分支都需要设计、写作、建模和编程，需要花费大量的时间、精力和金钱。分支越独特、越长，所需的工作就越多。每个大分支还会需要自己单独的中型分支和小型分支。有时跨分支可以重用一些资源组件，包括相同的材料、物品、场景和角色等，但设置分支仍然会导致时间和成本的快速增长。

因此，在设置分支时重点需要考虑的问题是，该分支是否能为整体故事增色？它是否对玩家有吸引力，能让玩家有享受感？是否具有适度的差异以体现支线独特的价值？如果一个决策点通向三条分支，而其中只有两条的场景有趣，那么可以预计至少有三分之一的玩家会在缺少信息的情况下错过有趣的线索，进而陷入无聊的剧情。这一点尤其存在于主线分支中，无聊的小型分支和中型分支因为结束较快，或迟或早都会汇入主线，但主线分支通常会持续很久，或者直到结尾才结束，并且会显著改变游戏进程，因此在设置时需要特别慎重。与其让多余的选择导向无趣的结果，不如从一开始就确保每条分支在结束之前都能给玩家带来独特的剧情享受。

创作分支是一项成本很高的工作，并且可能会创作出玩家即使重玩多次也可能看不到的内容，所以常见的做法是与团队沟通，删减那些不能增加游戏趣味性和玩家享受度的支线，只留下最好和最重要的分支。

四、分支型结构的主题

传统叙事媒介如电影等，因其故事大量采用线性三幕剧的结构，所以从主题层面来讲，虽然可以分为浅层主题和深层主题的表达，但原则上仍然要求整体故事表达出一个相对明确的中心主旨。如果主题模糊（不知道想要表达什么主旨）或者主题摆荡

(涉及一个或多个想表达的主旨,但观点破碎看不出核心),观众就会难以理解其最终意涵。对于一般性的故事来说,出现主题不明无疑是比较失败的。

故事的结局是最能表达创作者意图的地方,也是最终故事结束时主题得以完整凸显之处。对具有多重结局的游戏而言,其挑战之一就是有关故事主题的表达。在理想的状态下,故事结束的方式与故事想要传达的主题之间仅仅有相关性是不够的,需要精确契合。

例如,经典悲剧《麦克白》的主题是权力的贪欲会腐蚀最伟大的领导者,随之带来破坏与最终的毁灭。但如果在多结局的《麦克白》中,其中一个结局是麦克白最终达成了他的权力目标,成了苏格兰国王,那么故事原本的主题将会变得非常难以实现(甚至截然相反)。同样,如果《灰姑娘》的游戏结局之一是主角早早离开了家,到城市里找到了一份秘书的工作并过上了白领的生活,那将这个游戏命名为《灰姑娘》就显得毫无必要了。

对于分支型结构的游戏故事来说,因为其在实际创作中有多种具体的结构形式,因此在处理多个结局的主题表达时,不同的具体结构会有非常不同的处理方式。我们可以简单对比一下图5-9中两种分支型情节节点的布局:一种分支树相对较宽,分枝树短而分散;而另一种分支树相对收窄,呈现类似管道的条状结构形态。

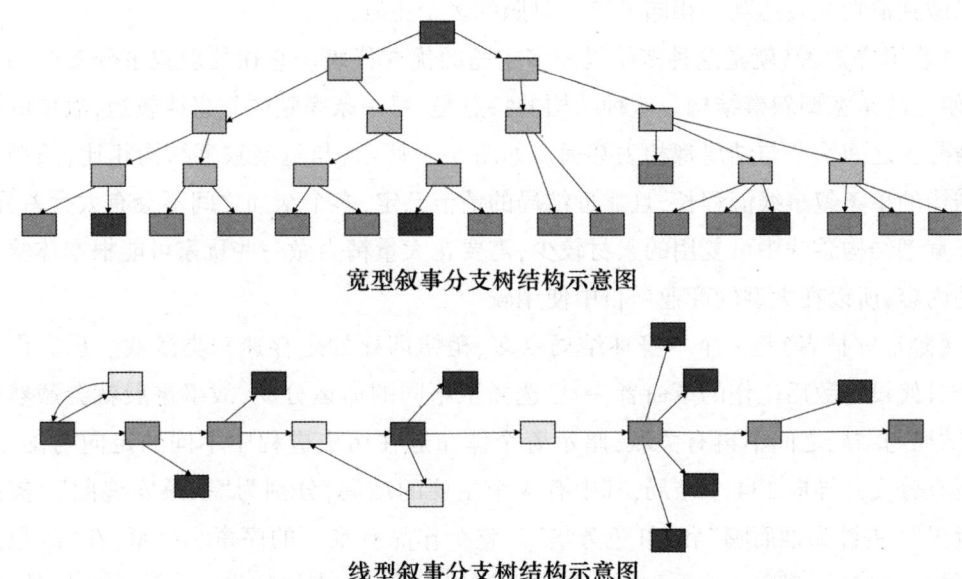

宽型叙事分支树结构示意图

线型叙事分支树结构示意图

图5-9 宽型叙事与条型叙事分支树结构的对比示意图①

---

① ASHWELL S K. Standard patterns in choice-based games[EB/OL]. (2015-07-26)[2023-12-30]. https://heterogenoustasks.wordpress.com/2015/01/26/standard-patterns-in-choice-based-games/.

对于条型分支树结构的故事来说，因为它的几个结局不会相差太大，所以需要尽量保证多结局故事的各个结局能统一地围绕一个主题思想进行表达。要想达成这种效果，一种处理方法是将故事进行分层。在多结局的故事中，可以将故事分为始终贯穿游戏的主要故事（A 层故事）和次级故事或单元故事（B 层故事），然后保持 A 层故事的结构和情节节点大致不变，而将有赖于使用结局来传达主题的任务转交给次级的 B 层故事。具体的实现方法是，尽可能保持所有情节变化最终都导向 A 层故事中的相同高潮点，同时保证其实现的故事路径（B 层故事）的不同，那么在故事中，更有区分度的主题就转而由 B 层故事来传达，而不再依赖 A 层故事的结局了。

以《麦克白》为例，故事的最终结局必须是麦克白和麦克白夫人都死了，但叙事线的发展过程可以有所不同。例如，在麦克白夫人密谋攫取权力的过程中，游戏故事可以给玩家提供尽可能避免杀害麦克白的朋友们的情节路径选择；或者在权力崩溃的过程中，游戏故事的情节发展可以围绕主角与其夫人之间的关系变化展开；抑或游戏可以通过王国坍塌的方式及其过程来展现次级主题，故事可以着重描绘王国并非在一夕之间就垮掉，而是伴随着很多悲剧和血腥事件。

除了使用这种方式来统一所有支线主题之外，在一些游戏结局差异较大的故事中，如果故事进程和结局控制得当、逻辑清晰合理，在多个结局的辅助之下，游戏故事可以做到清晰地表达互不相同又统一对照的多个主题。

《隐形守护者》就是这种多结局和多主题的优秀代表。它在处理叙事分支树的时候，使用的是宽型叙事结构。这种结构的特点是，每一条完整的叙事线较短，故事的分支与分支之间情节与结局都相去甚远。如图 5-9 所示，与宽型叙事结构相比，条型分支结构的单条叙事线流程长，且靠近结局的情节已定，多个结局之间不会有太大差异。由于宽型结构游戏中可复用的素材较少，需要花大量精力做一些玩家可能根本体验不到的内容，所以在大型的商业项目中使用较少。

《隐形守护者》是一个本身坏结局众多、稍错即死的生存迷宫类游戏。玩家作为那个时代投身敌后工作的革命者，一旦选择了不同的命运分支，故事进展就会截然不同，结局与结局之间不再有关联，暗示着个体命运在历史进程中不同的走向与落差。其所有分支共导向 134 个结局，其中有 4 个主要的结局，分别为"扶桑安魂曲""美丽新世界""丧钟为谁而鸣"和"红色芳华"。整个作品有唯一的序章和终章，在"红色芳华"结局达成后，观众才能看到尾记里的全剧终字样。[①] 直接的失败除死亡结局外，还有被"送回边区"结局，意味着主角潜伏报国理想的失败。这种以失败结局为主的叙事树能使游戏表现出乱世之中真实情报工作的艰难，所有的选择和决策都非常困难与

---

① 李佳锟.多元与融合：互动影像艺术的游戏机制研究[D].济南：山东师范大学，2022.

致命,走错一步就有可能志未酬而身先死,最好的结局也只是恨自己与报国理想失之交臂。除此之外,围绕主角的命运和潜伏的故事,游戏4个主要的结局表达出了不同的故事内涵和主旨。

达成"扶桑安魂曲"结局的故事主线主要表达的是反战精神,同时也拓宽了抗战的历史视野。主角因为得到日本人极大的信任,在任务中试图通过使其内斗的方式除掉其中一方势力,但由此卷入过深,面临生命危险。主角听从日本一方的安排,使用日本人的身份登上了回日的船,到达日本后却发现已经无法再回国了。这条叙事线的一种结局是主角在日本仍然以中国人的身份活着,表达出自己对战争的真实看法,最后被日本宪兵杀害;另一种结局是主角彻底抛弃了自己中国人的身份,作为一个日本人在日本为了生存而不择手段地活着,但最终仍然会死于美日太平洋战争中的核爆。在这条故事线中,主角为了躲避灾祸,听从别人的安排,做了错误的选择却无法再回头,暗示了在人生的岔路口如不慎重选择,命运会彻底走向不可控的方向,在此等乱世中如果只是为了一时的存活而随意选择,那么下场很可能是命丧他乡。

"丧钟为谁而鸣"是一条主角成为彻底的汉奸的叙事线,玩家会在这条线上背叛自己所有的一切,亲手杀掉自己爱的人,失去自己的名字,抛弃自己的良知。即使玩家最初是不情愿或不谨慎地进入这条主线的,最终也会堕落到自己都难以置信的地步。在"美丽新世界"这条线中,主角投靠了军统,成了别人升官发财的垫脚石,同时也适应并学习着新的"生存之道"。这两个主线结局表达了小人物虽然不可避免地被时代裹挟,但仍然需要坚守自我,无论何时都要凭借自身的坚毅品质,做出遵从自己本心的选择;如果浑浑噩噩,选择与恶妥协同流,必将有悲惨的下场。

"红色芳华"的叙事线本身非常难以进入,这能让玩家深刻感受到作为一个有理想的爱国青年,在那个历史洪流之下,想做一些真正想做的事情、一些正确的事情的困难。它是一条真正的无名英雄线,主角因为组织内部的叛变失去了一切能证明自己的东西,在日本失败后被打成汉奸投入监狱,新中国成立后被释放,直到老去才收到一份伪造的,但也没人知道是伪造的抗日记录,换回了只有自己知道的革命者的身份。

由于宽型叙事分支树本身的特点,游戏中几条不同的叙事线相对来说关联较少,几个不同主线的结局也表达了不同的主题,如反战、坚守本心、无私奉献的大众等。除了宽型叙事分支树之外,《隐形守护者》游戏中主角不像电视剧、电影中那样有"主角光环",在玩家个人体验的视角之下,各类选择会极具压迫感和紧张感。主角几个大的身份选择分支树互不干扰,又统一整合为不同选择下的历史命运,更为贴近那个时代的真实情况。因此,游戏除了有较好的娱乐性和商业价值外,也能让玩家对那个历史时代产生更多基于个人情感的理解和认同。

五、分支型结构故事的优点与缺点

(一)分支型结构故事的优点

分支型结构故事能够为玩家提供大量重要的选择,这与线性互动故事仅提供一种控制幻觉不同。与我们稍后将会讨论到的开放式故事或由玩家驱动的故事不同,这种结构也赋予了设计者相当大的控制权来安排故事进展。总的来说,分支型故事结构使整体故事线更易于掌控,使长而复杂的互动式故事也能保持良好的结构和叙述节奏。

从创作角度来看,尽管设计者对故事进展并没有像线性互动故事那样的控制权,因此也失去了创作线性故事的便利性,但由于它给予玩家的控制权是适度的,因此设计者和玩家可以在这种共享控制权的状态下,对于如何讲述一个故事进行更深层次的探索。好的分支故事能够在玩家的自由度和情节结构之间取得良好的平衡,形成在讲述故事方面最佳组合的互动叙事结构。

(二)分支型结构故事的缺点

1.设计与制作的挑战

分支型结构故事的创作需要大量工作。设计者需要规划不同的分支故事线和各种情节决策点,并确保它们在整体故事中能够服务于特定叙事目的。分支越多,设计与实现它们花费的精力、时间、金钱就越多。

虽然可以使用更短的故事或重复使用大量的资源组件来弥补设计和制作的困难,但这些方法也会带来新的问题。如果流程太短,游戏可能会因为长度不足而无法形成强而有力的故事,从而无法达到应有的情感冲击力,继而造成即使支线再多,玩家也可能并不喜欢的问题。而过度重用相同的资源组件,会使主要分支过于相似,从而让玩家感到厌烦。

2.决策点和分支线带来的问题

首先,情节冲击力可能会丧失。分支型结构故事面临着与多结局结构故事相同的问题,玩家可以重载存档来选择不同的情节线,这样悲剧情节就可以永远被忽略和弥补,重要的情节点在整体故事中的意义也就不复存在,英雄的失败和重要角色的死亡都不能带来线性故事那种真正结局所具有的情感冲击力。

为了避免这个问题,有些分支型结构故事将情绪最饱满的情节节点设定为不可更改。但这样做的问题是,如果玩家发现他们之前的选择在关键时刻并不能发挥作用,他们就会对设置这些选择的必要性产生怀疑。为了解决这个问题,有些故事选择将能影响重要情节或高潮情节点的分支选择点设计在其发生很久之前,这样一来,玩家就不能轻松跳出当前故事线并迅速选择其他支线,从而在一定程度上保留了玩家对当前情节的投入感和情节点本身的冲击力。

其次,决策点与情节线的因果逻辑可能难以分辨。在分支型结构故事中,很难确定哪个决策点会影响关键情节,甚至有时玩家做出某个选择后,对后续的情节事件会产生什么具体的影响都让人无从分辨。当玩家沿着一条不喜欢的分支推进故事时,他们可能无从得知是先前哪个决策点的选择错误导致了这一结果。特别是当玩家发现为了进入他们喜欢的分支线,需要重新玩很长一段游戏时,就会产生很强的挫败感。

最后,故事逻辑和角色塑造方面的断裂问题也依然存在。分支型结构故事允许玩家通过决策点的选择跳转到不同的支线,为玩家提供了比多结局故事更高的自由度。然而,玩家在叙事线前后的选择并不一定会遵循相同的逻辑,这增加了故事前后不一致的可能性。玩家主导选择会导致故事整体的动力中断,角色弧的发展也可能会出现严重断裂,与多结局结构故事相比,分支型结构故事中的此类问题更为突出,影响也更为严重。因此,分支型结构故事的设计在这些方面需要更多的关注和更精细的调试。

3.故事完整性对于轻度玩家不友好

在分支型结构故事中,主要的叙事线之间并不是毫无联系的,所有的结局也并非严格分离,不同的叙事线和不同的结局之间会包含额外的信息,形成一个由多个结局的平行宇宙组成的叙事世界。玩家有时候需要完成大部分分支剧情线,有时候甚至是所有剧情线,才能对叙事世界和故事内容有完整的理解。这对一些喜欢探索游戏全部细节的硬核玩家来说可能并不是问题,但对于普通玩家来说,他们可能只完整地玩过游戏一两次,甚至永远都无法看到那些形成叙事世界重要组成部分的分支线剧情。这不禁会引发一些质疑,比如设计者是否值得花费如此多精力和时间去创作和添加这些分支?

第四节 开放式故事结构

一、开放式故事结构

与分支型故事结构相比,开放式故事结构在玩家自由度上有了大幅度的提升,同时故事结构也变得更加松散。无论分支型故事结构有多少条分支,它们都是由设计者事先设定的,玩家只能在选择决策点时影响剧情。而开放式故事结构则为玩家提供了一个广阔的虚拟世界,让玩家可以在其中自由地漫游探索,玩家的行为在很大程度上驱动了故事。

在开放式结构故事中,玩家几乎可以接触到游戏中所有的任务。他们可以以自己想要的方式推进游戏,甚至可以不按顺序进行或直接跳过叙事中的重要场景。

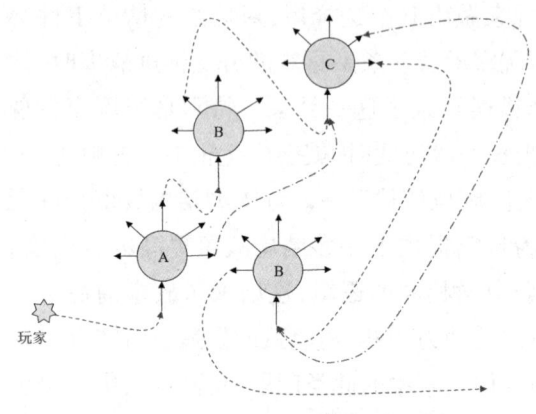

图 5-10　开放式故事结构①

开放式故事结构的主线情节通常相对简单,主要起到线索的作用。除此之外,开放式结构故事会以一个庞大复杂的虚拟世界为背景,供玩家在其中自由探索。其整体的故事情节由一些在因果和时空关系上相互独立的离散情节支线组成,每个支线都有一个触发点。当玩家在虚拟世界中探索时,他们会遇到并触发这些情节点,形成各种事件或任务。玩家可以选择接受或忽略这些事件或任务,或者触发之后可以选择完成或搁置某条支线,也可以同时触发多个事件或任务,自由选择先完成哪个,还可以随时回到之前经历过的事件,重新开始游戏。开放式故事结构因为主要情节比较简单,所以更侧重于小型分支和中型分支,加之不同的任务和事件有不同的完成情况,所以会有很多不同的结果,因此开放式结构故事到达结局的方式会有很多。开放式故事结构如图 5-10 所示。

一般来说,一个开放式结构故事需要满足一些特征,比如拥有一个辽阔且详尽的游戏虚拟世界作为背景空间,玩家可以自由探索其中大部分区域,并且有大量的任务或事件可供玩家自由选择参与。

二、开放式结构故事的案例

许多经典的大体量游戏都采用了开放式故事结构,如《辐射》(Fallout)系列、《侠盗猎车手》系列、《上古卷轴》(The Elder Scrolls)系列、《巫师》系列等。

《辐射》系列将故事背景设定在核战争后人类文明被彻底摧毁的时代,采用世界末日主题中常见的废土世界观。这个游戏催生出使用"捡瓶盖"来指代核战等著名的

---

① 王雷.数字影像的非线性与互动叙事[D].北京:中国传媒大学,2008:110.

网络用语,足见其商业成功度和传播影响力。

《辐射》系列中的作品《辐射4》讲述的故事如下:核战爆发后,主角以及其家人进入了由避难所科技运营的111避难所,这里所有的人都进入低温休眠状态,主角也因此失去了意识。然而避难所的冷冻系统因未知原因被关闭,主角因此苏醒并目睹了自己的配偶被一个雇佣兵杀死,尚在襁褓中的孩子也被夺走,并随后再次被迫进入"低温休眠"状态。后来主角因冷冻仓故障得以离开111号避难所,他试图找到自己的孩子并弄清事情的真相,并因此进入了联邦废土。此时距核战争爆发已经过去210年,人类已经彻底失去了现代文明的传承,整个世界变成了由军阀、匪帮和变异人统治的混乱王国,仅存的少数正常人类在其他的掩体里出生长大。

在游戏的初始阶段,玩家可以自定义主角,游戏为主角提供了许多可设定的属性,这些属性会影响主角在后续故事中的情节经历。游戏的主线情节设置相对比较简单,尽管主线中也设置了一些重要的任务,但当玩家进入联邦废土这个巨大的世界后,这些主线任务很容易被淹没在繁杂的分支事件中,玩家在故事中的乐趣主要来源于在游戏巨大的虚拟世界中漫游。游戏中也有我们在前面提到的特别的"积分系统"。在《辐射3》中,这个系统被称为"Karma"(原意:报应)系统,主要与善恶相关。当主角完成善事时,他的Karma值会提升,反之则会下降。许多分支情节的事件结果不但与玩家的技巧有关,还与主角的Karma值相关。由于系列游戏的结构开放性很强,在游戏发行之后,官方还会发布更多的后续资料和DLC(可下载)内容。后续的资料包会提供一些额外的可供玩家探索的附加区域,或者解释和揭露更多与主线情节相关的背景信息。

另一个经典的例子是《侠盗猎车手》系列。《侠盗猎车手》的整体设计和架构与《辐射》不同。它是一款以犯罪为主题、基于与现实相近的世界观而架构的开放世界游戏。该系列的最新作《侠盗猎车手5》具有结构清晰的主线剧情,有三个主角供玩家控制。除了在执行某些任务或特定的角色被通缉之外,玩家可以随时在几位主角之间自由切换。每位主角都有自己独特的性格、人物背景故事,他们各自的情节彼此交织,也都有几个不同的结局。

《侠盗猎车手5》的游戏场景设计基于真实背景,其虚拟城市主要参照美国的洛杉矶、旧金山(加州南部)、拉斯维加斯等城市的特定区域混合而成。游戏赋予了玩家极高的自由度,在故事主线剧情以外,玩家可以在城市中游荡,从事一系列坏事如盗窃、抢劫、伤害他人等,也可以完成一些任务,如驾驶出租车挣钱,甚至协助警察逮捕罪犯等。与《辐射》系列类似,《侠盗猎车手》系列的主线情节比较简单,大分支事件较少,分支结局也非常有限。但由于故事的开放程度很高,游戏仍然能够为玩家提供极高的参与乐趣和沉浸感。

三、开放式结构故事的叙事线

开放式结构故事的创作不再侧重于铺陈一条完美的叙事线,而是主要关注整体世界的背景故事和世界观设定,并为玩家提供尽可能多的可参与事件与可供选择的任务。开放式结构叙事的背景故事或世界观设定本身必须足够有吸引力,能够给玩家足够的动力让他们在其中为自己创造故事,并沉浸在自己创造的故事之中。

一般来说,开放式结构故事仍然需要一个普通的英雄史诗类的故事作为主线情节,但这个主情节线并不需要专注于讲述一个紧凑的故事,而只需要让玩家按照自己的方式跟上主线剧情即可。

在情节分支方面,开放式结构故事更注重小型分支和中型分支的情节线。从创作方面来说,只从策划的事件清单中挑选最好和最有趣的分支加入故事世界的原则是不变的。在情节进展方面,与前面讨论的其他结构不同,在开放式结构中,设计者不能精确控制剧情的进展细节、高潮的情节逆转等,需要玩家自行安排故事进展。开放式结构故事即使体量再小,其支线也比前述的分支型结构故事的支线要多得多,设计者需要精心考虑如何设置这些分支情节的触发点,尽量以不太生硬或过于明显的方式将玩家引导到不同的分支线去。

除了主情节线和分支情节线外,开放式结构故事中还存在大量的离散线。离散线指的是大量与主线情节没有直接关联的事件,玩家在游戏中可以选择的任何事情都可以被视为离散线。这些离散线要与故事的具体环境设定相匹配,需要符合整体故事大环境的基调,并较好地融入其中,同时还要与主角的身份相契合。尽管离散线与主情节线无关,但玩家在其中的行为可能会引起角色属性的变化,因此也会对事件的结果产生影响,所以也与整体故事密切相关。

比较《侠盗猎车手》系列和《辐射》系列中的离散线,可以看到它们的基础设计有一些明显的不同。在《侠盗猎车手4》中,主角 Nico 个性鲜明,过着单身汉的犯罪生活,与开出租车的表弟一起生活在大城市里。由此,《侠盗猎车手4》中的离散线多设计为偷车、约会、开出租车等事件或任务,这些事件或任务与叙事世界及主角的身份相当契合,玩家在游戏中不会感觉突兀。而《辐射3》中的主角是一个玩家可以进行自定义的通用角色,离散线的设计主要与主角遇到的其他角色有关,游戏的世界观也是通过其他的 NPC 来传达的,与主角自身关系不大。

因此,如果开放式结构故事本身有深入刻画的角色,可以像《侠盗猎车手4》那样,将故事的离散线设计为更重视展示角色性格、人生目标和人物背景故事等细节;如果使用的是通用型主角,可以像《辐射3》那样,将离散线的重点放在展示大世界中遇到的各种有趣的人物(NPC)上。

类似《辐射3》这样的设计可以起到展示虚拟世界的作用。NPC有各自不同的性格和背景故事,游戏也可以通过这些NPC向玩家解释游戏背景世界,包括其中的虚拟世界、国家、城市等,并进一步揭示虚拟世界中的其他信息,包括其中的居民、文化、政治环境、历史发展等各方面的细节。开放式结构故事通常需要多个版本的交谈与对话,《辐射3》中角色性格和游戏本身的善恶系统的设计,以及NPC在对待不同的人时展现出不同的反应,使游戏更贴近现实,显得更自然。这种多版本的对话设计也是设计者在创作故事时面临的挑战之一。

四、开放式结构故事的优缺点

(一) 开放式结构故事的优点

开放式结构故事相较于前述的其他游戏互动叙事结构,为玩家提供了更多的自由度。在这种结构中,玩家置身于一个复杂世界,可以在其中创作属于自己的情节。尽管游戏中提供的物品、开放的区域仍然是有限的,玩家也不能做任何游戏未预先设计的事情,但仍然有大量可供自由探索的空间。

玩家可以充分发展自己的角色,寻找并探索虚拟世界中的每一个物件,这也是《辐射》系列被戏称为"捡垃圾"游戏的乐趣之一。玩家有各种各样的方式与游戏世界进行交互,对于喜欢自由感的玩家来说,开放式结构故事提供了他们所需要的控制权;对于那些注重故事的玩家来说,游戏通过提供充满细节的背景环境展现了一个完整的故事世界。

(二) 开放式结构故事的缺点

开放式结构故事的缺点首先在于故事主线本身往往比较单薄。庞大芜杂的虚拟世界会分散玩家大量的注意力,为了让玩家能轻松地回到主线,主线情节通常都会被设置得相对简单。其次,在这种结构中,高自由度带来的情节冲击力弱化的问题更为严重。一般来说,要使用开放式故事结构创作出一个像《合金装备》那样情节跌宕、角色复杂、主题深刻的故事,可能根本无法实现。

为了防止玩家在游戏进程中迷失而不知如何继续推进主线,开放式结构故事一般都有一些特别的设计,使玩家能够轻松找到下一个剧情线或重要任务的触发点。然而也存在一些失败的例子,如《上古卷轴》,其主线情节的进展受到了庞大虚拟世界的严重干扰,导致故事在整体推进方面相当困难。

整体而言,在开放式结构中设计良好的叙事节奏是困难的。玩家更倾向于优先完成那些容易完成的和有高回报的任务和事件,但它们可能都与主线情节无关。同时,因为玩家的控制度高,情节之间的跳转更为容易,叙事的节奏很容易变得拖沓缓慢。由于情节线分支点更不明显,弄清楚某个情节从什么时候开始出了错以及如何纠正或改变它也会变得更加困难。

开放式结构简单的情节主线不仅限制了故事深度,也限制了故事对角色的深入刻画,游戏中大量存在的琐碎支线也可能会破坏角色发展的连贯性。为了让玩家更好地代入角色,故事常采用自定义角色,这些角色本身缺乏外观细节和鲜明的性格特点,在故事中往往面目模糊,难以引起玩家的情感共鸣。在提到受欢迎的游戏角色时,类似于《辐射》系列那样的自定义角色从来都很难被大家想起,而像《侠盗猎车手》系列中那样拥有明确个性的主角,又可能会在另一个层面上影响玩家的自由度。

第五节 玩家驱动式故事结构

一、玩家驱动式故事结构

有人认为最好的游戏故事是玩家为自己创造的游戏故事。玩家驱动式故事结构直观来说就是可以做到"通过游戏创造故事"的数字沙盒游戏,只不过与一般的沙盒游戏相比缺乏叙事必要的角色(如《模拟城市》),所以在范围上有所收窄。

玩家驱动式结构故事与前面所述的链状结构、多结局结构或分支型结构有明显的区别,不存在一条由设计者提供的明确的情节主线。开放式结构的情节主线已经相当薄弱,给予了玩家极大的探索自由,但玩家在其中经历的各种任务、事件,以及由此形成的情节路径,仍然依赖设计者预设的有限选择。而玩家驱动式结构故事则不存在这样一条有着明确目标的故事主线,也不存在任何达成目标的行动指示,这类游戏的推进完全取决于玩家自己设计、执行和实现目标的情况。玩家驱动式结构的基本原则是设定一个能够吸引玩家沉浸其中的有趣世界,并设置一套互动规则,为玩家提供行动范围,并管理游戏中发生的各种行为事件,从而让玩家可以在虚拟世界中尽情玩耍,按自己的想法创作自己的故事。玩家驱动式结构故事如图 5-11 所示。

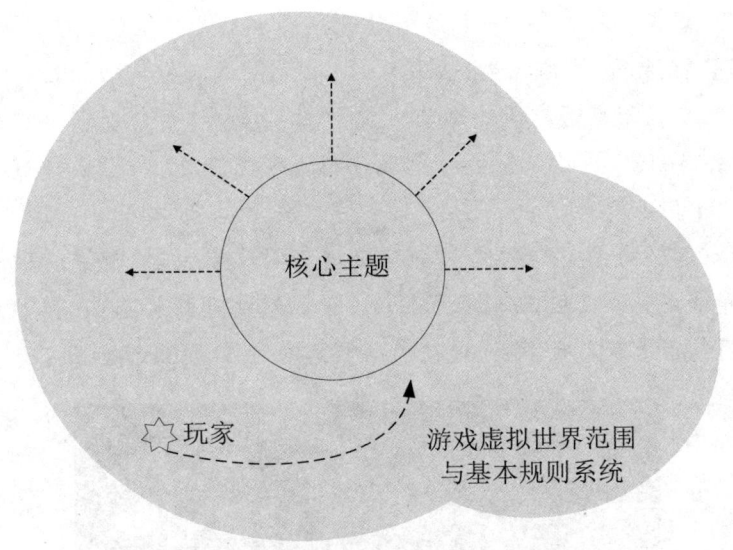

图 5-11　玩家驱动式结构故事示意图

二、玩家驱动式结构故事的案例

玩家驱动式结构的经典游戏包括《模拟人生》系列、《我的世界》(Minecraft)等。在《模拟人生》中,玩家可以创建并管理一个或多个替身角色。最初《模拟人生》系列的虚拟世界主题集中于家居生活,后来出现了各种各样的子版本,如模拟人生之《超级明星》《欢乐派对》《燃情约会》《家有宠物》等,涉及事业工作、社交人际、爱情、享受生活等各方面的内容。尽管游戏虚拟世界的主题范围有所扩大,但其核心内容仍保持不变。

《模拟人生》是典型的没有明确主线、没有预定情节的玩家驱动式结构游戏,角色之间也没有真正的对话(游戏中使用一种虚构的 Simlish 语言)。游戏中没有既定目标,也没有胜利条件,只提供了一个虚拟世界和一些鼓励玩家参与的规则。游戏设计者并非故事的创造者,而是玩家。玩家可以设定游戏目标,比如找到喜欢的工作、组建家庭、赚钱购买家具并装潢新居等。虽然《模拟人生》中有足够的 AI 可以自动完成某些任务,但大部分替身行为仍然需要玩家来控制,玩家需要保证角色吃饱喝足、锻炼身体、培训技能、注意安全等。许多玩家使用它来创作故事,并通过影像视频在网络上分享,有些玩家甚至制作了情节完整的电视剧。

由"建造"形成的《模拟人生》故事

由于游戏专注于家居生活的背景设定,《模拟人生》中有时候会出现出人意料的玩法。如图 5-12 至图 5-15 所示①,玩家利用规则设计出"杀人建筑",形成搞笑的"恐怖 PARTY 故事"。

图中游戏建筑的主人(玩家)打电话邀请邻居来家里玩,邻居会默认拜访主角家,在门口等待主角开门进入。由于玩家设计的这个建筑没有大门,邻居会直接去往屋门,屋门位于建筑二楼,因而通往主角屋门的路是很漫长的。

图 5-12 主角的家在建筑外观上看起来非常普通

图 5-13 从建筑第一层的俯视图来看,它像一个简单的迷宫

---

① 《模拟人生 3》不用秘籍快速杀人法,而是建筑杀人法[EB/OL]. (2011-04-15) [2023-12-30]. https://gl.ali213.net/html/2011/21755_2.html.

图 5-14　从一层入口可以看到迷宫是个游泳池

邻居需要先游泳,再爬上地面反向跑回,然后才能到达图 5-15 所示通往二楼的楼梯,继而走到二楼,找到屋门。

图 5-15　泳池与地面形成的漫长路程

> 在《模拟人生》中,角色的身体是会发生生理变化的,当过于疲惫或饥饿时,角色就会在虚拟世界中"死亡"。因此,这个建筑的主要用途就是用来"杀死"受邀前来参加PARTY的邻居。
>
> 玩家在解说该建筑时说:"进去一次要20多个小时(游戏时间),我的角色状态全满,所有技能为10级,全程走不到1/4就死翘翘了。不过一般人到第三圈就会死,报童之类的NPC除外,他们两天才能给我送一次报,一进一出就得40多个小时。"
>
> 《模拟人生》的玩家们会分享各种类似的或搞笑或烦琐的设计,比如打造一个全是镜子的洗手间,若不仔细观察,玩家(替身)几乎很难到达洗手台。这些设计不仅展示了玩家特别的趣味和幽默感,同时也能证明玩家确实在游戏中获得了乐趣,并为之创造了一个生动有趣的故事。

三、玩家驱动式结构故事的设计

(一)背景设定

玩家驱动式结构故事不需要考虑情节、结构、分支叙事线、节奏、结局等叙事性元素,但仍然需要考虑背景故事和角色类型。它需要创造一套完整的背景设定,并在此基础上建立一个规则系统,用于管理玩家如何与背景设计互动。

除了开放式结构,其他类型的互动结构故事中的背景设定都相对次要。有些游戏的故事内容多与人物绑定,当背景设定更换时,故事的情节节点不受影响。在开放式结构故事中,背景设定相对重要,但其中也存在主线情节。但在完全由玩家驱动的结构故事中,背景设定不能只当作背景板,而必须是一个可以完全实现的、能够让玩家在其中探索和享受的互动世界。有一些背景设定足够庞大开阔的开放式游戏,如《上古卷轴》系列,如果去除主要情节,可以很容易地被更改为玩家驱动式故事结构。

好的人物角色可以让背景世界大为增色。尽管玩家驱动式结构故事中没有主要情节,但仍然可以充满各种各样富有魅力和个性的NPC人物。玩家可以与这些角色进行各种交流和互动,与之聊天、为其工作,甚至产生冲突或者成为朋友。

(二)创建互动规则

互动规则就是关于玩家与虚拟世界中任何物品之间的可行行为设定。互动规则可以非常简单,但在大多数玩家驱动式结构故事中,互动规则往往相当复杂。

以玩家与"门"的互动为例,在游戏中,最基本的关于角色与门的互动规则可能是:不能互动、敲门、开门(没锁的情况下)。拿"开门"这个互动动作来说,在现实世界中,一个人可以通过很多方式打开门,比如用力踢门、用斧头砸开门、撬锁、烧毁门、用化学酸剂溶解门。在游戏世界中,如果设计者希望玩家可以采用与现实世界相似的方式"开门",就需要设计这些可能性,例如开锁或者砸碎,然后将其加入角色与"门"这个物品的可行互动列表中。

互动规则还需要符合游戏的整体设定,并需要适合角色属性。例如,如果主角是头普通的长颈鹿,那么"飞行"的互动规则就可能不会被考虑。互动规则应包含大部分玩家希望做的事情,比如在虚拟世界中,与NPC对话可能是大部分玩家比较期待的事,但与每个NPC决斗却不是,因此在虚拟世界中加入对话就比战斗机制更值得被优先考虑。

互动规则中所有的可能性都需要设计、编程和制作动画,这需要投入大量的时间、金钱与精力。因此,添加太多可能性会让游戏制作团队不堪重负,这也是许多复杂度高的玩家驱动式游戏开发时间都比较长的原因。过多的互动规则也会增加测试的难度,因为玩家总会以设计者未曾设想的方式来使用互动规则,比如反过来使用对于NPC和物品"门"的可选行为、试图打开一个NPC或者向一扇门表白。因此,互动规则的可能性需要被限制在合理的数量范围之内。

四、玩家驱动式结构故事的优缺点

(一)玩家驱动式结构故事的优点

玩家驱动式结构故事的优点在于其超高的自由度。它没有主线剧情或任何严密的结构,因此能够让玩家充分发挥自己的主观能动性,创造出各种各样的玩法,全身心沉浸其中。这使得这种类型的故事几乎具有无限的重复可玩性。很少有其他故事结构类型比它更能让玩家深入、全面地探索虚拟世界,在合理范围内,玩家可以花游戏时间做任何他们想做的事,这种自由度使游戏更像一个玩具,这也给予了玩家对游戏故事的极大控制感,玩家可以在其中设定自己的叙事目标,创作并体验完全属于自己的故事。

(二)玩家驱动式结构故事的缺点

1.非完美的玩家控制故事类型

相较于现实世界中人们几乎无限与物品和人物的互动方式,无论设计者编写了多少可用于对话的话题和台词、开放了多少块地图区域,玩家仍然受到设计、建模和程序的限制,不能做任何未经游戏系统允许实现的事。总有一些玩家想做而做不了的事、有些想说而不能说的话、有些想去而无法到达的地方。

不管游戏创作了多少内容,总会存在一些合理的"可能性"被漏掉,一般的游戏玩家可能不太关心这些细节,但在某个时刻,某些玩家总会因为不能实现某个选择、不能执行某个操作而感到失望,因此玩家驱动式结构故事也并非最理想的、完全符合玩家想要的掌控感的叙事方式。

如果游戏中的 AI 足够智能,能深入理解故事世界并预测玩家可能的行动,并在此基础上填补空白,然后根据需要来修改游戏内容、创建新的角色、动态生成临时性区域等,将极大地完善玩家驱动式结构故事。然而,目前游戏 AI 在这方面的应用还相当有限。

2.高自由度带来的问题

玩家驱动式结构故事类型的最大优点在于其极高的自由度和非结构化的故事,但这也是其最大的弱点。部分玩家可能并不喜欢这种缺少引导性的结构类型,有时缺乏故事线索会让玩家产生迷失感;当玩家花了一些时间尝试了各种选项和活动后,因为游戏中没有明确的目标激励,他们可能很快会感到无聊;而面对众多的选择,玩家也可能会因为无法决定下一步要做什么而产生"卡住"了的挫败感。

在玩家驱动式结构故事中,各种可选任务与真正的情节元素之间没有互相关联,这导致其任务之间缺乏叙事逻辑,因此无法为玩家提供与故事匹配的行动激励。虽然有些玩家不太关注任务对故事的意义,只专注于完成每个任务,或者获得所有的勋章、称号,但玩家本身对于游戏中叙事内容的态度是存在差异的。我们可以通过比较以下两个例子来说明。在一个游戏任务中,玩家需要做的都是收集 12 颗钻石。如果这是一个注重故事情节的游戏,那么该任务可以被设置为收集 12 颗钻石是为了贿赂监狱长,以营救故事中某个重要的角色出狱。任务在这个游戏中具有了重要的情节意义,从而可以转化为玩家的行动动机。而在另一个游戏中,12 颗钻石只对应 100 个经验值,完成它只会在任务列表栏中"赚 100 个经验值"处打个勾。在这两款游戏中,后者无法提供与前者同样的动力。因此,玩家驱动式结构故事的设计者需要从一开始就意识到,玩家对待叙事的态度差异会直接影响他们在游戏中的体验,不同的玩家对于此类型游戏可能有着不同的设计需求。

第六节 大型多人在线角色扮演型叙事结构

一、大型多人在线角色扮演型叙事结构

有研究者将大型多人在线角色扮演(MMORPG,Massively Multiplayer Online Role-Playing Game)游戏类型的故事归为玩家驱动式故事结构,笔者认为 MMORPG 类型游戏的故事结构具有自身独特的特点,因而将其在此节单独列出并集中进行论述。

由于计算机在处理叙事变化时的能力有限,为了增强叙事的趣味性,角色扮演类游戏借助网络科技和硬件发展,引入多个玩家形成人际关系网络,建立了基于多个玩家交流和互动的角色扮演模式,形成了曾经盛极一时的多人在线角色扮演游戏类型。大型多人在线角色扮演游戏可以同时容纳数百万计的玩家参与。MMORPG 类叙事结构如图 5-16 所示。

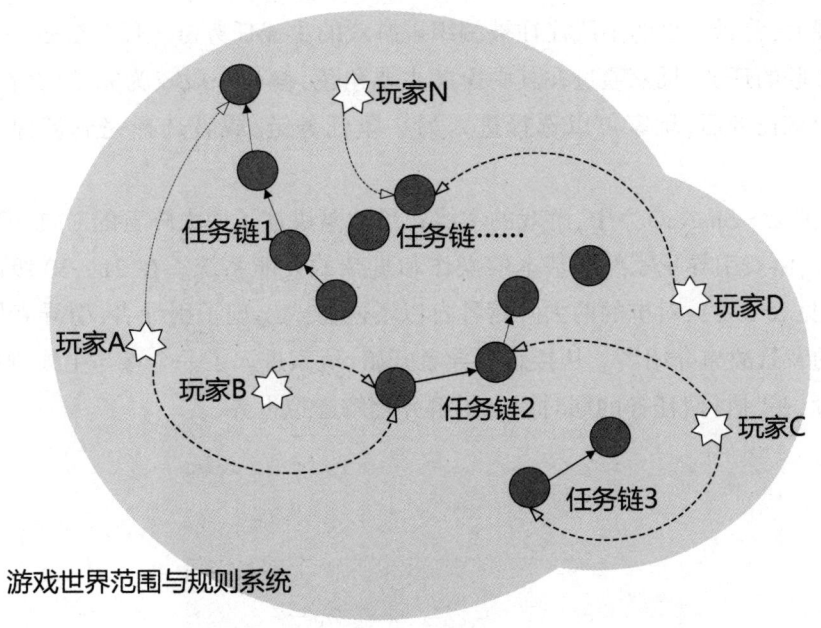

图 5-16　MMORPG 的叙事结构示意图

在 MMORPG 游戏中,玩家享有极高的自由度,其背景环境基本上是一个开放世界。玩家可以在其中创建自己的替身角色,在虚拟世界中完成诸如战胜敌人、搜集道具、传送物品等各类任务。但总体而言,玩家在游戏虚拟世界中能做的事情可以简单分为两种:一种是"玩家与环境互动"(PvE),另一种是"玩家与玩家互动"(PvP)。这两种任务可以对应我们前面所述的"基于人际关系及其变化"的戏剧式叙事,以及讲述"人奋起反抗充满敌意的世界"的英雄之旅式神话故事类型。MMORPG 以一种巧妙的方式将这两种故事类型结合在了一起。

二、大型多人在线角色扮演游戏结构故事案例及其结构组成

暴雪娱乐(Blizzard Entertainment)公司开发的《魔兽世界》是这类游戏的典型代表。MMORPG 结构的叙事主要由三个层面组成:首先是背景故事及设定形成的大量可供玩家参与完成的"任务链"(quest chain),其次是由各种日常任务和定期重复的副本组成的玩家"日常叙事流",最后是由三个层次上的人际互动和交流形成的个体叙事。

(一)背景故事与"任务链"

MMORPG 的背景设定通常会留有足够的空间,其叙事内容一般围绕一个史诗式的故事展开,背景故事的主线往往被编织进游戏的主线任务链。任务链是一串在情节上互相关联的任务,玩家通过在其中扮演主要角色,参与一段较为完整的背景故事情节。完成该任务后,玩家可以选择进入另一条任务链,或者选择完成各种分散的小任务。

在《神泣·ShaiyaOL》中,游戏的主线背景故事讲述了两大阵营的对抗历史。通过剧情故事,游戏引导玩家熟悉基本的操作和复杂的技能系统。在 21—30 级的引导任务阶段(见表 5-2),对抗的两大阵营各自以不同方式出现了引导者,引导者同时也是该阵营的背景故事介绍者。从接触引导者开始,玩家进入了一个参与主线剧情故事的叙事阶段,在"执行"任务的同时深入了解并理解虚拟世界。

表 5-2　MMORPG 游戏《神泣·ShaiyaOL》中 21—30 级的引导任务示意表

光之同盟 21—30 级		愤怒联合 21—30 级	
任务名称	任务说明	任务名称	任务说明
德鲁卡的旅行准备	抓法迪恩山羊弄到 5 根山羊角给德鲁卡……	塞尔皮恩的毒药研究	毒药研究员塞尔皮恩拜托你狩猎阿拉其林地毒蜘蛛，并收集 1 个毒蜘蛛的毒囊给他……
偷葡萄的贼	狩猎完 10 只法迪恩盗贼猴后回到农场的克莱洛特那里……	阿拉其丛林的阿克尼	阿拉其丛林哨所的监视者指挥官吉古佩拜托你帮他讨伐占领着阿拉其林地的阿拉克尼们……
……	……	……	……
隐秘人（叙事）	叫加文·帕尔玛的来路不明的狂暴修炼者建议你去见克利斯·奇斯逊学习狂暴的智慧……	预言家（叙事）	斯坦姆镇的斯帕萨告诉你成为真正的斗士所要经历的苦行的道路，并叫你去找预言家卡拉姆斯……
荣誉之路（叙事）	……	破坏之路（叙事）	……
名誉之路（叙事）	……	集中之路（叙事）	……
魔法之路（叙事）	……	铁壁之路（叙事）	……
信仰之路（叙事）	……	神速之路（叙事）	……
意志之路（叙事）	……	忍耐之路（叙事）	……
信念之路（叙事）	……	元素之路（叙事）	……

MMORPG 的世界是持续存在的，玩家可以随时进入，这意味着故事不会结束，也意味着它在实际意义上是没有高潮的。但 MMORPG 的任务链设置使玩家在某个特定的冒险结束时可以经历戏剧性的结局，形成段落故事的小高潮。有些 MMORPG 游戏中独特的叙事展开是通过版本更新来实现的。游戏版本的更新在不同程度上推进游戏世界叙事的发展，并揭示背景故事的更多细节，同时也会更新游戏的主情节任务链，从而产生更多丰富有趣的故事。

> **《魔兽世界》主线任务：安其拉之门**
>
> 《魔兽世界》中曾有一个史诗级任务——"安其拉开门任务"。在这个任务中，每个服务器的全体玩家需要共同合作收集各种物资，以开启新的副本。这些物资数量庞大，动辄几十万件计。为了方便玩家之间的合作，游戏系统整合了服务器里原部落与联盟各自专属的拍卖行。按照以往的惯例，此时应该由每个服务器中双方阵营派代表进行协商，号召各自阵营中的玩家共同联合起来完成任务，但在当时的铜龙军团服务器上，由于部落跟联盟之间的阵营关系过于敌对，谈判告吹，有关此任务的进程因此被搁浅，最后不了了之，以至于游戏版本落后于其他服务器长达半年之久。最终，一名ID为"饺子"的玩家凭个人力量，成功号召大家完成了这些数量庞大的物资收集，并击败了副本BOSS开启了该副本，推动了服务器内游戏故事的进程。这位玩家也成为该服务器中唯一拥有"安其拉开门任务英雄"称号的玩家，并得到该任务英雄专属坐骑——甲虫之王，此坐骑在整个服务器历史上是独一无二的。

MMORPG的背景故事和任务链中的叙事性，使得预先设定的"玩家可参与任务"可以成为叙事的关键情节点。同时，通过版本更新，游戏的背景故事内容可以逐步展开，还可以被增加前传和衍生故事。任务链的设计一定程度上解决了玩家自由度过大的问题，避免了因MMORPG开放式故事中各种情节支线过于离散而导致玩家在庞大的虚拟世界里迷失的情况。

（二）日常生活与任务"叙事流"

玩游戏与看电影等娱乐活动相比，更加个人化。在现代社会中，游戏已经成了某些玩家群体日常生活中的影像代理人，取代了电视原有的生态位，成为日常生活的一部分。MMORPG中的虚拟世界叙事呈现与玩家现实生活相关的某种"生活叙事流"的特征。除了任务链，MMORPG还提供各种离散的日常任务和副本任务，就像一张"节目单"。

在个人的日常生活中，时间安排反映出一种日常的生活方式，生活惯例能提供安全感，例如固定的就寝、起床、用餐时间等。类似的，MMORPG的任务内容只有每日出现、源源不断，才能把玩家固定在电脑屏幕前。同时，它还需要考虑任务的新鲜感，及时调整和更改以刺激玩家持续产生兴趣。最重要的是，它必须以玩家的生活为中心，来保证消费时间的便利性。

在电视媒介时代，节目的安排要考虑其前后播出的节目，同时还要注意与同时段的其他电视节目的竞争。例如,动画片的播放时间通常是 18 点至 18 点半,因为这是学生放学后到家的时间。新闻则在 19 点至 19 点半播出,这个时间通常大人们已经下班,一家人会聚在一起吃饭。而受欢迎的电视连续剧则在所谓的"8 点档"(20:00),这是大家一起休息和闲聊的时间。

MMORPG 在任务设置的时间点选择上也类似于电视节目,它参照真实世界的日常生活时间。游戏通过连续、片段地"播出"任务活动,使玩家可以在几天、几周甚至几个月的时间里持续地"执行"这些任务。任务被有机组接,井然有序、环环相扣,在吸引固定玩家的基础上,也可以吸引潜在的玩家。更重要的是,它使玩家形成了一种思维方式,以真实世界为参照来确定虚拟世界任务事件的进程,使游戏的虚拟世界成为日常生活的一部分。

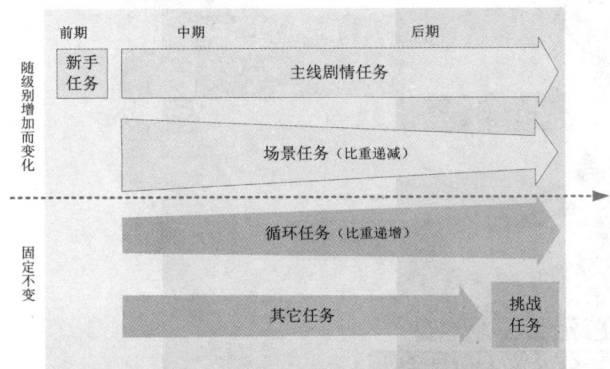

图 5-17 《天龙八部》玩家前中后期任务比重分析

《魔兽世界》的副本任务以周为单位开放。在《天龙八部》中,这种"生活叙事流"式的事件序列更为明显。在《天龙八部》中,主线剧情和场景任务是游戏角色升级过程中的主要任务链,而循环任务则是游戏角色后期或满级之后的主要任务构成(见图 5-17)。

在 MMORPG 中,随着玩家升级而发生变化的剧情任务链通常只执行一次。一般情况下,玩家更倾向于按照正常的任务链顺序来完成任务,形成从低等级到高等级顺序展开的事件序列(所谓的"清任务")。这种事件序列的形成一方面受虚拟世界的规则引导,另一方面受到任务奖励的影响。循环任务即副本任务,通常以独立的副本形式存在。原则上副本任务并不存在任务链式的先后顺序,因此其选择自由度更大。

图 5-18 是《天龙八部》每日限时开放活动的图表,用钟面直观地展示了 24 小时的日常安排,每个活动的开放时间大约在半个小时到一个半小时不等。从图中可以看出,游戏的主要任务活动从 10 点开始,一直持续到 16 点半结束。在这段时间里,如果玩家没有升级任务可做,游戏内会有大量的循环任务活动供玩家选择,而在其他时间(凌晨 4 点半至 10 点),玩家只能参加每日固定任务(即不限时段的任务),具体如表 5-3 所示。

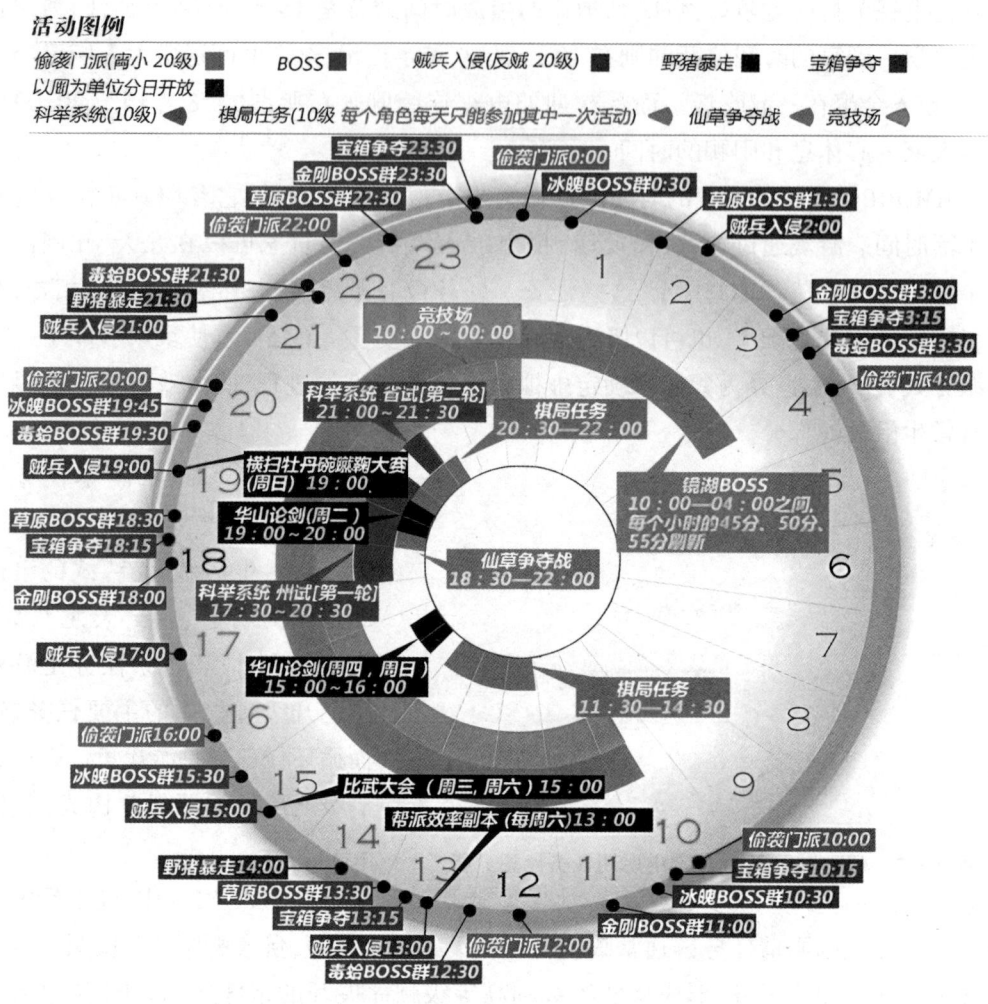

图 5-18 《天龙八部》每日限时开放活动一览

表 5-3 《天龙八部》每日固定任务

门派 BOSS	10 级以上玩家进入门派练级场景,门派 BOSS 每日刷新 3 次。
水牢任务	20 级(含)以上玩家每日可接取任务次数上限为 10 环。
惩凶打图	30 级(含)以上玩家每日可接取任务次数随等级而变化,每完成一次任务固定收益为 40 银。
连环副本	30 级(含)以上玩家每人每日限做该任务 5 次。
漕运	40 级(含)以上玩家可接取任务,每日限买卖 20 次,每周日为漕运日,即收益加倍。
帮会跑商	40 级(含)以上加入帮派的玩家每人每日可接取该任务 8 次,每周六为跑商日,即收益加倍。

《天龙八部》的副本任务并不是按照健康的作息时间来安排的,事实上,它更适合晚睡晚起的玩家。从开始时间来看,它照顾了朝九晚五的上班族,让他们在早上9点后的忙乱时间过后才进入游戏的活跃阶段;从结束时间来看,它照顾了"熬夜党",让昼夜颠倒的人也可以找到乐趣。18点到20点之间,任务最为密集,是游戏的黄金时段。

图表中心为经验最多的"棋局任务",每个角色每天只能参加1次,第一次开放时间是11点半到14点半,正好是午休时间。在这个时间段,玩家需要抽出一个小时来完成任务。第二次开放时间为20点半到22点,也是晚上的黄金时间。这个轻松赚经验的任务的时间点安排,让那些平时没有时间玩游戏的玩家也能在午休、睡前这样的时间段跟上赚经验的进度,使每个玩家可以从"每天只能参加一次活动"变成"每天必然参加一次活动"。

"偷袭门派"任务以赚取装备镶嵌宝石为目标,相对较高级。在晚上的黄金时间段为每两个小时一轮(共三轮),在其他时段则是四个小时一轮,相对较稀疏。原则上,中午12到16点也是黄金时间,但"偷袭门派"的两轮任务只有12点和16点的两次,明显避开了"棋局任务"的时间段(11:30—14:30)。帮派副本被设置在周六,照顾了集体的玩家时间,而4倍经验值的副本"横扫牡丹碗"在周日19点,即使是一周都没有时间的玩家,也可以赚足经验。可以说,《天龙八部》的所有任务安排,都与玩家的日常工作和休息相联系。

在这样的安排下,一个人可以完全把自己所有的空闲时间都投入游戏,不会感到无聊或者无事可做。他也可以随时进入或者退出游戏,因为活动就像每日的新闻播报一样,呈数次循环,如果错过了一次,可以等下一次。玩家个人在游戏世界中形成的日常叙事流是不断延续的,情节不是短时间内呈现的最后结局,而是一连串类似事件的重复。由于它的固定形式具有一致性,玩家会熟悉情节推进的轨迹,随时判断日常情节进行到了何处、自己错过了哪些片段、还有哪些片段可以"参与"。

游戏和玩家各自以对方为中心。可以说,游戏的安排是由现实生活中玩家的生活模式决定的,反过来也成立,即玩家的生活模式与生活节奏可以围绕游戏任务展开,这些游戏任务可以使玩家的饮食、睡眠和出行的时间更规律。

传统叙事是一次性且完整的,有着封闭化的简洁布局、清晰的因果逻辑和贯穿全篇的主题。而MMORPG叙事呈现片段接续与不连贯的形态,并不像一场有高潮的电影,而像生活本身。从这个角度来看,传统叙事与游戏的主要叙事差异还在于前者是一种以目标为导向的因果模式,而后者则是以"菜单"为导向的接续模式。

MMORPG的文本包括出现在游戏界面上的各类任务活动和所有不定期插入的消息、预告、最新情况、广告,以及玩家的交流、骂战等,这些任务与信息之间的组接,造成了游戏文本具有一种独特的散漫性,而块状的任务也会因为交互信息和其他即兴情况的出现而被切割成断续的片段。这些片段是短暂即逝的,随时会被后面的片段冲散。

游戏遵循消费的规则,借将任务内容、活动时间表与玩家的人际交流相结合的叙事方式吸引玩家,使其"上瘾"。这一过程既是娱乐审美和消费的交融,也是日常生活、玩家现实环境和游戏行为的交融。在这个过程中,游戏在不完美的世界和紊乱的生活中创造了一种临时而有限的规则秩序。

(三) 人际互动层面的叙事

背景故事形成的任务链、日常任务和副本活动形成的离散情节需要在设计阶段完成,但人际层面的叙事主要由玩家之间的互动和交流形成,这构成了 MMORPG 中的主要叙事内容。

这种基于"人际"的玩法使玩家在游戏中既可以单独行动,满足个人英雄主义的想象,也可以为了同一目标而协同作战,从而获得对于集体主义精神的需求,这使得 MMORPG 具有强大的吸引力。在人际互动方面,游戏主要分为个体、团队和社区这三个层次,即玩家会基于这三个中心与他人进行"事件"互动,形成个体化的叙事过程。接下来,我们将具体探讨这三个层次上的"人际互动"的形成方式。

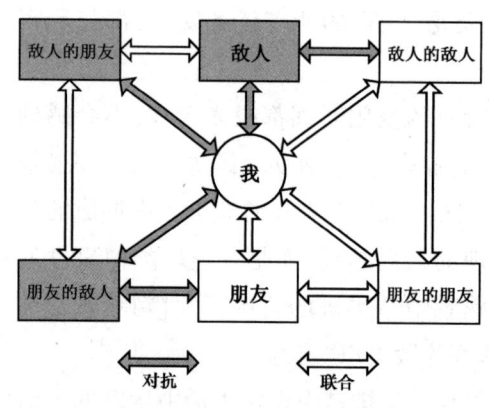

图 5-19 玩家自我层面的人际关系

1.自我层面的人际关系

在这个层面,玩家作为单纯的个人进行人际连接,基本行为可以分为联合和对抗两大类(见图 5-19)。很多 MMORPG 都将聊天通信设置分为好友和仇敌两大类,即使是不加入任何团队的"独行侠"玩家也很难避免与人发生互动,随着游戏时间的增长,玩家会自然地建立起个体层面的人际关系。

2.团队层面的人际关系

一般来说,MMORPG 的规则系统强调人际的重要性,设计者会从多方面推动玩家组队进行游戏,将单个玩家紧密嵌合在玩家社群中(见图 5-20)。随着玩家等级的提高,游戏中的任务和副本会越来越倾向于鼓励玩家组队参与。差异化的职业设定和鼓励组队的收益规则使组队游戏的效率比单人高得多,团队整体呈现 1+1>2 的效果。受效率的驱动,玩家倾向于选择集体行动。强制 PK 规则的存在使玩家在野外场景活动时也更倾向于组队,以保护自己或凝聚力量争夺区域收益。在组队系统的支持下,练级、副本挑战、PK对抗等战斗相关任务都可以更为丰富有趣,团队层面的师徒、婚姻、结拜等小型交互系统的玩法也都以组队活动为基础。

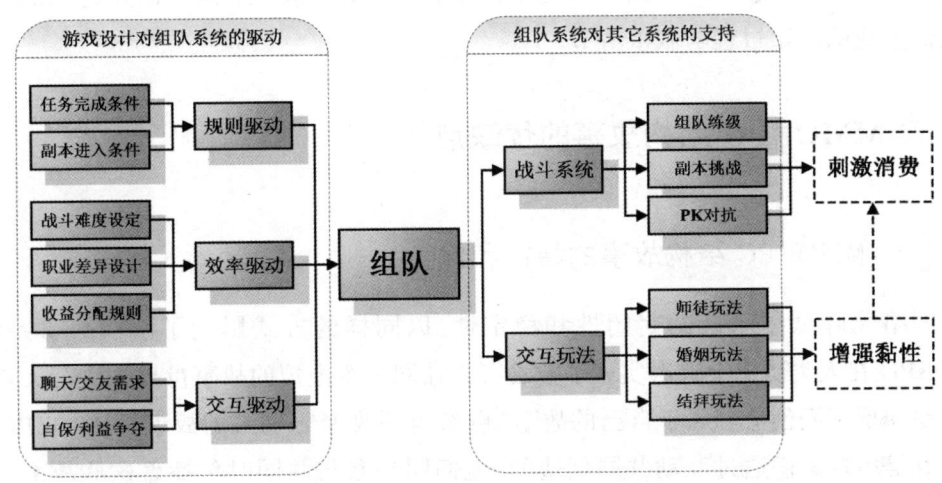

图 5-20　玩家团队层面的人际关系

3.社区层面的人际关系

虚拟社区(Virtual Community)最早由霍华德·莱因戈尔德(Howard Rheingold)提出,指的是一部分运用计算机网络进行沟通交流的人所形成的线上团体。这些团体成员之间有一定的熟悉程度,分享着某些知识和信息,并在很大程度上会像对待现实中的朋友那样相互关心。

从MUD游戏时代开始,游戏内就将因临时任务(例如打怪)而组成的队伍称为"公会"①。公会最初是玩家自发组成的,但受到很多成功的大型多人在线游戏的影响,公会系统成了游戏设计和游戏运营重要的要素,是吸引玩家的卖点之一。

公会组织是一个分级明确、定位清晰的虚拟社区,通常设有会长、副会长等管理层,大型公会更是会形成自己的章程、制度、宗旨、发展战略等管理公文。如果不能加入类似的虚拟社区,玩家将无法体验游戏中最具挑战性的部分,也无法获得最高等级的战利品。玩家加入和参与公会反映了其在游戏过程中的社会化倾向。随着公会功能的日益多样化,公会内部的社会机制也越来越复杂,各种不同类型的玩家,如学者巴托尔所定义的政治家、策划者、投机取巧者、朋友、联络者等,都会通过公会来实现各自

---

① 英语对应 team/group/temporary group/guild,也有人使用 pledge/clan 等词。

不同的游戏目的。随着玩家的游戏互动行为的不断丰富,游戏公会逐渐成为维持游戏生命和收益的重要因素。

持有不同行为目的和个体逻辑的玩家,在上述三个层面与他人进行不同层次、不同强度的互动,形成了 MMORPG 中的不同事件,构建了基于个体与他人之间的交互关联而形成的叙事过程与叙事情节。

三、MMORPG 结构故事的优缺点

(一) MMORPG 结构故事的特征和优势

网络化降低了系统的封闭性和稳定性,以同样的方式影响了游戏故事系统。MMORPG 在人类历史上首次实现了数百万人在同一个虚拟的故事世界中进行大规模的互动。玩家们创造着属于自己的故事,也参与并改变着别人的故事。MMORPG 中的叙事是由玩家们通过互动共同创造的,他们同步参与并同时传播着这些故事。在 MMORPG 的故事中,重要的不是"你"做了什么,而是"你"遇到了谁。由于不同的玩家对于故事的想象和理解差异很大,因此加入的"作者"越多,故事就变得越丰富复杂,也因此走得越远。

MMORPG 的故事没有明确的叙事中心,每个节点都可以成为一个叙事的中心点,这些节点不断变化并可以与其他节点相连,形成可以向外无限发散的立体网状结构,这使 MMORPG 成为一个充满情节和故事元素的叙事场。存在于 MMORPG 中的多种任务和事件像一把钥匙,带领玩家进入多条情节路径交织的立体叙事世界。选择"路径"的差异,玩家的个性特点、文化背景、社会经历等方面的不同,都会使叙事产生不同的情节、不同的叙述过程和审美体验。

MMORPG 以一种传统媒介无法实现的方式,将叙事性和社交相结合,使玩家重新社会化,回到了人与人互动的游戏本源。它把对人们个体生活的虚拟上升到对社会生活的虚拟,这里没有存档重来的机会,没有明确预知的结局,每一个选择都将成为永远的历史,每个人都在影响他人,同时被他人影响,这是一种游戏生活。同时,MMORPG 社会化的特点,使具有相同或类似群体化特点的玩家朝着具有同样倾向的社会群体靠拢,并与之分享自己的秘密。

虚拟的游戏世界本来是给紧张的情绪提供发泄的空间,创造一个或许跟现实世界有关、或许无关的想象世界。在现实空间的交往中,因为主体双方同时在场,互动场景中存在着各种能够被直接感知到的因素,因此互动往往处于一种理性的克制状态。而在网络空间中,主体之间通过机器作为中介进行交往,这种交往充满了大量的隐匿信

息和想象空间,使得玩家可以以更为放松和本真的心态,匿名且安全地分享自己的幻想。MMORPG 作为一种与既定现实相对的虚拟空间,允许玩家过滤现实身份,实现社会身份的再造。玩家通过一个与现实世界相隔的屏幕,进入了一个虚拟的平行世界。在那里,玩家能够成为一个被传播与被崇拜的英雄,满足庸常工作中无法被满足的需求与难以获得的意义感。不少玩家以积极的姿态活跃于虚拟世界,将自己的个人印记留在游戏中,使自己的个体叙事成为宏大叙事的一部分,为自我的故事与虚拟的故事世界都添上浓墨重彩的一笔。

(二) MMORPG 结构故事的缺陷

MMORPG 结构类型故事的缺陷跟 MMORPG 游戏本身的特征密切相关。MMORPG 体量庞大,制作周期长,持续运营时间长,在移动互联网兴起之前,一度占据主流市场,但在移动互联网兴起之后,其衰落趋势越发显著。

MMORPG 结构类型故事沉浸度高,需要玩家投入大量的时间。随着人们生活方式的改变和移动互联网的兴起,玩家的娱乐时间变得碎片化,无法投入足够的时间深度沉浸在游戏中。由于 MMORPG 故事需要自上而下的整体策划,制作周期长,往往需要数年时间,无法像手机游戏那样快速获取玩家反馈并据此做出调整,因而迭代循环缓慢。如果在制作过程中市场本身的取向发生较大变化,MMORPG 无法迅速得到这些有效反馈并调整庞大的策划架构,将导致其面临在面世后立即失败的高风险。

总体而言,尽管在移动互联网时代,大多数 MMORPG 试图适应市场需求并转向移动平台,但从技术层面来看,目前市场上尚未出现提供足够支持相同体验的硬件平台,而先前玩家在 MMORPG 中得到的基于网络的互动与交流以及人际方面的叙事体验,现在也能被新的社交媒体或娱乐形式满足。但 MMORPG 结构故事也有其独特性和生命力,一些新技术的兴起,如混合现实技术(MR),也为其带来了新的市场前景。随着时间与技术的发展,可能会有新的形式或内容出现,从而丰富该类型游戏或使其演化为全新的样貌。

本章小结

本章根据设计者给予玩家多大程度的控制权,即以故事的互动性为标准,将数字游戏的互动叙事结构分为五种类型:链状结构、多结局、分支型、开放式和玩家驱动型故事结构。在玩家驱动型故事结构中,由于大型多人在线游戏故事结构的特殊性,本书将其提出成为一节单独论述。

每一节对应一种结构类型,各节首先对概念进行辨析,接着通过几个游戏案例简要分析该结构类型的叙事性内容,然后阐述每种结构类型各自独特的内容元素以及在创作方面需要注意的问题等；最后对各个结构类型在叙事方面的优势和劣势进行总结。

比较来说，如果将链状结构、多结局、分支型、开放式和玩家驱动型故事、MMORPG 按下图所示顺序排列，就整体叙事性而言，越靠左的类型，其情节性和戏剧性越强，反之则越弱。角色塑造也遵从相同的规律。随着结构中玩家自由度的增加，越靠右的结构类型，其互动性和沉浸性越高，反之则越低。整体趋势如图 5-21 所示。

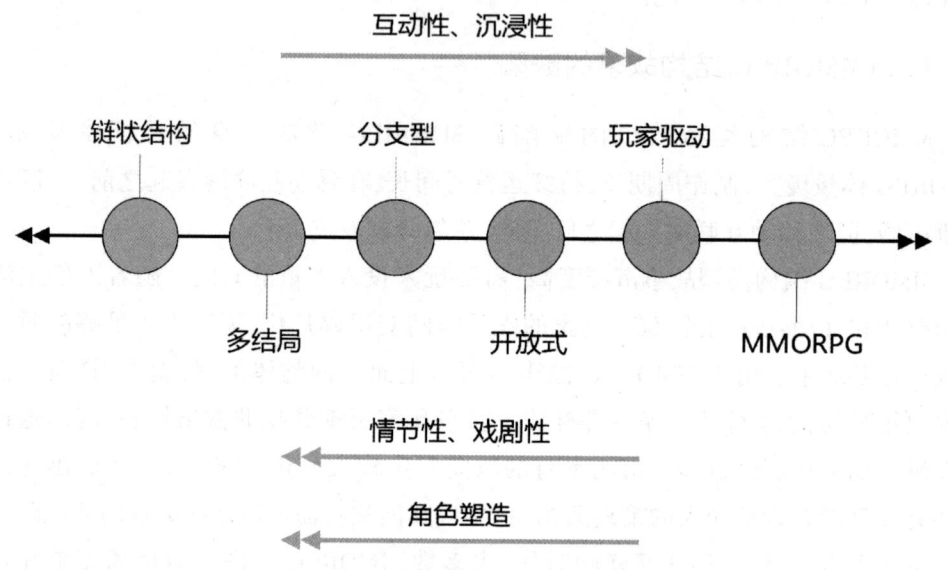

图 5-21　互动叙事结构中叙事性元素的比较

通过图中互动叙事结构中叙事性元素的比较，我们能够概念性地理解互动叙事中的两难问题。理解这一特性可以帮助我们根据自身需求的偏向，选择合适的结构类型来叙述游戏故事，也有助于我们在分析游戏或创作游戏时，更好地把握所需的互动与叙事的相对平衡度。

思考与练习题

1.从自己的游戏经验出发，分析自己玩过的叙事游戏都属于哪个类型的结构。

2.它们之中是否有分类模糊的情况？为什么会出现这种情况？

3.你自己比较偏爱哪种类型结构的叙事游戏？理由是什么？

4.在你所有的游戏经验中，是否有一款游戏让你有一种强烈想要修改其结局的冲动？为什么？如果让你来修改它的结局，你会进行怎样的改动？

5.你认为数字游戏互动叙事的结构类型划分还有什么其他可以参照的标准？为什么？它是否比本章所介绍的标准更好或更完善？

6. 使用互动结构改造自己创作的小故事。可尝试进行：
- 为其增加交互方式。
- 对其进行情节节点化改造。
- 为其设置支线。
- 在其中设置玩家的关键决策点（或积分系统）。
- 为其设置多个结局。
- 绘制故事整体的情节逻辑图。
- 为其设想一个开放式游戏的应用方式。
- 它的故事背景是否能成为一个用户驱动式游戏的世界观？

第六章 数字游戏的空间叙事

时间跟空间研究是叙事研究的两个重要组成部分,但它们对于传统叙事媒介的重要性不同。在传统叙述媒介中,事件跟时间有着非常强的依赖关系,时间直接影响叙事学中有关"故事"和"情节"的区分。在这些基本的分析中,我们已经可以看到,叙事作品中有关事件与时间的关系与呈现,无疑是故事讲述的重点,而叙事空间的研究在整体叙事学理论中则相对出现得较晚。

相对于传统叙事媒介,游戏的特殊性在于它能够利用模拟出来的虚拟物理空间来营造玩家体验。从这个方面来说,游戏很适合用来描述空间,而不像文学作品和电影那样适合用来描述时间。相对于传统的叙事媒介中时间与事件的紧密关系,游戏的事件对于空间的依赖性比时间更大。亨利·詹金斯(Henry Jenkins)把游戏归入空间性故事之列,将游戏这种着重于空间的叙事技巧称为叙事建筑(narrative architecture)[1]。他认为,随着玩家在游戏空间中的游历,游戏故事也得到了展开和讲述。

本章以游戏中的空间为中心,研究游戏空间对于游戏叙事的影响,以及游戏故事是如何在空间的维度下实现与展开的。

---

[1] JENKINS H. Game design as narrative architecture[J]. Computer, 2004, 44(3): 118-130.

第一节　数字游戏中的空间

一、数字游戏中的时间与空间

(一) 叙事媒介中的时间

对一个故事所发生的时间和空间的分析,是叙事研究中的重要组成部分。但在不同的叙事媒介研究中,时间和空间的重要程度是不同的。对于以小说为主体的文学叙事来说,对其故事的时间梳理较为直观与常见,而对其空间叙事的相关研究和理论则出现得相对较晚。

在传统的叙事媒介中,尤其是以视觉为主体的媒介如戏剧、电影等,虽然空间占有非常重要的地位,但相较而言,它们故事的展开对真实世界中线性时间的依赖性比较强。与小说相比,戏剧、电影等媒介是强时间依赖性的叙事媒介。

在戏剧故事中,故事是实时发生在观众眼前的。它以导演决定的特定速度展开,观众必须跟上这种信息传递的节奏。观众没有办法像看小说那样停下来往前翻书,用回顾的方法重温情节。因此,故事细节必须足够清晰,重要的细节甚至需要反复强调。观众首先需要看到这些信息,其次要能理解各种呈现的元素所传达的信息内容。

电影可以更写实,更有助于理解,但正常院线上映的电影也有戏剧一样的临时感和现场感,叙事也具有即时性和一次性。如果信息交代不到位,观众会直接忽略,没有办法采用暂停观看、反复观看的方式重温,所以电影的细节也需要非常清晰,导演必须对于信息在何时出现具有精确的安排和判断。这就造成了这些叙事媒介需要依托很多非常实际且具体的技巧,最大限度地提高观众理解故事的机会和可能性。

对比来说,游戏并没有很强的时间依赖性,虽然游戏会在发行时大致给出全流程时长,但实际上游戏进程的耗时受空间和玩家的技术影响更大。相对于传统的强时间依赖的视觉媒介,游戏在传达信息方面从容很多,不要求玩家一次性理解所有信息,或者在特定的时间内理解游戏世界当前状态下发生的事情。大多数情况下,玩家会忽略掉一些信息,这种情况在游戏设计之初就已经被考虑到了。游戏可以通过使用各种前后补缀性的信息帮助玩家理解虚拟世界和其中发生的事件。

整体上来说,在游戏故事中,虚拟世界时间的流动与真实世界的速度不同是常态,而且这种差异没有固定的关系。只要游戏中有类似机制的需要,游戏中的时间几乎可以被自由操纵。比如在《波斯王子:时之沙》中,"时间回溯"是玩家的核心技能;在《模拟人生》中,玩家可以通过成倍的时间柄来控制时间的前进和后退;还有一些游戏允许玩家暂停其中某个空间的时间。

当游戏时间与真实世界的时间有直接关系时,通常被视为一种与时间相关的游戏机制。它可以被设计成与真实世界的时间有某种联系或同步性。例如,在游戏《生命线》(*Life Line*)中,为了呈现营救的紧迫性,游戏中的时间流速与真实时间完全一致,玩家需要在时间压力的状态下完成特定的行动。还有常见的游戏"开锁"时间,虚拟世界内突然出现与真实时间相同的倒计时,如果"开锁"挑战失败,则任务整体失败或无法获得奖励物品。种植类游戏中会出现某些与真实世界特定的时间段相关的机制,比如游戏内的植物会在真实的白天时间内生长得快,而在夜间则生长较慢,以增加游戏体验的真实感。

总的来说,游戏同样较多依托视觉来传达信息,但与戏剧、电影等传统的视觉叙事媒介相比,游戏对时间安排的精确程度要求并不那么高,时间更多被呈现为一种进程的节奏或内在的机制。

(二)游戏中的空间

1.游戏中本体性的空间

各种叙事媒介在表达故事时所擅长的方面其实是不一样的。例如,小说中经常出现人物思考对于情节的影响,但戏剧的表演却不能很快展现演员的心理活动,观众无法直接感知到角色的隐藏动机,因此对角色心理逻辑的把握更像一个推测过程。由于戏剧无法像小说那样直观地细致描写内心活动,因此也发展出了角色内心独白戏这种手段。

在叙事传统媒介的研究初期,人们更多地将叙事看作一种语言行为,语言的线性与时间性使叙事与时间紧密相连,"叙述时间"一直是叙事学重要的研究方面。随着视觉媒介的发展,空间在叙事中的重要作用也被逐渐认识与发掘。对于叙事与时空的关系来说,文字(小说)本身并不是一个特别依赖空间的叙事形式。与视觉媒介相比,文字在建立比较直观的空间概念上不具备优势。读者需要通过想象并琢磨文字的描述,补全没有提到的部分,在心中构建一个大致的、细节模糊的视觉形象。而在电影中,与空间相关的各种安排,如调度、转场等,是电影叙事的核心内容之一。

相较之下,游戏最初就与空间有着直接的关系,如棋类游戏的棋盘、球类游戏的球场等。游戏的一些基本概念,例如"魔圈效应"(Magic Circle,指进入某个空间场域之内即需遵守游戏规则,其他规则失效),体现出游戏是一种具有非常强空间意识的媒介形式。

这种对空间的强烈依赖性也在游戏叙事中得到了体现。最初的文字冒险游戏囿于技术限制,呈现方式主要是文字描述(见图6-1),然而,玩家在玩游戏的过程中会自发地绘制地图,以帮助自己理解故事(见图6-2)。

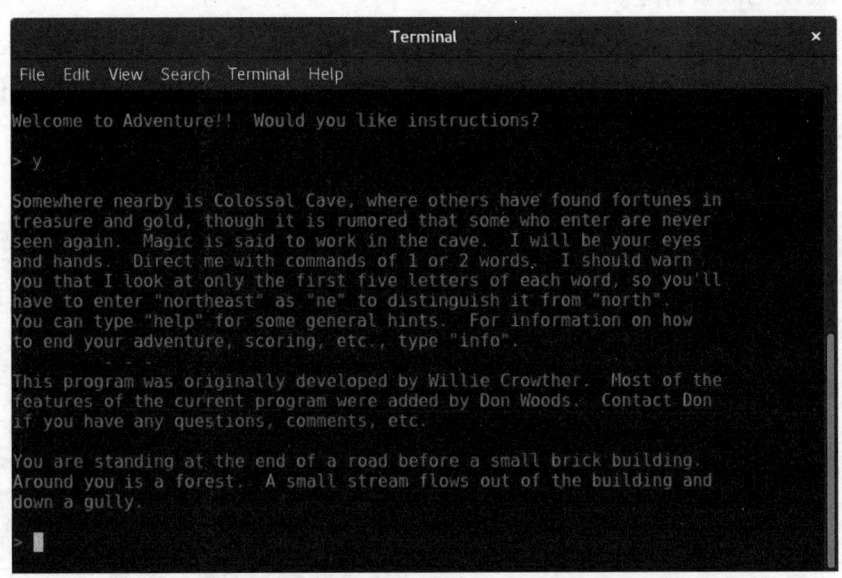

图6-1 文字游戏《巨型洞穴冒险》的呈现方式(1976年)

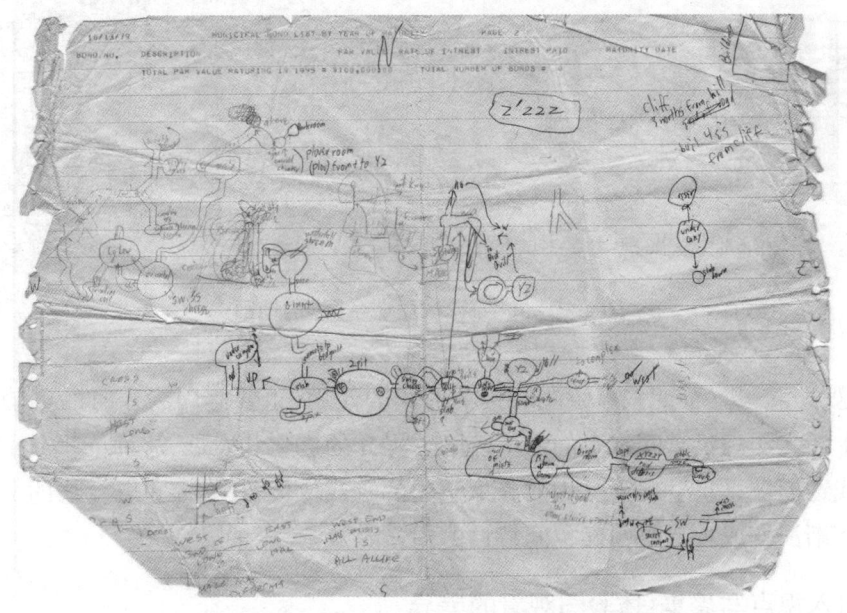

图6-2 玩家在玩文字游戏时画的简易地图(1979年)

189

在游戏故事的设计和制作方面,从历史角度看,即使是创作角色扮演式的文本类游戏,讲故事的人对关卡设计的兴趣也大于对设计角色动机来推动情节的兴趣,因此投入的精力也更多。在故事的任何概念性建构都尚未形成的情况下,一些简单的地图也能推动游戏的故事讲述。

如图6-3所示,在像《魔域帝国》(Zork)这样的基于文本的游戏中,玩家会先设计空间,使用地理节点布局来代替情节点构成叙事线。玩家会在这些地点接到任务,然后基于这些空间基础来讲述各种各样的故事。

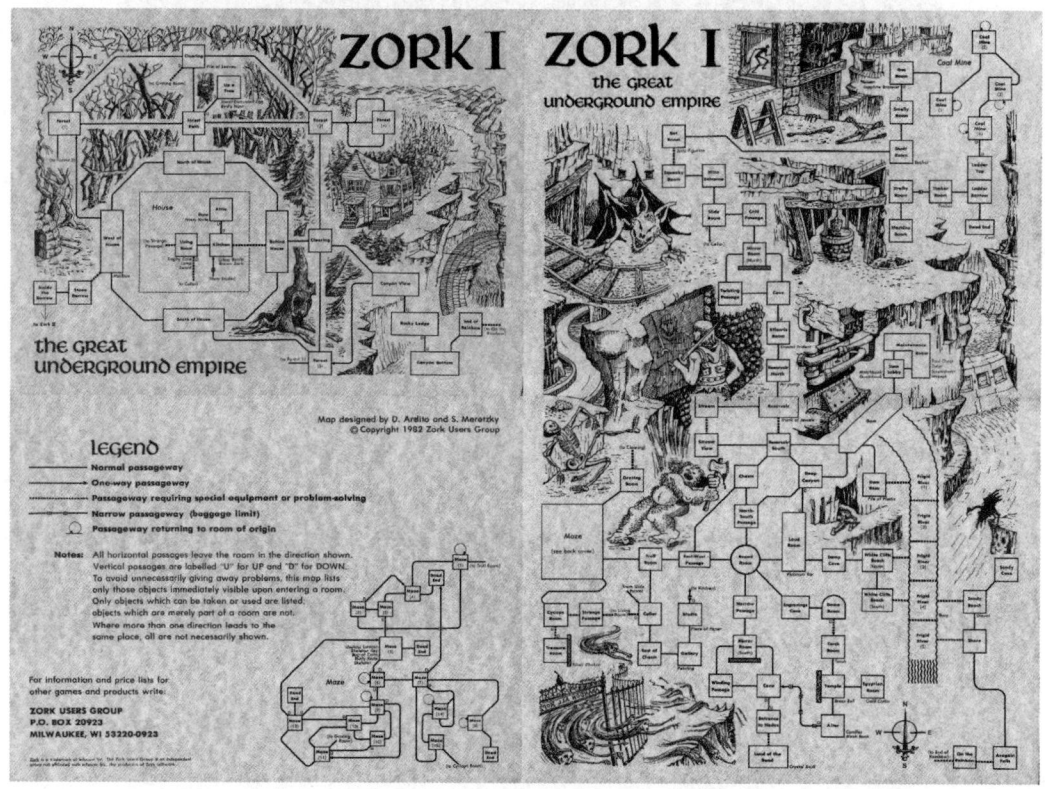

图6-3 文字游戏《魔域帝国》的地图

从这个角度看,早期叙事游戏对文本形式的使用,主要是因为当时的电脑视频和图像技术还无法满足空间叙事的需求。随着媒介的进化和发展,这种依赖文字描述空间的游戏逐渐被真正呈现视觉化的虚拟空间的游戏取代,具有多重分支线的文字互动文本也逐渐演变成具有更明确空间特性的探索游戏。

2.引入视点与聚集:体验与观看的差异

传统的视觉叙事媒介虽然也会展现空间,但这种展现与游戏中的空间所具有的意义是不同的。电影的视觉核心使其拥有许多围绕空间的叙事手法,包括各种使用场景和利用不同的空间来切割故事情节线的叙事技巧。

然而,电影的空间表现更多的是观看层面的,而非体验层面的。例如在《红色沙漠》中,影片通过构图进行人与建筑的对比取景,以表达角色感受到的心理性空间(见图6-4)。但这种空间体验是导演视角下的,换言之,这里的体验性空间是使用导演视角的焦点引导或代替观众的想法,传达给观众特定的信息和情感,以服务于故事。此时的观众并非空间的真正体验者和参与者,更多的是追随导演视角的客体,体验着导演想传达的体验。随着时间的推移,电影观众所探索经历的空间,形成了对角色行动、故事发生的环境和认知的理解,这些都建立在导演重构的心理性空间之上。

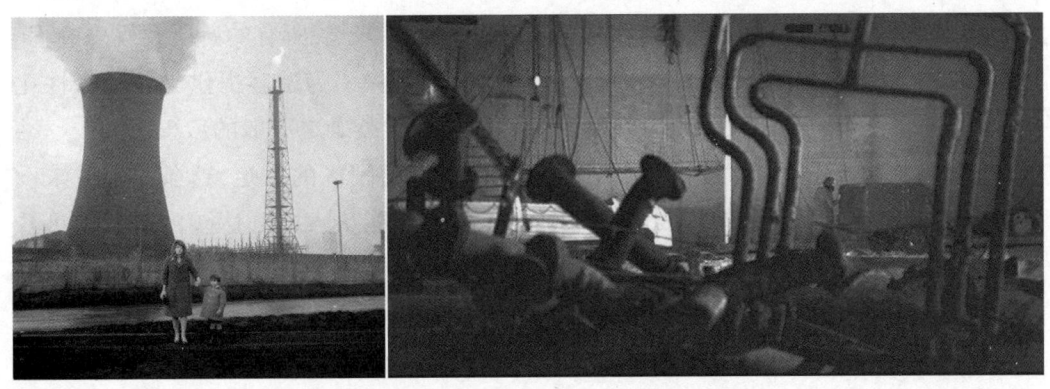

图6-4 《红色沙漠》中的心理性空间

游戏的空间是亲历性的,要求玩家自主探索。虽然游戏的设计者也可以用类似于真实空间设计中的各种方法,如大与小、高与低、开放与私密、空间节奏等来传达与控制游戏空间给玩家带来的感觉,但真正的游戏空间还是需要玩家自己去体验和感受的。与游戏相比,电影对空间没有连续性的要求,影片可以用断裂化的场景来展现空间与空间之间的关系。随着计算机图形图像技术的提升以及硬件性能对加载资源的支持,游戏场景之间的跳转越来越自然,游戏的空间也越来越有延展与连续性,某些开放性的游戏空间尤其如此。空间不再仅仅是通过别人有限的视角被观察的对象,而是成为被体验和参与的场所。

在游戏中,玩家行动与探索都是建立在形成故事的空间与地图之上的,体现了一种以互动为核心而非视觉和观看先行的叙事原则。从这方面来说,游戏的空间视点与聚焦比电影更自由、更主动,游戏叙事对于空间的依赖也比传统视觉叙事媒介更为核心与重要。

二、依托空间进行叙事

（一）主题公园设计中的英雄之旅

以空间来进行叙事，在人们的日常生活中最容易接触到的例子就是主题公园。游戏通过关卡设计用空间来创造玩家的交互娱乐体验，这与以迪士尼为代表的开放性主题公园利用空间来塑造游客的游玩体验在设计目标上有着一致性。实际上，开放性主题公园的设计研究要早于游戏相关的关卡设计研究，因此，游戏的关卡设计从开放性主题公园那里学习和借鉴了很多经验。

借由主题公园的空间设计，游客从踏入园区的那一刻起，所有的游历及娱乐过程、感官体验都被主题公园的布局统一组织和构建起来。除了为游客提供独特的个性化体验外，主题公园的空间设计还旨在给游客们带来一种英雄之旅般的叙事感。[①]

以迪士尼乐园的入口设计为例，其入口是一条直通园区的大道，这条路上并未设计任何吸引人的元素。游客需要步行走上100多米才能从入口到达园内有景观可看的区域。虽然迪士尼乐园内部有许多标志性的代步工具，如马车、消防车等，但在这段路途中，园区并未提供任何代步工具。

这段笔直大道的另一个特点是两侧设有各式各样的迪士尼乐园纪念品商店。事实上，将纪念品商店设置在园区入口两侧的做法，与人们对纪念品商店位置设计的常见认知相反。

一般来说，游客在到达一个新的地方时，会充满新奇和兴奋感，想要尽快获得游玩体验，因而入口处的纪念品商店很难吸引人们在此停留。此时的游客初来乍到，对园区内的事物一无所知，不清楚自己会喜欢什么，因此，在正常情况下，人们更可能离开园区时再购买纪念品。

所以人们一般认为纪念品商店应设在园区的出口处，并且通常呈漏斗状，通过一个较宽的入口，将离开园区的人群引入一条较窄的通道，使较多的人流只能缓步慢行通过，以增加人们停留的时间，从而促进消费。从这个角度看，将纪念品商店设在入口两侧的做法，与游客的一般直觉相违背，并不是一个促进消费的设计。

从以上两点来看，迪士尼乐园在入园的一开始需要游客步行这么长的距离，以及在路的两侧设计纪念品商店的用意，都让人感到困惑。但是这种乍看上去不像好设计的思路，却在实际运用中被一些游戏借鉴，成为其关卡设计的一部分。

---

① UPTON B. Narrative landscapes: shaping player experience through world geometry[EB/OL].[2023-12-30]. https://www.gdcvault.com/play/729/Narrative-Landscapes-Shaping-Player-Experience.

比如在游戏《塞尔达传说：时之笛》(The Legend of Zelda: Ocarina of Time)中，玩家完成一些简短的任务训练后，就可以离开新手村，踏入游戏广阔的开放世界。然而，连接这两个区域的关键过渡点，只是一片开放性的高地原野空间。这里基本没有设置任何机制，极少的情况下游客会在日落之后遇到一两个小怪。游戏给玩家设计的第一次进入核心世界的门槛，就是跑过这片开阔的草地，到达远处的城堡。

这种设计跟迪士尼乐园入口处笔直的大道有异曲同工之处。那么，为什么游戏中会采用现实世界游乐场中这种看似不太高明的设计？它的用意又是什么呢？

我们前面在论述英雄之旅的时候，将其分为"平凡世界"和"未知世界"两个部分。在英雄之旅的叙事进程中，主角会经历一个"跨越门槛"的步骤，环境至此从熟悉变为陌生、神奇的状态，而英雄也从此开始了他在"未知世界"中的冒险。迪士尼乐园入口的设计，就是重塑了这种英雄之旅式的"召唤任务"。

园区入口的笔直大道，被称为美国大街(Main Street USA)，它仿造了100多年前的美国景观，保有一种古老的气息，整体上营造出一个理想化的、美式乌托邦生活的小镇形象。对于游客而言，美国大街是进入迪士尼乐园的第一站，同时又具有"时空隧道"的效果，这块拥有最多服务设施、商店和餐饮的区域，代表着现实的、平凡生活的"平凡世界"。

这种入口设计的目的是让游客从一个可能比自己的家更有家的熟悉味道的地方出发。但在远处，游客又能看见一座高耸的瑰丽城堡，它是完全属于另一个"未知世界"的梦幻建筑，游客几乎会无法抗拒地朝着城堡走去。

从熟悉的环境走出来，进入"未知世界"，通过这种"我已准备好进入一场冒险"的预期，迪士尼主题公园的设计者们实际上已经让游客具备了一种英雄心态，准备开始探险之旅。

为了达成这种心理状态，设计者让游客们步行5—10分钟。步行100多米并不困难，但它将游客的心态调整为"我在朝着某种未知前行，我要去做某件伟大的事了"，这为后续的体验定下了基调。

主题公园对空间的布局，以及游戏中出现的与其类似的关卡设计，证明了用空间地理信息来构建环境、引导玩家进化某些心理状态的情感效应。

从游戏方面来说，这种情感心态方面的影响与变化，不仅因为玩家与游戏中的角色产生了情感投射与连接，更因为玩家替身在游戏空间中的实际运动，这是以空间来构建叙事的重要基点。

(二) 对于游戏空间叙事的几种理解

1. 空间故事的定义:对于故事的另一种理解和组织方式

在游戏关卡设计中,如果融入各种玩家需要克服的障碍,并按叙事需要的节奏营造出故事感,就可以把故事空间化。这样,故事就变成了在空间中构建目标、设计与放置障碍以及克服这些障碍的路径。游戏空间也因此具备了叙事性。

> 通过在空间上放置障碍来实现冲突,是叙事学中可以挖掘的有关空间叙事的理论支持。
>
> 肯德尔·亥文(Kendall Haven)在其 *Story Smart* 中将故事定义为:主角努力克服问题和冲突,面临风险和危险,以实现这一重要目标。
>
> 罗伯特·麦基在其《故事》中也提道:"激励事件引发了主角的追求……拉开了期望与结果之间的鸿沟。当鸿沟被拉开时……主角利用更大的意志力和能力在这个差距中努力……期望和结果之间拉开了第二个鸿沟。"
>
> 亥文和麦基都没有使用"障碍"这个词,但他们所说的"问题"或"差距"与"努力/斗争"以及"目标"等,都与"障碍"密切相关(罗伯特·麦基对于这种故事类型的图示详见本书第四章第二节)。

一些研究者认为,设计者可以在游戏空间中构建和设置目标,并在通向这些目标的关卡中布置障碍。玩家在逐一跨越空间和克服障碍的过程中所经历的路径之和,构成了故事形成的叙事线。故事的结束与最终冲突的解决,很大程度上取决于玩家是否到达了目标所在的目的地。

由此,游戏产生了一些概念性的描述和机制化的设计,如嵌入式叙事和锁与钥匙机制等(见本章第三节)。游戏通过这些机制来安排设计哪个固定的事件应该发生在哪个确切的地点,以及如何让玩家按某种特定的顺序游历关卡地图。这些控制游戏流程的布局机制,不仅能够提供叙事动力,同时可以激励玩家的参与和行动。游戏就这样通过空间而非时间来遍历和组织故事,从而达到设计者可控、玩家可选的理想游戏故事状态。

2.嵌入式叙事——松散数据库

嵌入式叙事(embedded narrative)①是早期游戏叙事理论中有关空间叙事的概念，描述了游戏空间中经常嵌入叙事性情节片段的现象。它聚焦于与空间相结合的情节点的松散性、时间顺序的非重要性、地点与情节相拼接的故事表现特性等。

格雷格·柯斯特思(Greg Costikyan)提到故事是一种可控的体验，作者有意识地精心设计、精确地选择某些事件，按照特定的顺序创造出一个具有最大冲击力的故事。② 欧内斯特·亚当斯(Ernest W. Adams)将故事结构的紧密性描述为一个好的故事应该像一个好的拼图一样，当被悬挂起来时，每一块都被旁边的部分紧紧锁住，牢不可分。③

游戏的空间叙事逻辑与这种紧密故事结构的原则有所不同。将经典冒险游戏的关卡与英雄之旅的各个阶段进行对比，可以发现，游戏故事确实场景化了很多英雄之旅中包含的阶段和行动，但在这些阶段的具体行动安排中，动作和事件的本身顺序可能会相当松散。

如前面所述，空间故事的构成逻辑与传统故事不同，事件整体的松散性并不代表结构质量差，而是反映了另一种故事建构的美学，即优先考虑空间的探索，弱化情节发展和故事推进。

就像前面"有关故事的另外一种解读方法"中提到的对故事的理解一样，参与者追求某些宽泛的、预设的目标，随着角色在地图上移动与推进，从而发生一些冲突，然后再将这些过程与事件整合起来，由此支撑与完成整个空间故事。故事的最终结束与冲突的解决往往取决于玩家是否能够到达最终目的地。在空间故事中，情节的设计与组织转换成了虚拟世界中有关地图环境和设计的问题。当然，这并不意味着所有游历型的叙事都会有成功的结尾，抑或玩家都能成功解开那些推动着他们前进的预设的故事线索和谜团。

在嵌入式叙事的情况下，当玩家试图去弄清楚到底发生了什么事时，必须一边解密这个空间的内容，一边重建故事的情节。空间中散乱的线性故事的碎片，让玩家可以通过探测、解密、猜测、探索等行为来重建情节。大多数嵌入式叙事都采用侦探或阴谋故事的形式，因为这样的题材有助于激发玩家对主动收集线索和探索空间的积极

---

① 亨利·詹金斯将这种空间建筑式的叙事情况称为嵌入式叙事。JENKINS H. Game design as narrative architecture[J]. Computer, 2004, 44(3): 118-130.
② COSTIKYAN G. Where stories end and games begin[J]. Game developer, 2000, 7(9): 44.
③ ADAMS E W. Three problems for interactive storytellers[EB/OL]. (1999-12-29)[2023-12-30]. https://game.speldesign.uu.se/wp-content/uploads/2013/blog/Resolutions-to-Some-Problems-in-Interactive-Storytelling-Volume-2.pdf.

性,并为玩家重现曾经发生的故事提供目标和依据。

从玩家的互动性来说,空间叙事在游戏中即使不推动情节的发展,也能凭其场景和情节片段吸引玩家,而空间化的故事情节往往可以重新排序而不影响整体的故事体验。

从这个角度来说,我们可以不把一个故事视为一个传统的时间结构,而是将其当成一个信息集合体来理解。一部电影的导演或一本书的作者,可以高度控制受众是否接收到以及什么时候收到特定的信息片段。而游戏设计师将信息分布在游戏空间中,只在一定范围和程度上控制叙事的进程。

从游戏设计的视角来说,由于游戏具有开放性和探索性的叙事结构,重要的叙事在系列性的空间和物品中都需要刻意呈现,确保玩家可以找到或识别出某种特定元素所具有的意义。设计者们也开发了各种小技巧,促使或引导玩家进入这种松散出现的、不确定的叙事空间。游戏也并不需要完全纯粹的只有叙事作用的空间,在《半条命》中,嵌入式叙事就经常发生在会有战斗发生的场所中。一些游戏创造了"排练"空间,保证玩家在叙事性空间中面对挑战时能充分了解并使用自己潜在的行动性技能。

游戏中的虚拟世界也因此成为一种信息空间、一座记忆宫殿,就像《神秘岛》中那样。在这种突现性(emergent)叙事的情况下,游戏空间被设计成具有大量叙事元素的集合体,具有丰富的叙事可能性,玩家靠自己挖掘这种叙事潜能,从而重新整合情节,完成故事创作。所以从这个层面来说,游戏设计者与其说是讲故事的人,不如说是叙事的"建筑师"。

3.环境叙事

环境叙事指的是在游戏中不通过对话或者文本而通过游戏环境来传达必要的信息,从而让玩家自行发现虚拟世界中故事的一种呈现方法。环境叙事并不仅仅指空间中的信息,还包括整个虚拟世界中的各种设定、环境物品、存在的角色等元素。一些经典的环境叙事包括通过NPC在虚拟世界中的行为和后果来提示游戏机制或起到警示作用,或让主角通过观察其他角色的错误来避免犯错。

环境叙事虽然泛指游戏中的所有环境,但大部分内容与游戏空间环境相关。环境叙事与之前提到过的嵌入式叙事一样,都是在游戏设计理论中用于描述使用空间讲故事时常用的概念性术语。与嵌入式叙事相比,环境叙事更侧重于实践中环境及空间设计的层面。

一般来说,环境叙事有四种方式:

(1)表现空间故事,唤起先前存在的叙事联想。
(2)提供叙事事件发生的舞台。

(3)将叙事信息嵌入游戏场景。

(4)为出现新的叙事事件提供触发条件和资源。

我们将在本章第六节"环境叙事"部分详细探讨这一主题。

三、组织游戏空间的五种空间元素

在一片广阔的开放空间中寻路是一件非常困难的事情,因此,城市规划设计师们发展出了很多组织城市空间的原则。凯文·林奇(Kevin Lynch)在其《城市的形象》(*The Image of the City*)一书中提出了五种空间元素,以此来分析人们对所处空间的理解,进而创造出了"易读性"(Legibility)这一概念,以观察和理解城市空间。

这五种空间元素被游戏关卡设计者们用于分析和设计游戏环境,特别是开放式的游戏空间。为了便于本章的后续讨论,我们先在此对这些术语进行介绍,从这五种元素的概念和在游戏空间中的使用实例出发,探讨它们作为分析和理解空间的工具在空间规划和设计中的作用,以及它们如何被用于空间叙事。

(一)地标(Landmarks)

地标是一种可以在城市空间中起到路标作用的、具有高识别性的空间元素。在主题公园如迪士尼公园中,游客们见到的高大的,尤其是造型独特的、可以辅助游客进行方向定位、引导游客前行的建筑,都可以被称为地标。

地标具有极强的引导性。在主题公园的设计中,地标类建筑被称为小香肠(weenies)①,这来源于人们使用香肠来诱导动物们朝特定的方向移动的现象。迪士尼乐园中最早的云霄飞车马特霍恩峰(Matterhorn)就是经典的"小香肠"。这种经典的设计也被如欢乐谷等主题公园采用(见图6-5)。

定位是地标的第一个功能。地标基本上都是独一无二的,不仅能引起人们对建筑物本身的注意,也可以让人们

图6-5 北京欢乐谷地标:(远古文明区)云霄飞车"水晶神翼"

通过观察自己与地标之间的远近关系来对自己的位置进行定位。在迪士尼乐园中,游

---

① 杰西·谢尔在《游戏设计艺术》中将此类在游戏空间/关卡设计中起到诱导玩家朝目标地点前行的地标性建筑称为Architectural Weenie。

客们可以从各个不同的角度看到马特霍恩峰,而不会把它错认成任何其他建筑,因此可以在任意方向迅速知道自己和马特霍恩峰之间大致的远近关系。此时,地标在空间中代表了一个重要的参考点,提供了一种简单的方法让游客知道自己在整体乐园中的大概位置。

除了定位以外,地标也具有很大的吸引力,是空间中的引导性元素。通过设立地标或其他引人注意的东西,设计者可以使用非强迫的方式引导玩家前进。例如,玩家在开放世界游戏中于远处看到一个地标,就会产生一种"那儿好像有什么东西,我要去看一下"的冲动,此时地标就会很容易得到玩家的关注,吸引玩家走过去。

同理,在任意尺寸的空间中,如果设计师把一件相对较大的东西放在远处,或者在空间中设计了一些看上去显眼的、有趣的东西,玩家也往往倾向于走过去研究它们。设计者也可以根据一个房间、一个节点的空间尺寸,设计微小的、符合环境情况的地标,使这类按空间尺寸缩小的"地标"成为各类空间节点中独一无二的"大"东西。

地标会随环境的变化而变化,在不同的游戏世界中,地标可以是各种自然物体,或与周围环境对比鲜明的人造元素。其中,游戏《半条命2》(Half-Life 2)中的地标使用和功能是一个值得分析的例子。《半条命2》严格上来说并不是一个沙盒游戏,但是它营造出了一种无缝拼贴的大型虚拟世界,游戏中没有过场动画和其他明显的场景过渡,关卡被彻底切割融合在了整个游戏世界中。

图 6-6 《半条命2》里的地标

《半条命2》中地标的使用与故事直接相关,有着明确的叙事功能。游戏中反派的基地是一个遥远的塔(见图6-6),玩家的最终目标就是到达并摧毁它。通过使用这个地标建筑,游戏从故事一开始就确立了最终的高潮点会发生的地点,而玩家到达此地点(并摧毁它)也标志着故事的终结。

在游戏中,玩家在大多数的关卡处都可以看到这个塔(见图6-7)。玩家可以通过观察自己跟这个建筑之间的距离来追踪自己在游戏中的进度,并得知自己此时在整个游戏故事进程中所处的阶段。

图 6-7 《半条命 2》里各个关卡的地标

(二) 路径(Paths)

路径是一种特别的空间,用于沟通空间与空间,起到连接两个重要的空间节点、提供穿行的通道的作用。在城市中,这些路径包括马路、人行道及其他可以让人们穿越城市的道路。

在游戏中,路径是连接重要游戏空间之间的线路,玩家可以通过它到达下一个有重要玩法机制的空间节点。路径通常会被设计得特别清晰,从而成为玩家在游戏世界里四处移动时选择的首要方式。《侠盗猎车手 4》这类以真实世界为背景的游戏有大量的街道、人行侧道等,这些都是与真实世界中的城市设计相同的清晰路径。与其相反的是一些自然景观式的游戏空间,如《魔兽世界》中的艾伦森林(Ellen Forest),路径设计就相对模糊,有时让玩家难以分辨。

路径的设计可以非常独特,具有鲜明的美术风格,也可以仅仅作为与其他地理空间比例相匹配的连续通道,没有任何视觉特征。一些开放性或模拟自然景观的游戏空间中可能没有类似经过良好城市规划式的清晰路径,但是设计者有很多独特的设置方法,可以让玩家用自己的方式识别出路径,或者自己规划出路径。

例如,在《上古卷轴 5:天际》(The Elder Scrolls V: Skyrim)的虚拟世界中,无数的城镇、地宫和城堡之间只有开阔的自然景观式的田野,没有直接的路径。玩家可以通过在标志性建筑间直接连线的方法,选择自己想要的中转点,自己建立路径。为了避免玩家在巨大的开放性空间中迷路,设计者们会用微妙的类路径的地理特征来引导玩家,比如某些裸露的土路、路径标牌、小溪河流等。

游戏中也可以设计各种隐式路径。很多非地标的存在物,虽然不特别但很有吸引力,可以帮助玩家在地图上导航。比如,如果游戏中有一条连贯的山脊线,即使玩家可以走上山去,但仍然会倾向于把山脊看作一个过不去的屏障。即便通向山脊的坡度非常平缓,玩家在接近顶点时仍然会在山脊前停下来,而不是登上山脊翻山而过。但如果设计者在山脊上留了一个小豁口,或者放了一个马鞍式的凹槽,就能吸引玩家穿过去。这种在空间中创造天然缝隙的方法会吸引玩家,是一种鼓励其行动探索的设计方法。这种豁口从本质上来说也是一条路径,只是它的设计并不是在地面上,而是在空间中。

同样的，设计者也可以通过设置障碍物来引导玩家避开或排斥某些空间，比如一块巨石可以让玩家绕行。如果障碍物位于远处且让人一眼就能看见，那么玩家会提前规划行动路径，以避开这个障碍物。

此外，人们的行动具有惯性，玩家倾向于朝他们瞄准的方向行进。因此，设计者可以在某个点提前结束一段路径，但玩家仍然会朝着给定的方向，沿着原本不存在的路径前行一段较长的距离。这也为设计者控制玩家在空间中的移动留出了空间。

因此，在创建开放空间的地形时，设计者除了要考虑空间的视觉吸引力外，还要考虑通路空间的可用性。即使没有在地面上明确规划出路径，设计者也可以通过其他方式引导玩家行走。

（三）边缘（Edges）

边缘是一种线性元素，代表游戏中某种状态的转换，比如从一个区域进入另一个区域，或者从某种状态缓慢过渡到另一种状态。

在游戏中，边缘可以是一堵墙、一排建筑物、某种植被变化或其他的标识物等（见图6-8）。场景中不同风格的建筑或者不同植被的类型，提示玩家进入了新的区域。区域外在特征如环境肌理的转变，或者内在核心组成元素的变化，都能形成让玩家清晰感知的边缘。这些由不同元素组成的区域，可以让玩家感受到关卡主题类型的多样性，比如由冰、火等元素构成的环境区域，或由树木等构成的森林区域等，以此给玩家带来更丰富的体验。

一排树

概念化的墙

从冰原到绿植区的渐变边缘

图6-8 游戏世界中出现的各种不同类型的边缘

边缘在游戏中带来的转变可以是突然的,也可以是渐进式的。带来突然转变的边缘通常表现为明确的物理边界,比如一道墙壁、某扇门这种建筑形式的边,这些结构元素定义了游戏环境的直接转换。这种类型的转变常用于表现某个特定事件发生的某个特定场所,例如玩家进入某区域可能会触发战斗、经历一场火灾或遭遇外星物种,抑或标志着玩家进入了不同族群的领域或势力范围。

带来渐进式转变的边缘更多出现在游戏的自然景观环境中,反映了现实世界中自然景观很少出现突变的特点。这种边缘可以表现出玩家处在环境类型之间自然的边界处,例如从平原到森林、从沙漠到峡谷。逐渐过渡的转变,可以让玩家建立起对于下一个要到达的区域的期待,还能预示即将到来的特定情况。比如在场景中逐渐出现一些烧毁的树木、折断的箭头、暴露出来的弹药兵器等,这些会提醒玩家即将进入危险区域,给玩家创造接近特定区域时的紧张感。

在游戏中,边缘不像路径那样影响玩家在场景关卡中的游历和移动,它负责游戏状态的转换。对于玩家来说,边缘往往会创造一个戏剧性或机制性的节拍(beat),这意味着新东西的出现。

当玩家在游戏场景中越过某条边缘时,比如拐了个弯或者穿过某个廊门,就会看到一些新东西。这些新东西有很大的内容范围和展示自由度,可以"小"到出现了另外一条一样的走廊、看到另一个可以攀爬的平台,或者玩家"转过一个弯,发现一个黑影向自己扑来",也可以"大"到持续整整两个小时,引发游戏后续剧情的戏剧性进展。

总的来说,在游戏的进程中,所有越过边缘的情况,都会给玩家带来一些新东西。而即使是最微不足道的新东西也会引起玩家的兴奋。所以每当玩家转过一个弯、穿过一扇门时,就会有一种潜在的"新事物即将出现"的期待感、一点"下面会是什么"的悬疑感。因此,在构建关卡时,边缘成为控制玩家实时紧张度和兴趣水平高低的主要方式之一。通过管理新事物出现的时间间隔,设计者可以控制游戏中情节事件发生的节奏和进程,从而控制玩家在游戏中的经历和体验。同时,它可以有效调节游戏中已经有的情绪状态,传达设计师想让玩家体验到的情绪流。

(四)节点(Nodes)

节点是城市空间中路径的交叉处,是大型道路网络的重要中心点。节点可以成为人们游历探索的导航点,提供给人们做各种事情的机会,也因此是人群聚集并产生交互的地方。节点可以通过路标告诉人们处理业务或做某件事的地点在哪个角落,引导人们下一步的行为。因此,节点也往往是决策点,人们在这里决定接下来要走哪条路。节点也可以是某个特定的地标性位置,引导不同的路径到达同一个目标。

在游戏中,节点是玩家需要到达的目的地,一般是经过精心设计和组织的结构化地点。这些地点在虚拟世界的时空往往已经存在了一段时间,有着自己特定的历史。与现实世界中一样,游戏世界中路径交叉的节点为玩家提供了决定下一步去哪儿的机会,有时这是一个战略性的选择。玩家还可以与聚集在那里的 NPC 或者其他玩家进行交互。

如图 6-9 所示为真实城市的路径交叉所形成的节点——华盛顿特区的洛根圈(logan circle, Washington DC)与游戏世界中节点——《侠盗猎车手 4》中自由城的星状交叉口(star junction, liberty city)——的概念性比照的示意图。

图 6-9 真实世界与游戏世界中节点对比的示意图

节点与边缘相比,含有更多的戏剧性力量。新的东西会在边缘出现,但真正可以探索的地点、事件、邂逅与交锋往往发生在节点上。节点能够提供给玩家真正可以玩的东西,能够与其真正进行互动的地点也往往在节点上。

游戏中的节点一般都会有清晰的边界或者明确的边缘,例如游戏中"房间"的概念就可以被视为一个节点。大型开放式的游戏世界中有时没有明确的"房间"化的节点,此时我们可以使用概念墙(conceptual walls)的方法来设计一些节点。

例如,如果我们想把一片森林设计成一个明确的节点,就需要强化它的边缘,比如让森林的边界有高大的排状密林,沿着森林的另一侧有着河流和分布的石块,使它感觉上像是一个被包裹的连贯空间。这样,它就能成为一个节点或者起到节点的作用,成为一个可以发生一些事情的地方,而不是与其他景观无法区分的一片森林,只是开阔自然景色中的点缀。像《上古卷轴 5:天际》这样的开放游戏世界中有许多类似的节点设计,这些节点成为开放空间中的决策点,玩家在此地考虑安排后续的游戏行动,比如先回城还是去探索野外的地宫。

因为节点与决策相关,设计游戏机制时可以将节点与游戏玩法、叙事性或决策目标密切关联。在游戏《恶霸鲁尼》(Bully)中,我们可以看到节点与游戏玩法相结合的设计。

《恶霸鲁尼》是一个以主角在布沃斯学院的生活经历为中心的校园主题沙盒游戏。玩家在游戏中可以探索虚拟的私立学院校园和城市,完成学校各种小帮派发布的任务等。游戏中有学校的小帮派如恶霸帮、富家子弟、书虫帮、流氓帮、运动员(健身狂),以及校外的势力如辍学生等帮派设定。小帮派们之间的偏好和友好度有些被设定为互斥,比如如果玩家在游戏中的某些行为得到了书虫们的青睐,那他可能会失去运动员们对他的好感。玩家在各个小帮派那里得到的名声和评价,形成了游戏的道德体系。

在空间上,游戏提供了许多节点,如图6-10所示。围绕在学院主楼外的小广场就是一个节点,玩家可以在此节点处与各种NPC交互,还可以通过节点选择进入特定的区域。这些区域是游戏中特定小帮派的聚集地,也是代表各个小帮派的标志性空间,比如健身房代表运动员、图书馆代表书虫帮、汽车修理店代表流氓帮。此外,学院主楼本身是一个地标,可以引导玩家行动,也可以让玩家通过与它的空间关系来定位自己在游戏中的位置。

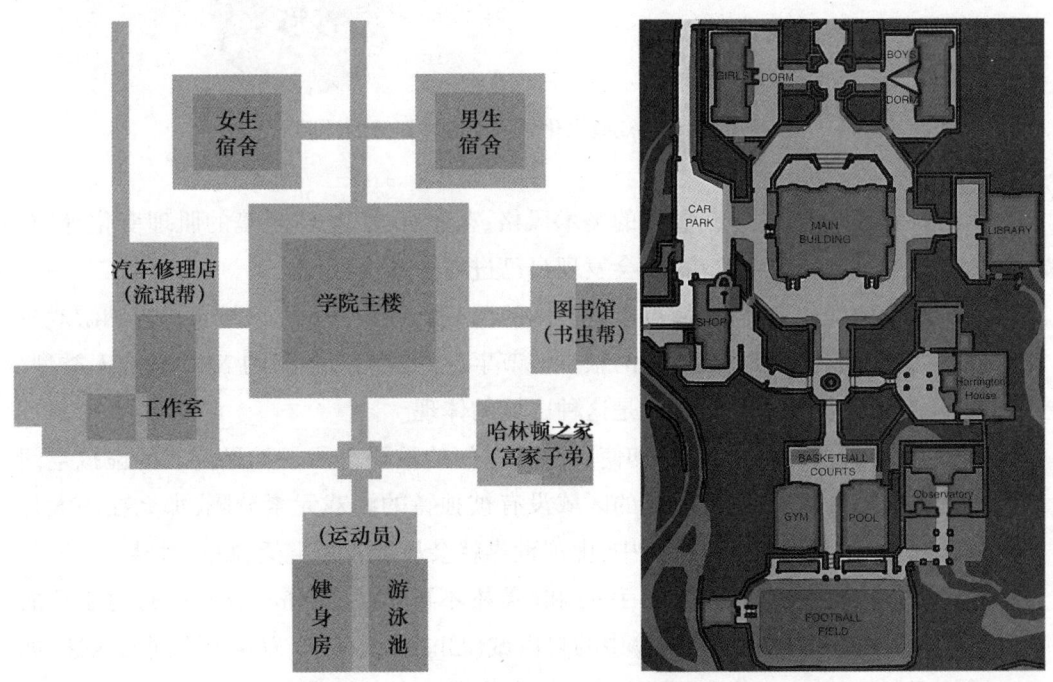

图6-10 《恶霸鲁尼》游戏空间设计示意图

(五)区域(Districts)

城市中的区域指的是内部有一些明显的不同于其他区域的特征、可以让人明确感觉或识别出差异、并且可"进入"的某一部分。每个区域都有自己的特点,区域的氛围是其最大的辨识性特色(见图6-11)。在主题公园中,不同的主题景点会被划分为不同的区域。

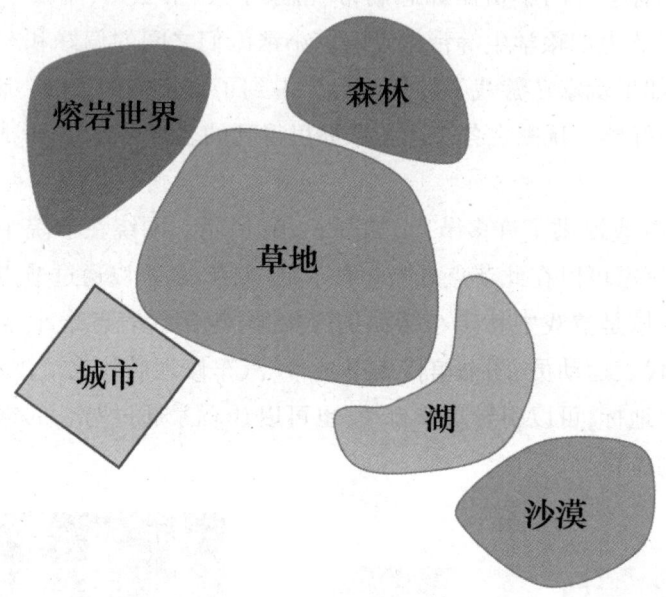

图6-11 游戏概念化地呈现区域划分的地图

在游戏中,区域氛围包括整体的美术风格、艺术元素、整体环境的肌理变化等,有时候玩家越过了某种边缘之后,就会发现自己进入了某个区域。

除了风格的变化之外,区域可以将不同的游戏玩法区分开。区域可以容纳游戏机制、挑战性的游戏内容和不同类型的叙事情节事件。游戏内不同的NPC和敌人类型、不同的小游戏、不同的事件类型就是这种区域的体现。

区域的划分是帮助玩家理解和使用游戏空间的重要手段。如果游戏的虚拟空间中没有特定的划分区域,或者不同的区域没有被独特的游戏元素分隔,那么在一大片开放的空间中,尤其是在沙盒游戏中,虚拟世界就会显得非常空泛,缺乏引导。

我们可以比较一下《侠盗猎车手4》和《英雄不再3》(No More Heroes 3)对于开放世界的设计方法。《侠盗猎车手4》中的自由城(Liberty City)分为几个不同的区域,如阿尔冈昆区(Algonquin district)是摩天大楼和夜总会的聚集之所,是玩家们在游戏中可以享受奢靡生活的地方;而布洛克区(Broker district)是一个相对贫穷的地区,玩家会在这个区域接触不少犯罪分子,并与其进行互动。

而《英雄不再3》的Santa Destroy城则完全缺乏这种有特征的区域性规划。这个游戏的核心玩法是动作和打斗,但在这个空间中,玩家可以做的事、可以玩的小游戏以及核心的动作和打斗部分,与整个开放的虚拟城市世界完全没关系。整个城市都被设计为一种南洛杉矶风格,只有一些分散的商店和地点可供玩家探索。这个游戏世界中的NPC非常少,而且与之交互时没有特别的反应。玩家探索这个虚拟城市的动力,仅在于游戏将小任务和大任务的传送点都放到了开放世界的某处,需要玩家自己去寻找并进入这些副本,虚拟城市成了一个各种任务的传送点的集合性地图。

这种副本式的处理方法使这个游戏的开放空间显得缺乏自由度且意义不大。如果游戏中动作打斗的关卡副本能与虚拟世界更深层次地结合,或者在其中直接进行,那么不光游戏中的城市探索会更有趣,城市空间也会更具沉浸感。

第二节 线性空间布局与游戏故事

游戏的本质在于体验,我们可以把游戏的整体叙事看作一种让玩家按特定顺序去体验游戏空间的方法。换言之,我们可以把游戏的整体空间理解成一个经过整合、按照某种先后顺序罗列的事件/空间集合。由于游戏强调互动,这些事件在很多情况下会以玩家可参与的任务形式出现。

在游戏叙事中,如何把事件序列映射到游戏空间中去,即如何匹配游戏空间和故事(事件/任务),哪些固定的事件应该发生在哪些特定的地点,如何让玩家按特定的顺序去经历这些地点,以及如何从讲故事的角度来理解关卡设计,都是游戏空间叙事需要讨论的内容。

克里斯托弗·托顿(Christopher W. Totten)在其著作《建筑学视角下的关卡设计》(An Architectural Approach to Level Design)中谈到了历史条件下的空间游戏。他提到许多以空间构成的游戏都受到了古典文学和历史遗迹中空间谜题的启发。这些历史上存在过的空间谜题,为人们构建游戏世界空间提供了一些原始模型和理论方法。我们可以在这些模型中发现一些已经具有经验认知的空间原型,如线性空间、分支型空间、开放式空间等。

线性空间(管道)、分支型空间(迷宫)和开放式空间(网状)这三种空间形式,都同样适用于叙事和游戏体验。三种空间形式各有特点,游戏可以根据需要灵活运用。例如,线性空间适合讲述线性故事,多条分支的故事线可能需要采用分支型空间,而开放式空间比较适合模块化的叙事方法。

有些游戏会结合使用这三种类型,既利用线性空间路径,也提供分支和开放空间供玩家探索,给予玩家体验故事的多种途径。比如,玩家可以在城市地下的迷宫式下水道中探索,也可以在开放的草地和沼泽中自由活动,而主线故事仍然保持线性,玩家只能按固定顺序推进。或者游戏在不同的关卡采用不同的空间设计,使玩家的活动自由度有所变化。本章第二、三、四节将探讨上述提到的三种游戏空间布局与故事内容的结合方式。

一、传统线性空间游戏——线性迷宫

线性迷宫的图案最早可追溯到罗马帝国时代,它们大多由一条以各种方式缠绕自身的线性路径构成,最终会达到一个特定的终点(见图6-12)。线性迷宫是理解线性导航游戏空间的重要模型之一。

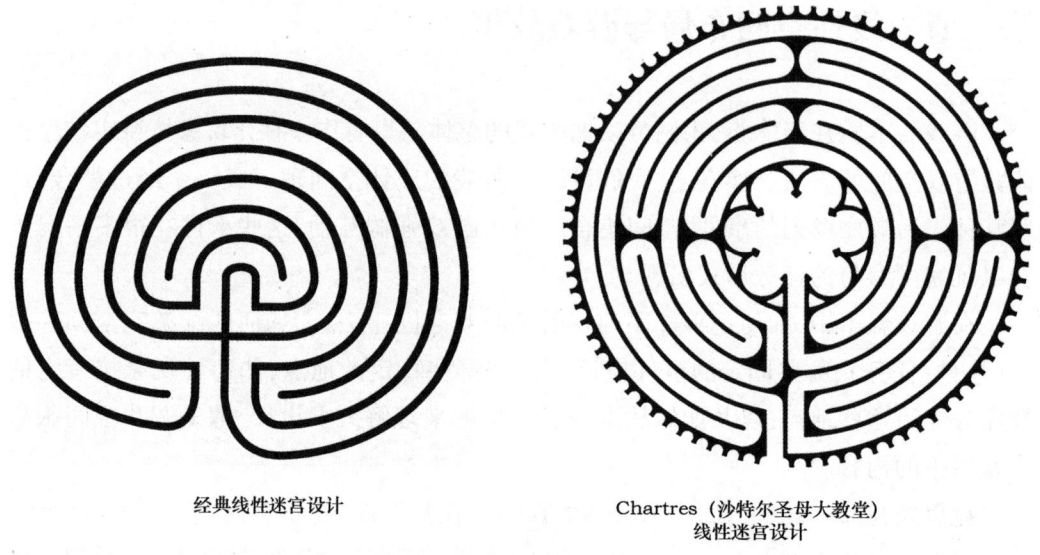

经典线性迷宫设计　　　　　Chartres(沙特尔圣母大教堂)线性迷宫设计

图 6-12　线性迷宫

线性迷宫证明,原本直截了当、平淡无奇的一条路径,经过游戏机制的折返转向,可以提供乐趣倍增的挑战。许多游戏的叙事结构本身就是线性迷宫式的,要求玩家遵循线性事件路径,这种结构对于表达鲜明主题或观点的嵌入式叙事游戏很有效。

二、线性空间适应线性故事

(一) 线性空间与线性叙事

线性关卡的设计是从 A 点到 B 点再到 C 点的单一路径。线性空间中的游戏叙事也是严格线性的,玩家只能按照顺序推进故事流程,在每个关卡或节点处,玩家移动的自由度也会受到一些限制。在线性关卡中,玩家大部分时间都在朝着一个方向移动。玩家基本上沿着一条轴线前进,比如沿平面方向上的 X 轴移动,或者沿玩家替身朝游戏空间纵深方向的 Z 轴移动。这种线性的关卡设计不仅反映了游戏空间的线性布局,还反映了整个游戏故事上的线性叙述结构(见图 6-13)。

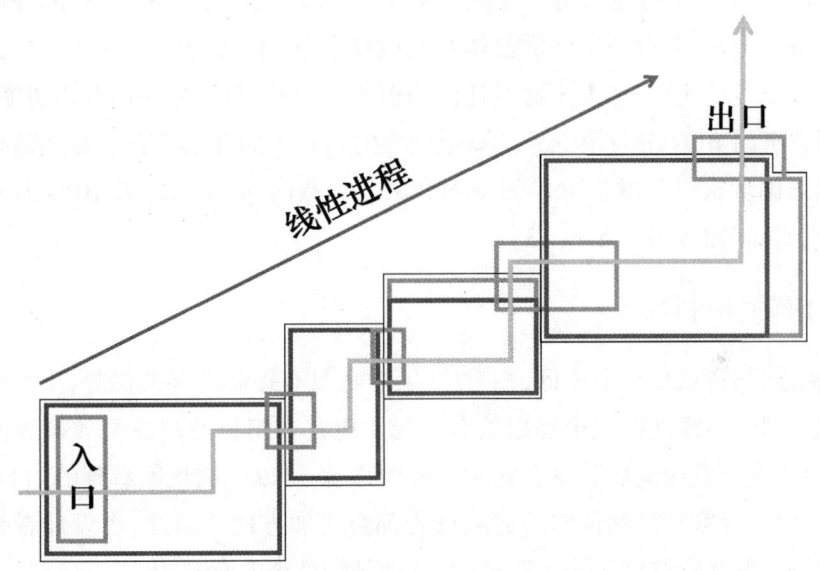

图 6-13　线性结构空间布局下的游戏进程示意图

使用这种线性空间结构的游戏有《神秘海域》系列、《美国末日》(*The Last of Us*)、《小小大星球》(*Little Big Planet*)、*Inside* 等。线性空间的叙事结构如图6-14所示。

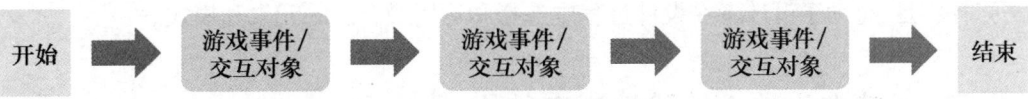

图 6-14　线性结构下的游戏叙事示意图

(二)有关快节奏

线性结构能为游戏的进程和叙事提供强大的动力,实现快速推进,因此主要与快节奏或偏重于叙事的游戏相关,比如动作类游戏侧重于在战斗和叙事中使用线性结构来吸引玩家。线性结构可以推动玩家以不同于其他模式的动量和速度通过关卡,大多数采用这种模式的动作或射击游戏,由于其空间设计(包括剧情叙事线)一直倾向于线性结构,玩家对此有所预期并乐于接受,这使得线性化的设计方案几乎成为这类游戏的一种既定模式。

在线性游戏进程中,玩家的移动路径是固定且受限的,游戏空间几乎不提供探索或者偏离关键路径的机会。游戏系统中虽然可能有可选内容,但主线路径是设定好的,玩家只能按预设的路线前进。比如,游戏《神秘海域 4:盗贼末路》(*Uncharted 4 : A Thief's End*)中的关卡总是只有一个入口和一个出口,尽管关卡的某些部分可能会提供不同的游历选择,但游戏空间的整体布局围绕着强调线性推进的原则进行设计,玩家无法爬上或翻过建筑,也无法通过任何门窗进入内部,只能始终向前推进游戏进程。

强调叙事的 RPG 游戏很少见到完全线性的空间布局,因为 RPG 游戏的核心亮点之一就是强调玩家对于虚拟世界的探索和融入。然而,确实有一些 RPG 游戏相对比较线性,例如知名的《最终幻想 13》。

(三)有关控制性

线性结构的特点是自由度低,相对应的,它也具有控制性强的优势,十分便于设计者把控和管理。在线性游戏中规划关卡节奏要比在多路径游戏或开放世界游戏中容易得多,因为设计者知道玩家只会朝一个方向移动,所以控制玩家看到的内容、添加事件触发点、引导玩家和控制他们的交互行为都会更加方便。因此,当设计者想控制叙事节奏或决定游戏将结束于哪条路径时,线性结构就会非常有用。

线性结构的缺点是玩家可能因为无法自由探索而产生处处受限的感觉。该方面的缺点需要通过良好的关卡节奏设计以及鼓励玩家自己选择通过关卡的方式来获得改善。具体实现方法有很多,比如通过对敌人的相关布置、使用剪辑控制叙事节奏、设计追逐场景或使用定时事件来快速推动玩家前进等。妥善利用线性结构的优势,并使用相应的方法弥补不足,有助于设计者在设计过程中选择和运用最合适的元素和模式。

三、以节点为核心的线性嵌套结构

叙事类游戏通常不会把空间设计成连续性的开放式空间,而更倾向于以节点(房间)和路径为基础进行空间设计。这种倾向一方面可能源自早期游戏的传统布局方式。最初游戏的开发受制于物理硬件的性能限制,游戏场景难以一次性加载太多资源,采用这种设计方式更易于编程和保证游戏在整体技术层面上的可行性。另一方面也可能基于认知考量,这种基于房间/节点的空间布局,更容易控制玩家一次性接收到的环境以及故事的信息量,使其更容易被理解。此外,不断开放新的空间节点,也可以成为推进故事和控制玩家进程的一种重要方式。

有一种线性的空间结构构成方法是在游戏整体线性的基础上,在每个主节点内嵌套一些可以供玩家自由探索的节点内容,在保持整体叙事线性进程的前提下,给玩家一些探索的自由度。这种结构可以形象地被理解为一条"贪吃蛇"(见图6-15)。为了保证整体故事的线性进程,往往会在这些节点之间设置用于隔离的瓶颈点(choke points)。

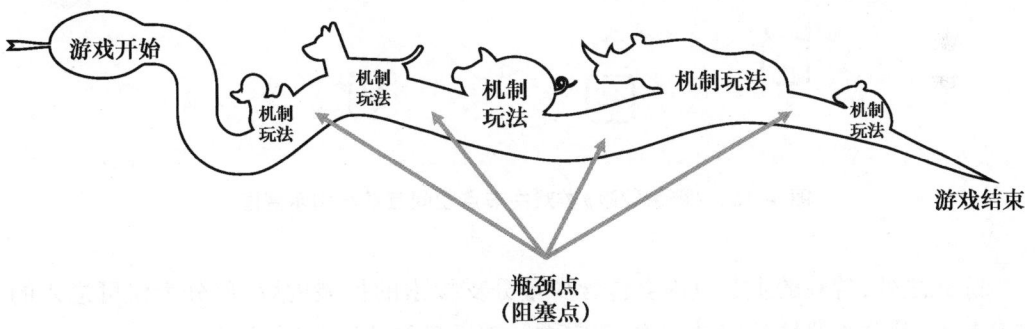

图6-15　以节点为核心的线性嵌套结构("贪吃蛇"模式)

上图中的狭窄部分一般被称为瓶颈点或阻塞点。瓶颈点是"除非读取旧存档,否则玩家无法返回"的点。它可以是游戏关卡的内容,但不一定需要玩家参与。它可以是锁着的门、在玩家角色身后倒塌的桥梁、宫殿守卫、燃料耗尽的船等。

瓶颈点可以成为系统状态的旗标(flag)。一旦游戏引擎提示玩家进入新区域,与该阶段故事内容相关的任何情况、谜题、人物遭遇等都可以切换到新状态。比如,原本只会在关卡上层区域出现的人物现在可以出现在新地点,主角从一个游手好闲的人变成了被指控谋杀的逃犯,新节点的公告都变为要留意他的警告;之前未解决的谜题的性质也可以随之改变。

由于不同的节点状态可以代表游戏状态的改变,所以在设计每个节点时可以配备一个主题,来暗示故事的进展。

在游戏《摄影冒险》(Toem)中,主节点采用线性路径(见图6-16),每个主节点内会散布一些可以让玩家与之自由交互的对象或物品。

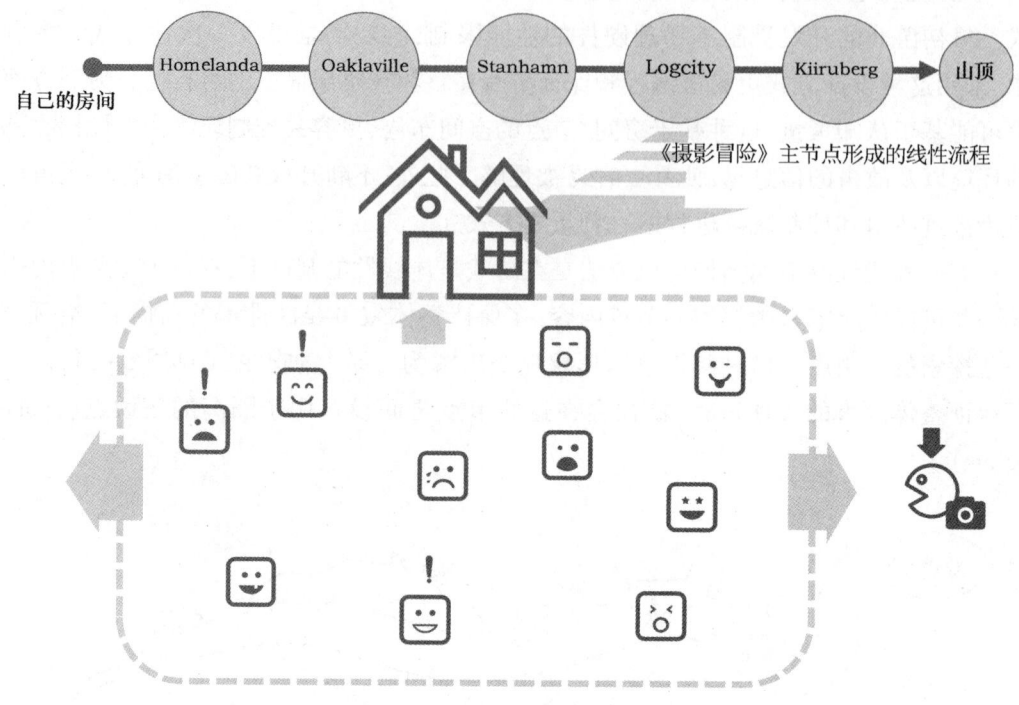

图 6-16 《摄影冒险》游戏主节点空间互动结构示意图

除此之外,游戏的主节点内会包含少量分支探索的扩展内容,部分为仅可进入的交互节点,部分为线性的互动分支,玩家在结束后只能按原路返回。

整个游戏空间使用线性的方式连接主节点,并使用"车票"机制形成阻塞点,游戏中没有提供直接返回先前已探索地图的机制,一旦玩家完成一个地图并前往下一个地图,通常只能继续向前推进整体游戏进程。该游戏使用了线性嵌套的结构,用线性的节点变化来推动故事前进,同时在节点内保留了自由探索的空间。

第三节 分支型空间布局和分支故事

一、分支迷宫作为传统空间游戏

希腊神话中有关于克里特岛迷宫(Labyrinth)与牛头怪的传说。据记载,该迷宫是由建筑师达伊达罗斯(Daedelus)设计建造的,目的是困住克里特国王米诺斯(Minos of Crete)所养的半人半牛怪物弥诺陶洛斯(Minotaur)。由于其复杂的结构,完成建造后,连设计师本人也几乎迷失在了众多的分支路径中,因此英雄忒修斯(Theseus)必须使用线团引路,以完成击杀牛头怪的使命。

克里特岛迷宫就是一个经典的分支型空间。分支型空间的基本特点是,迷宫中会有多条路径可通往胜利终点,或其本身就具有多个胜利终点。分支型迷宫中通常有各种具有隔断功能的墙分割出的交错的通道,其中许多通道最终都指向死胡同。玩家需要在这种精心设计的、环环相扣的通道结构中找到正确的出口(见图6-17)。

图6-17 常见的分支型空间

分支型迷宫和前述的线性迷宫之间没有严格的区隔,只需对线性迷宫进行简单的布局更改,就可以产生一个有多条探索路径的分支型迷宫(见图6-18)。

图6-18 线性迷宫到分支型迷宫的转换

这种分支型空间在现实世界中的典型例子之一是凡尔赛宫的树篱迷宫(见图6-19)。

图 6-19　有着多条分支的凡尔赛宫平面图

独立游戏《瘦长鬼影：八页纸》(Slender: The Eight Pages)采用了类似的布局。在被游戏中的反派抓住之前，玩家必须在迷宫般的黑色森林小径中找到笔记本中的纸页，才能避免最终的厄运（见图 6-20 和图 6-21）。

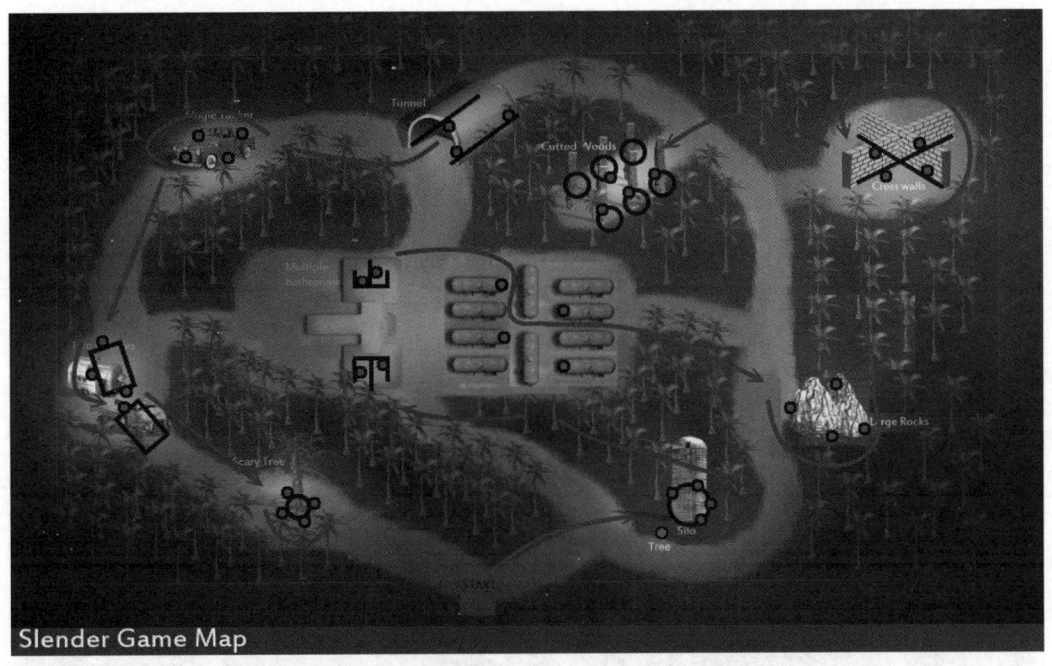

图 6-20 《瘦长鬼影：八页纸》游戏原地图

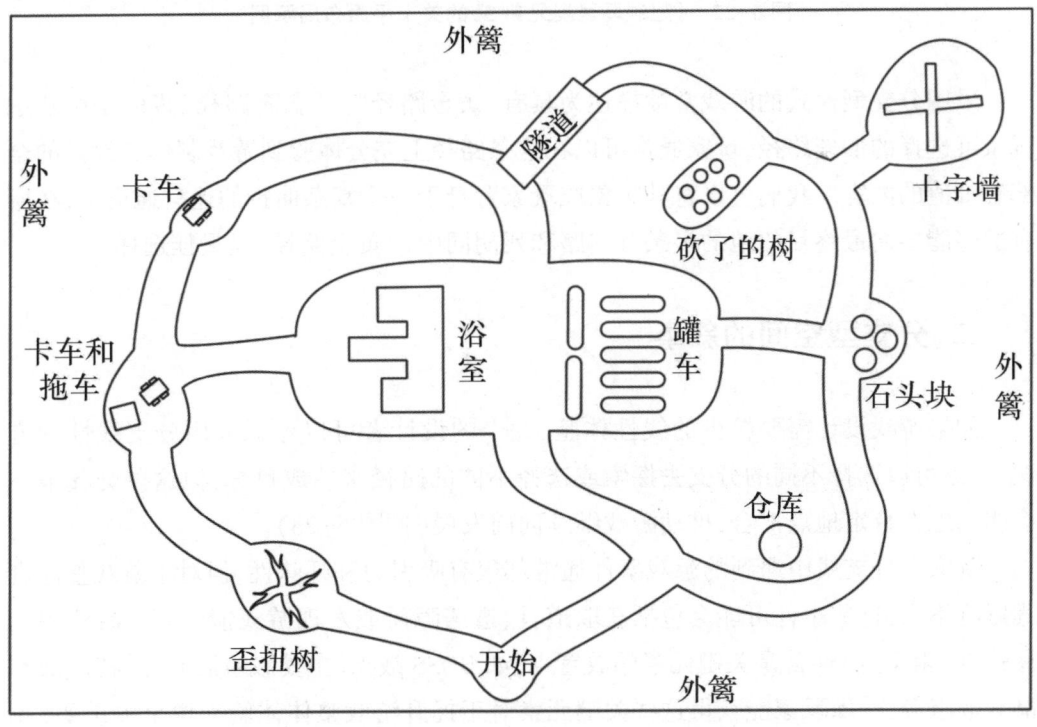

图 6-21 《瘦长鬼影：八页纸》游戏地图分支节点化分析

在这种分支型空间中,最终被玩家发现是死路的分支末端在设计功能上不一定是负面的。许多具有可探索迷宫/地下城玩法的游戏,常在最终死路或迷宫死角处设置宝物或其他可供玩家拾取的奖励,作为鼓励玩家探索的机制之一。

如图 6-22 所示,我们可以在早期的平面卷轴游戏如《超级马里奥兄弟 3》(Super Mario Bros 3)中看到,设计师利用平面关卡的迷宫式布局中的小分支路径来设置资源补充、投放敌人或者加入游戏时间限制等机制,以此来丰富游戏性和可玩性,并通过这些设计元素来增强游戏的戏剧性效果。

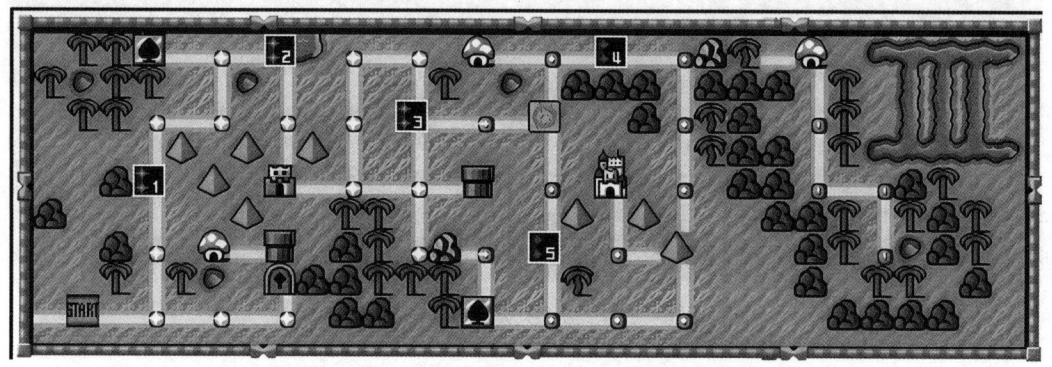

图 6-22 《超级马里奥兄弟 3》的关卡平面布局示例

采用分支型模式的游戏常被描述为具有"黄金路径"。"黄金路径"指的是游戏中玩家可选择的最佳路径,玩家通常可以在这条路径上充分体验到游戏制作者设计的全部有价值的内容。我们可以将其想象成玩家置身于一个复杂曲折的迷宫通道中,在所有这些能导向最终目的地的多条分支路和死胡同中,"黄金路径"是最佳选择。

二、分支型空间的叙事

如果游戏设计需要较少的线性体验,关卡的设计者可以考虑采用分支线性的方法:玩家可以选择不同的分支去探索或选择不同的路径来达成目标,但这些分支最终会明确地在特定地点汇合,推动游戏继续向前发展(见图 6-23)。

玩家在分支线中遇到的游戏事件通常都很有吸引力和趣味性,但对于游戏整体进程影响不大,这些事件可能会包括获取道具、遭遇障碍或发现游戏情节等。游戏中的瓶颈点(阻塞点)通常是关键元素的放置点,如 BOSS 战点、主要叙事展开点、特定战利品获取点等,确保玩家能获得这些关键元素对于提升游戏整体体验来说至关重要(见图 6-24)。

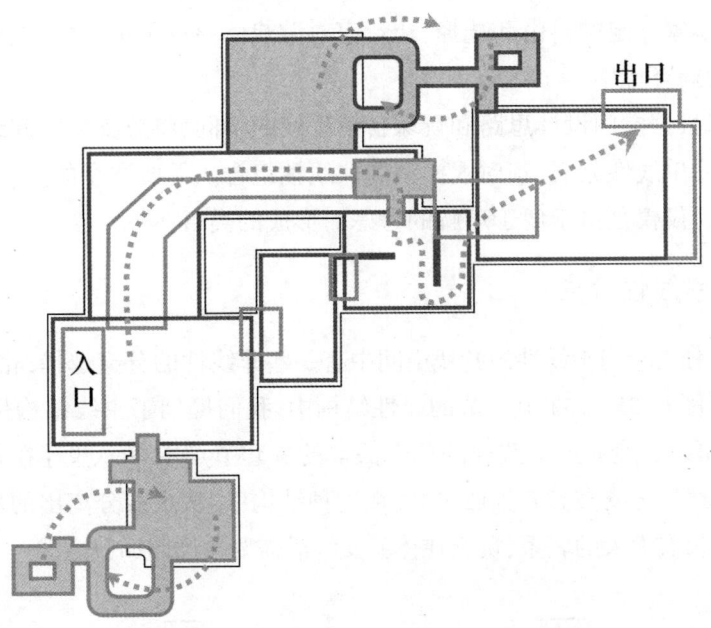

图 6-23　分支型空间布局下的游戏进程

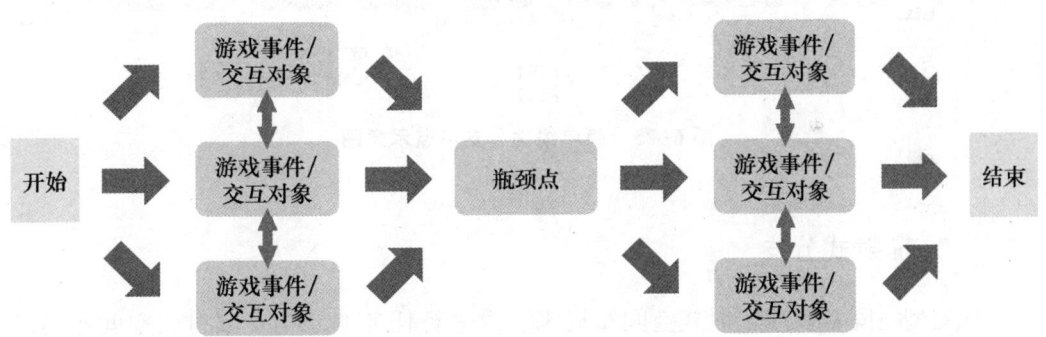

图 6-24　分支型结构下的游戏叙事示意图

分支线的设计可以采用不同的组合形式。在线性关卡中，玩家完成指定目标如清除敌人区域后，也可以进行非线性的选择，如探索环境、接受 NPC 提供的支线任务等。例如，在游戏《古墓丽影：崛起》（*Rise of the Tomb Raider*）中，玩家可以选择直接通关整体关卡，也可以在洞穴中接受收集隐藏宝藏等支线任务以及与 NPC 互动，还可以充分探索每个关卡的区域，如村庄、军事基地或神庙，然后继续主线任务。

在非线性关卡中，玩家既可以遵循关键路径前进，也可以自由探索。设计者可以通过房间或节点的布置引导玩家踏入特定叙事，也可以设置迂回路径让玩家完全绕过与某些特定要素的交互。总之,分支型结构为线性游戏提供了多样性,但又不必完全开放,给予了玩家一定的自由和选择,让玩家对游戏体验有了更多的控制感,可以更深入地沉浸到游戏环境中。

我们可以根据空间设计思路和玩家自由程度的不同,将分支型空间结构粗略地分为三种形式:简单线性分支、辐射式模型和非线性组合。需要注意的是,这并未遵照严格的划分标准,仅仅是出于便于理解的考虑而形成的类目。

(一) 简单线性分支

简单线性分支相当于线性的游戏空间中有一些非线性的分支选择,相当于"线性嵌套"的分支(见图 6-25)。在上一节的线性结构中,我们提到了主线结构呈"节点嵌套"结构的案例《摄影冒险》,这个游戏的单个关卡的嵌套节点中有一些存在非常简短的线性延伸。简单线性分支与其有类似之处,在这种结构中,从主线分离出的简单线性分支空间之间往往没有太大的联系,玩家在体验支线后需要按原路回归主线。

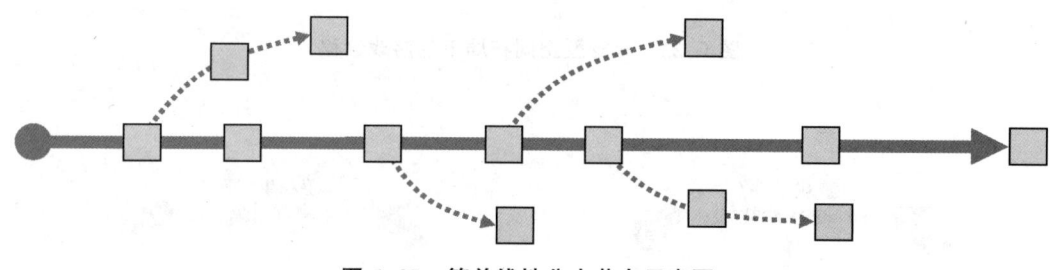

图 6-25　简单线性分支节点示意图

(二) 辐射式分支

分支型空间常使用辐射式空间布局来支撑平行任务的结构。辐射式空间布局以一个中央节点(房间)为辐射的中心区域,玩家可以从这里出发,探索向外延伸的各个子区域。完成子区域任务后,玩家会频繁地返回中心区域(见图 6-26)。

游戏中心节点通常允许玩家以任意顺序尝试选择想要挑战的关卡,如果不成功,他们可以返回中心区域并选择另外一条路径继续探索。这种中心节点可以位于非线性模式的任一部分,即中心区域不一定位于地图的正中央,它更像是玩家在游戏更大的开放世界中用于快速穿梭的基地(辐射式关卡设计的真实游戏地图样例见下一节)。

《古墓丽影:崛起》也使用辐射式空间布局模式,玩家可以使用快速旅行(fast-

图 6-26 游戏中的辐射式空间布局①

travel)机制返回游戏世界中的特定安全区域。在《塔罗斯的法则》(*The Talos Principle*)中,玩家需要解开一系列谜题,最终揭开游戏的谜底。它也使用中心辐射式空间布局进行关卡游历:每个区域的入口都设在中央广场的主要建筑内,玩家要访问每个区域,必须返回中央广场才能进入通往其他解谜支线区域的入口。使用类似的中心辐射式空间(关卡)布局的游戏还有很多,其基本特征都是使用某个空间节点作为交通枢纽,以此连接通往各个游戏区域,玩家需要通过中心节点才能自由出入各个关卡。

(三)非线性组合

分支型空间布局实际上为设计者提供了极大的自由度,组合多种方式形成不同的非线性空间和叙事形式,甚至可以将开放式空间与线性叙事(主线)相结合。分支型空间设计经常采用经典的"锁与钥匙"机制,将线性的或非线性的叙事线以各种方式映射到非线性空间中,我们将在下一部分详细讨论这部分内容。

---

① SALMOND M. Video game level design: how to create video games with emotion, interaction, and engagement[M]. London: Bloomsbury Academic, 2021: 84.

三、重要的流程控制机制——"锁与钥匙"机制

（一）突现型游戏与渐进型游戏

游戏与其他娱乐产品在消费时最大的不同之处在于，它的消费过程是不定的，也因此有了不可控性，这也是游戏在设计发行之前需要反复进行测试的原因。游戏流程中的这种不定性造成了很多问题，其中就包括我们在论述互动与叙事的矛盾中提到的游戏中"自下向上的输入和自上而下的叙事结构两者之间的矛盾"。

突现型（emergence）游戏与渐进型（progression）游戏这两个术语是杰斯珀·尤尔（Jesper Juul）首次提出的一种游戏分类方法。突现型游戏指的是那些规则相对简单但变化多样的游戏。这类游戏过程中所发生的事件和挑战不是预先安排好的，而是游戏在推进的过程中按一定机制显现出来的。突现的现象是各种游戏规则的可能组合的产物。

渐进型游戏则与之相反，在渐进型游戏中，设计师拥有对游戏中所有的任务和事件的控制权。游戏按照设计者预定的顺序和轨迹进行，玩家依次面对各种挑战和任务，最终成功或失败。尤尔认为，有攻略流程的游戏都属于渐进型游戏。这种游戏结构的典型代表是20世纪70年代诞生的《龙与地下城》等文字冒险游戏。

在渐进型游戏中，设计师可以利用渐进式关卡机制来指定玩家的初始资源、依次遇到的游戏元素、过关必须完成的任务等。渐进式机制可以通过关键道具的摆放位置（如游戏通路中的"锁"与"钥匙"的布局）来决定玩家在某处获得的能力，从而控制玩家在游戏流程中的进度。

渐进型游戏状态数量少，游戏元素完全由设计者控制，整体体验较易设计和把握。设计者可以规划玩家在游戏过程中面对挑战和获得技能的顺序，并可在逐步提升难度的同时，将其与故事情节有机结合。因此，渐进型游戏在叙事方面有较大的优势，一些较重视叙事感或故事体验的游戏倾向于选择这种模式。

在渐进型游戏中，玩家下一步要前往什么地方是由故事情节决定的，但在情节冲突时，玩家所面临的障碍则由游戏机制决定，玩家可以运用丰富的战术和策略解决这些机制性冲突。当玩家探索地图、学习技能时，渐进型游戏中的关卡事件、找到的线索、特定位置触发的剧情动画等故事元素会逐步出现并相互作用、产生联系，使玩家在游戏进程中感受到故事的推进。

(二)"锁与钥匙"机制

1."锁与钥匙"

"锁与钥匙"是渐进型游戏中最常见的机制设计之一。它指的是在类似线性故事的游戏流程中,通过利用游戏关卡中关键道具的摆放位置,实现控制玩家进度、提供流畅体验的机制设计方法。在游戏关卡中,"锁与钥匙"的机制有时会以真正的锁和钥匙的形态出现,但任何用于控制通往关卡某一部分通道的机制设计,都可以被称为"锁与钥匙"机制。这种机制设计可以有效地引导玩家按照情节需要的顺序探索游戏世界。

以空间为基础的叙事游戏一方面需要按照讲故事所需的顺序来开放空间,让玩家按特定的序列来获取叙事信息;另一方面,因为游戏的互动原则,游戏需要为玩家安排可以参与的事件,将故事内容尽可能合理地转化为玩家的任务和行动。所以,游戏一般使用空间的关闭与目标引导(设置"锁")、任务的完成("钥匙")、问题的解决与空间的开放("钥匙"作用于"锁")等地点与任务相结合的方法,通过空间布局,将玩家的行为串联成一系列事件。问题解决之后("钥匙"作用于"锁"),这种游戏通常会安排一段纯叙事的情节内容,让故事中重要的情节点按事先安排好的先后顺序发生。

2.利用"锁与钥匙"机制布局空间与事件序列

"锁与钥匙"机制虽然是一种常见的控制任务进程的方法,但其本身并不能保证玩家每次都能先遇到锁、后发现钥匙。这种机制允许设计者在空间布局中把锁出现的地点提前或推后,但在大部分情况下,锁出现的地点被设置在钥匙出现之前会比较有意义,也就是说,让玩家先发现锁要比让他们先发现钥匙好。原因主要有以下三个方面:

(1)没有"锁"意味着游戏中没有设置玩家通关所需要的道具或其他要求的目标,如果玩家发现游戏中使用了"锁与钥匙"机制,而前期又没有关于"锁"的提示,那么当游戏机制对收集没有限制时,玩家会养成收集前期流程中所有可见物品的习惯,这对于"锁"的机制来说其实是一种简单化,并且会把"开锁"体验降级为"一个一个试道具"的重复过程。而如果游戏机制本身对背包资源有限制,那么因为玩家此时还无法分辨哪些"钥匙"可能在后期有用,就会在丢弃物品时因为不知道要丢弃哪些而出现选择困难的情况。

(2)如果"锁"(问题、障碍)与"钥匙"(解决方案)的外观表现出的不是普通的锁与钥匙的外形,那么玩家在先见到"锁"(问题、障碍)的情况之下,更容易分辨出"钥匙"(解决方案)或者能猜到它的用途,并且能产生主动返回"锁"处的意识。这种设计增加了玩家在解决问题时的主动性,比起机械地完成游戏中的一连串任务,更能让玩家产生代入感。

(3)"锁"先于"钥匙"的顺序代表玩家最终找到了克服之前无法解决的障碍的方法,这本身就会让玩家产生成就感。

3.实现机制与任务/事件的结合与映射

"锁"与"钥匙"实现的效果,取决于设计者对于空间流程的布局。从叙事层面来说,除了我们之前介绍过的将线性的叙事线(事件/任务)映射到线性空间之外,还有很多种将线性或非线性的叙事线(事件/任务)映射到非线性空间的方法。它们两者的结合,需要设计者在具体实践中根据所使用的空间机制和叙事目标进行精心策划。

相关阅读:

《游戏机制:高级游戏设计技术》①一书论述了使用该机制把"事件/任务"与空间布局流程相结合的方法,以及在其中可能会出现的不合理情况(见二维码6-1)。

二维码6-1

(三)将事件/任务序列映射到分支型空间的案例

1.使用"锁与钥匙"机制控制事件/任务流程的案例分析

《塞尔达传说:黄昏公主》(*The Legend Of Zelda: Twilight Princess*)中的"森之神殿"关卡极好地展示了如何用地图和机制来控制游戏事件流程。在该关卡中,玩家需要控制主角林克探索被邪恶生物占据的古老森林神殿,并解救被困在那里的8只猴子。玩家在完成任务的过程中需要击败小头目猴王以获取重要道具回旋镖,并最终击败关底BOSS寄生食人花巴巴兰特。在关卡中,有些任务的完成顺序是不重要的,例如林克可以先救任意一只猴子,还有一些任务是可选的,完成它们可以获得额外奖励。

---

① 亚当斯,多尔芒.游戏机制:高级游戏设计技术[M].石曦,译.北京:人民邮电出版社,2014:233-237.该书在第11章中详细介绍了"锁与钥匙机制"。本部分内容见"11.1.1 将主任务映射到游戏空间中"。

该关卡的整体地图在空间上使用辐射式布局方法,如图6-29右侧所示。辐射式空间布局可以很好地匹配平行任务结构,中心区是设置存档和副本入口较好的位置,可以最大限度减少玩家重复路过同一区域的情况。

2.瓶颈任务

在论述线性空间的叙事模式时,我们提到过关于瓶颈点(阻塞点)的概念。它指在线性或分支型空间中,一旦玩家无法完成某任务就无法通过的关键点。这种瓶颈点更类似于关卡机制中"锁"的设定。瓶颈点处往往有玩家必须完成的关键任务,会影响游戏的推进。

从叙事模式的角度看,为了给予玩家完成感以及给故事本身带来完结感,游戏流程的最后阶段往往会将所有任务事件进行瓶颈式的收缩汇集,这也被称为瓶颈任务。以章节为单元归纳剧情的游戏,常常会在章与章之间设置瓶颈任务,使玩家获得阶段性的完成感,然后再进入新章节,如《猴岛小英雄》(见图6-27)。这种设计的优点是可以节省资源调取的认知负荷,让玩家在章节结束时暂存已经获得的信息,将其置于一旁,相当于收入库存。如果章节之间联系不紧密,甚至可以"剔除"这一部分的库存内容。

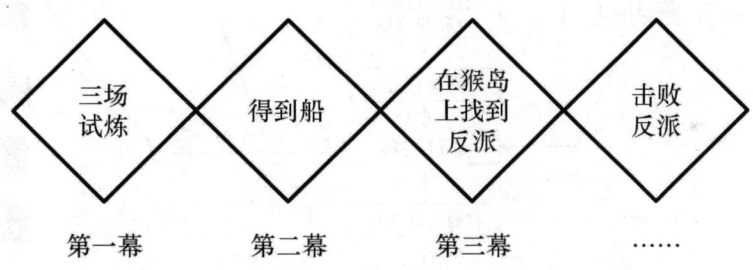

图6-27 《猴岛小英雄》中章节结尾处任务收束示意图

在《塞尔达传说:黄昏公主》"森之神殿"关卡中,体现"锁与钥匙"机制的重要道具回旋镖将总体任务进行了切割,整体关卡任务被分成前后两个包含多个平行小任务的部分。"获得疾风回旋镖"这个任务,就是一个典型的瓶颈任务。它使任务链在此收束成一个节点,成为连接前后半段的关键瓶颈(见图6-28)。

游戏互动叙事

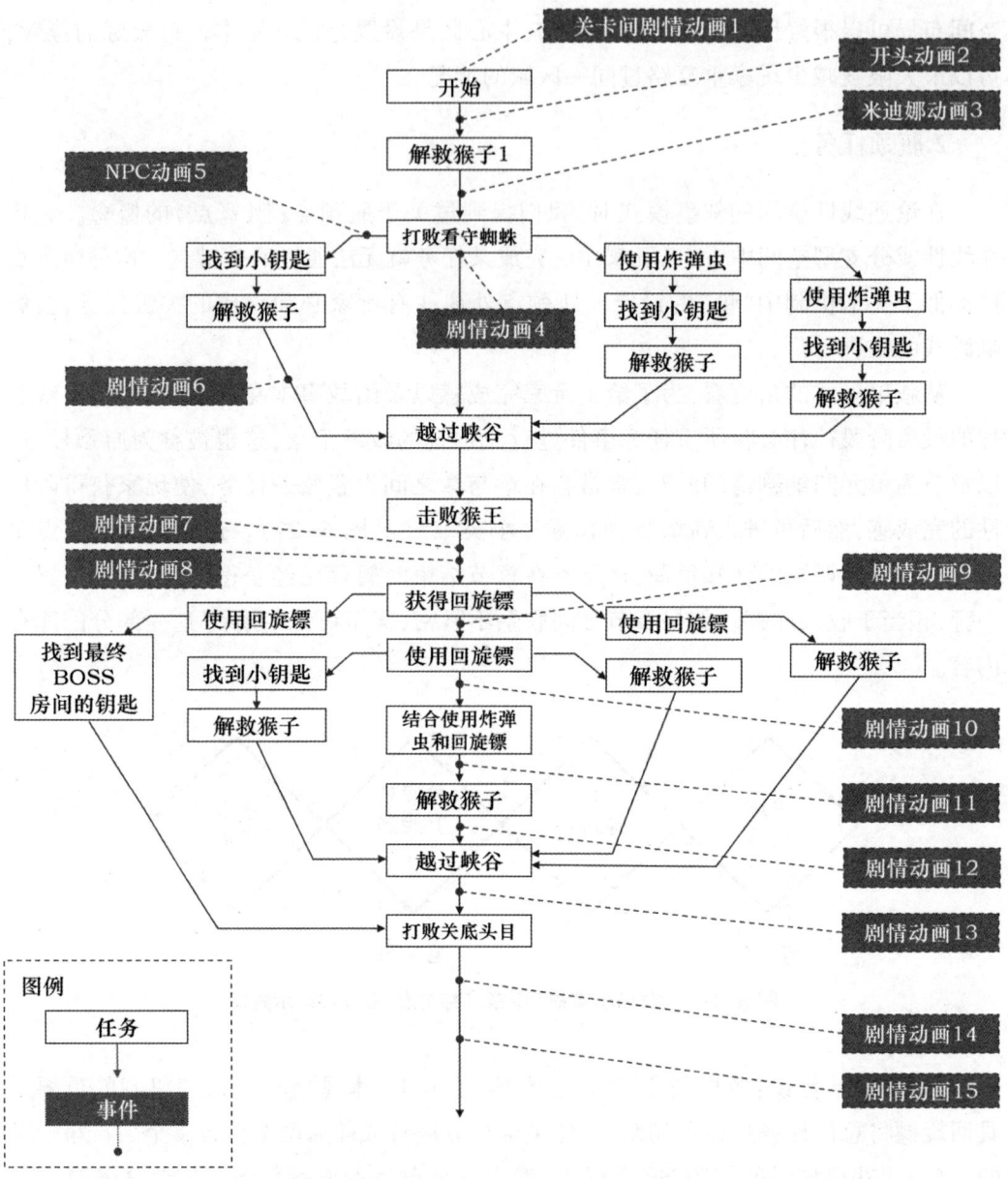

图 6-28 "森之神殿"关卡的整体任务/事件设计

图 6-28 中"事件"一览,关卡通常在任务前后使用剧情动画把任务事件化:

(1)关卡间剧情动画 1:两个关卡之间,时之勇者("时间之笛"里的林克)与主角的交接与教导。

(2)开头动画 2:展示森之神殿入口。

(3)米迪娜动画 3:剧情引导。

　　米迪娜:搞什么啊,那不就是偷走提灯的猴子吗?看,好像在冲你招手吧。

(4)剧情动画 4:被解救出的猴子 1 走上峡谷吊桥,准备穿越峡谷。猴王用回旋镖切断了峡谷的吊桥,并羞辱林克。猴子 1 从断的吊桥处艰难地爬上来。

　　米迪娜:它们这是怎么了?起内讧吗?

　　　　(猴子 1)看上去想给我们带路,跟着它走吧。

(5)NPC 动画 5:解救 NPC,得到瞬间传送技能。

　　(人面鹅)大婶:多亏小哥你啦。

(6)剧情动画 6:猴子情侣相会。

(7)剧情动画 7:打败使用回旋标的猴王后发现,原来猴王被虫子寄生了。猴王被打败后,寄生的虫子掉了下来,猴王清醒了过来,逃走了。

(8)剧情动画 8:寄宿在回旋镖上的风之精灵,被从邪恶的力量中解放了出来。

　　风之精灵:不嫌弃的话,请使用我的力量。

(9)剧情动画 9

　　米迪娜:这下猴子该满意了吧,那我们就继续寻宝咯。

(10)剧情动画 10:使用回旋镖开启前面地图之前无法到达的地方。得到指南针,可以看到地图中的隐藏物品。

　　米迪娜:可以得知小猴子们被关押的地点了。

(11)剧情动画 11:第 6 只猴子归位。

　　米迪娜:要看到神殿全貌,还是要借助小猴子的力量,把剩下的都解救出来吧。

(12)剧情动画 12:猴子们捞月式的组成绳索,示意林克行动。

(13)剧情动画 13:最终 BOSS 食人花巴巴兰特从毒液池中升起,改过自新的猴王过来帮忙(掩护和帮倒忙)。

(14)剧情动画 14:食人花最终凝固化为飞灰,掉落心之器。米迪娜告诉林克这是影之结晶石,有"黑之力",并给出了传送阵。

(15)关卡动画 15:召唤声响起,出现两个关卡之间的叙事段落,并提醒林克下个区域会兽化。

从整体事件流程来看,《塞尔达传说:黄昏公主》"森之神殿"关卡以越过峡谷作为前半部分任务的锁。玩家在这里能看到峡谷另一端的小 BOSS 猴王(图 6-29 地图中"打败小 BOSS"处),以及峡谷上的桥断裂(前述事件 4,产生"锁"),此时出现游戏的叙事段落,主角林克的伙伴黄昏公主米迪娜提出疑问:"它们(指猴群)之间出了内讧吗?"这制造了一些悬念。于是游戏相关任务出现:解救 4 只猴子并进行抛跳跨越峡谷(获得"钥匙"),以顺利抵达猴王处。从任务链上能看出,"跨越峡谷击败猴王"是将整个关卡分成两部分的关键瓶颈任务。

从空间布局来看,关卡前半部分以中央房间节点处击败大型蜘蛛的地方为起点,将其作为辐射中心提供给玩家三条可供选择的前进路线,其中右边路径可再延伸出另外三条分支路线,这三条路径通往需要救出的猴子所在地及小 BOSS 所在地。而通往小 BOSS 所在地的通道只有靠关卡前半段救出的四只猴子帮忙才能打开。

在玩家打败猴王头目得到疾风回旋镖之后,之前无法进入的一些地点就可以到达了。当玩家继续游戏关卡时,可以看到后半部分的空间结构同样是辐射式空间布局。后半段所有的"锁与钥匙"结构几乎是前半段的重复,为了打败关底头目最终的 BOSS,林克需要拯救 8 只猴子来荡绳前行。

完成关键的瓶颈任务之后,游戏有时会设置一些相对缓和的叙事段落,让玩家在经历激烈打斗之后稍微放松一下。总体来说,游戏通过辐射式空间布局形成平行的任务事件,最终构成了非线性的叙事进程,"锁与钥匙"机制在其中起到了重要的连接、控制和推动作用。如图 6-29 所示,游戏该部分整体空间布局的设计和事件/任务的设置形成了非常明显的映射关系。

(四)实践工具:任务依赖图

我们之前提到过,游戏叙事可以通过一连串的障碍目标组织起来。在游戏中,很多互动类事件都被设计为游戏预定的一个任务。尤其是在解谜游戏的叙事信息获取中,玩家往往需要完成游戏中的序列任务,才能理清故事发生的因果关系。

如果一个游戏中的任务之间存在很强的前后关联条件,就可以使用"锁与钥匙"机制将这些条件转化为空间性结构,通过若干个小任务,将它们的关联性体现出来。

在《塞尔达传说:黄昏公主》"森之神殿"关卡中,游戏有一系列的"为了……,玩家要……"类型的任务提示,如要达成过关目标,林克必须讨伐关底头目;为了前往关底头目所在地,林克必须找到钥匙并救出 4 只猴子;为了救出猴子,林克需要拿到疾风回旋镖;为了得到回旋镖,林克必须击败猴王头目。而关卡系列任务中的"疾风回旋镖"就是典型的体现"锁与钥匙"机制的重要道具,它既是武器也是多种场合中开锁的

第六章 数字游戏的空间叙事

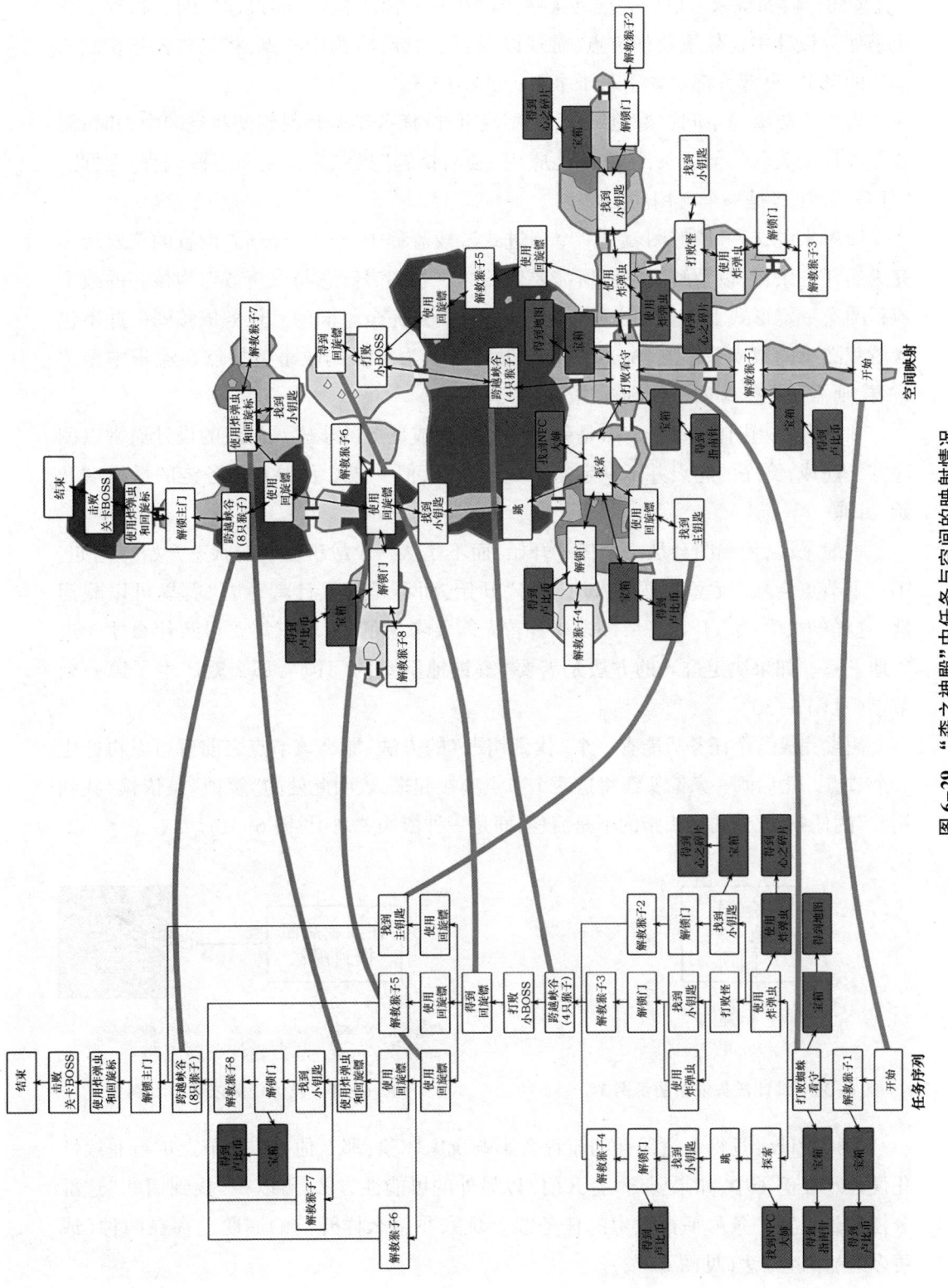

图6-29 "森之神殿"中任务与空间的映射情况

225

"钥匙"道具,如玩家可以用它推动某些控制吊桥的风力机关、取得远处的食物等。它也是任务设计中比较重要的节点,游戏以"得到回旋镖"为中心点,将总体任务切割成前后两部分,每部分都包含了若干个平行的小任务。

为了让故事与空间更好地结合,把游戏事件/任务结构映射到游戏空间中去时,需要弄清任务关联的前后条件,准确地应用"锁与钥匙"机制来控制和把握流程。对此,"任务依赖图"是一个有用的工具。

简单来说,任务依赖图就是一个渐进式游戏流程中所有已经预先设置的需要玩家完成的任务条目,以及解决它们所需要依照的步骤列表。它与以情节点为核心的故事流程图有一定形式上的相似之处,但其核心目的是完全不同的。任务依赖图中并不包含游戏故事的叙事节拍点(beats),如果设计者认为游戏的故事节拍点在流程中至关重要,则需要在依赖图中特别标注。

在任务依赖图中,每个节点是一个任务或完成任务的步骤。游戏的设计通常以倒序方式完成,倒序的起点并不一定是游戏的终点,但一般要从游戏任务链的最终端开始设计。

一般来说,依赖图会从一个任务开始,而不是从一个故事已有的状态开始。比如,第一个节点会从"玩家需要进入地下室"开始,而不是从设计者琢磨"哪里可以藏钥匙"这样的故事状态开始。所以设计者首先需要考虑的是,玩家需要得到什么才能进入地下室。如果决定进入的方法是需要"解锁地下室的门锁",那么就产生了第一个节点(见图6-30)。

假设完成这个任务只能有一个"找到钥匙"的方法,那么该节点之前就可以再产生一个节点。之后画一条箭头线将这两个节点连接起来,表明此处的"解锁"是依赖"找到钥匙"的任务,此处的箭头指的不是流程,而是一种依赖关系(见图6-31)。

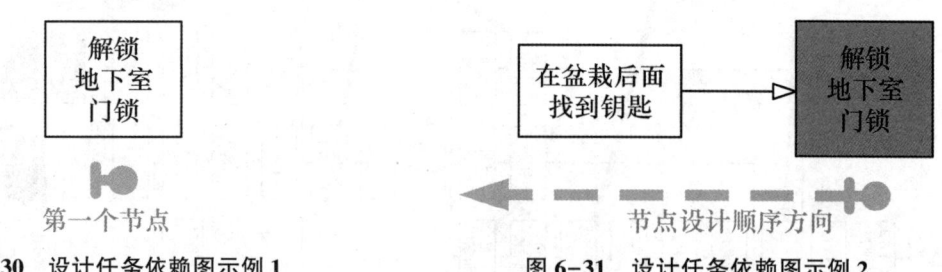

图6-30 设计任务依赖图示例1　　　图6-31 设计任务依赖图示例2

如果设计者觉得太过线性的流程会影响玩家体验,那么他可以对节点进行非线性化设计。在例子中,如果要给"打开门"以另外的可能性方法,可以在"找到钥匙"这部分任务处设置一条可平行发生的任务线。玩家在怎么样开门的谜题上存在两种(或更多的)解谜方法(见图6-32)。

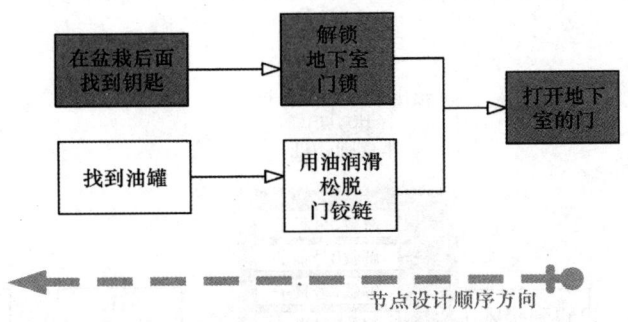

图 6-32　设计任务依赖图示例 3

任务依赖图是一种可以迅速直观表现整体流程的方法，使游戏流程中不理想的地方一目了然。理清任务依赖图有助于解决流程设计中太直接、过于死板或者没有给玩家留下太多选择的地方（见图 6-33）。

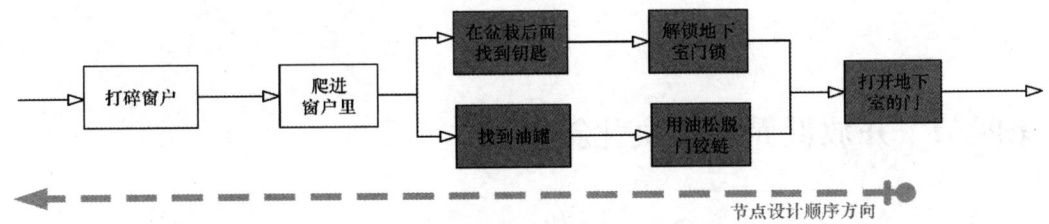

图 6-33　设计任务依赖图示例 4

总览最终完成的依赖图时，我们可以看到扩张与收缩的任务线。游戏从一个简单的选择开始，到了解决任务部分的选项会扩张，提供越来越多的选项供玩家选择，也因此促使越来越多的事件发生。玩家可以选择平行地来完成这些事件，直到剧情重新收缩。解决一个任务可以打开两到三个新的任务链，然后回到一个单一的解决方案（虽然任务链在平行任务中可能并不一定是以相同的速率收缩），之后流程可能会继续展开，形成更多的非线性任务链（见图 6-34）。

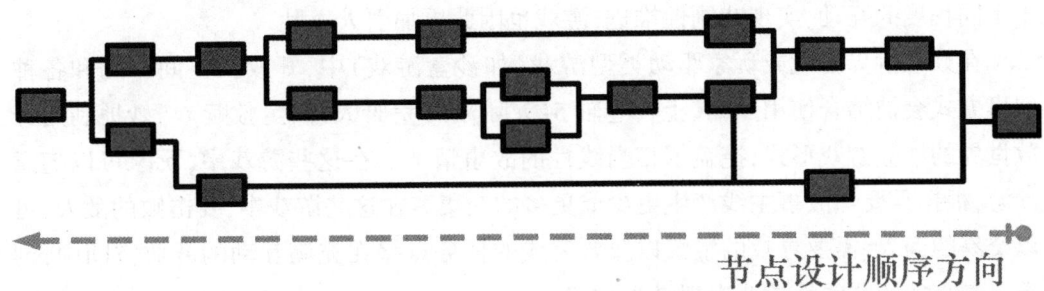

图 6-34　设计任务依赖图示例 5

关卡后半部分瓶颈任务之后的任务依赖图如图 6-35 所示。

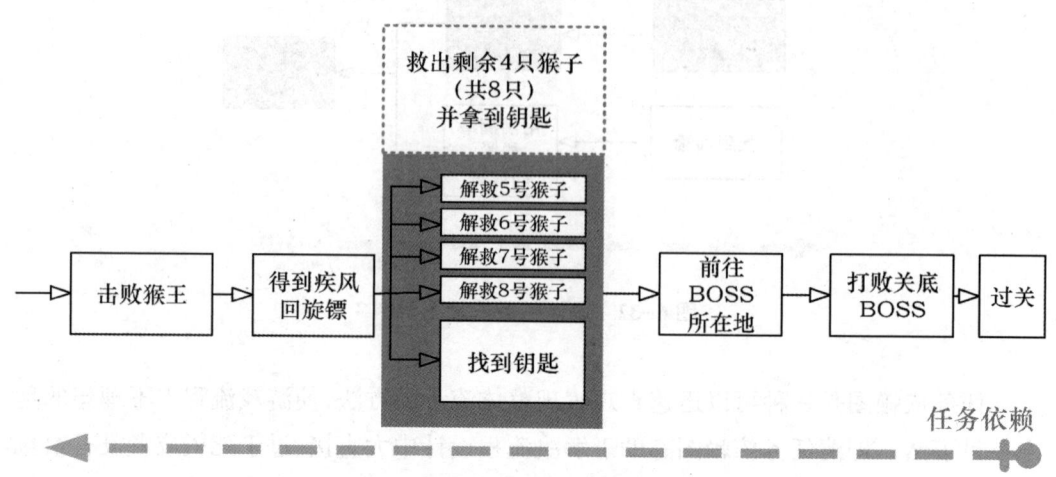

图 6-35 梳理出来的任务依赖示意图

第四节 开放世界与模块化叙事

一、开放世界空间

游戏叙事是玩家行动和体验的总和，这是游戏的特别之处，也是开放世界叙事能成立的原因——它不依赖过多的线性体验。在开放世界游戏中，玩家的探索就是体验游戏故事的方式。

开放世界不受限于传统的故事概念，它重在为玩家创造合适的环境和工具，将目标转化为特定的关卡设计。玩家在开放世界游戏中遵循游戏的规则和技巧，形成关卡中不同程度的互动，实现戏剧性推进，游戏也因此更加引人入胜。

在开放世界游戏或玩家驱动类型游戏（如沙盒游戏）中，开放式空间布局和各种叙事方式会被结合使用。如《上古卷轴5：天际》和《荒野大镖客：救赎》巧妙地利用开放世界的沙盒游戏形式，掩盖了相当线性的故事情节。在这些游戏中，玩家可以随意漫游，根据需要与故事主线产生更少或更多的交集。在这些游戏中，要击败的敌人、可以交易的商人、需要寻找的宝藏以及要完成的任务点缀在充满互动的开放空间中，创造了最真实的非线性游戏虚拟世界空间。

《塞尔达传说：王国之泪》(The Legend of Zelda: Tears of the Kingdom) 是一款大型

开放世界游戏,它的沙盒程度比起前作更高。它适用于传统的 RPG 任务完成式玩法,同时也支持玩家各种实验性玩法。游戏中的物理效果和机制为玩家提供了解决问题的多种方法,这种自发的游戏玩法丰富了玩家的体验。

由于其开放性和自由度,开放世界游戏在测试和管理上都面临着更大的挑战。玩家可能会发现在测试中未被察觉的漏洞,并利用它们穿越到本不应该被看到的区域。然而,正是开放世界给玩家提供的自由度和游戏性的融合,使得玩家能够获得更深入的体验,这也是开放世界游戏层出不穷的原因之一。

二、开放世界中空间的连接方式——Rhizome 结构

Rhizome(块茎)本来是一个植物学术语,指的是由植物的地下根茎所形成的根系网络。该词进入哲学著作①之后,变为描述没有单一特别的准入和退出点的信息数据结构的哲学概念。这个术语也被用于描述类互联网结构。在互联网上,用户可以从任何网站跳转到其他任意网站(见图 6-36)。

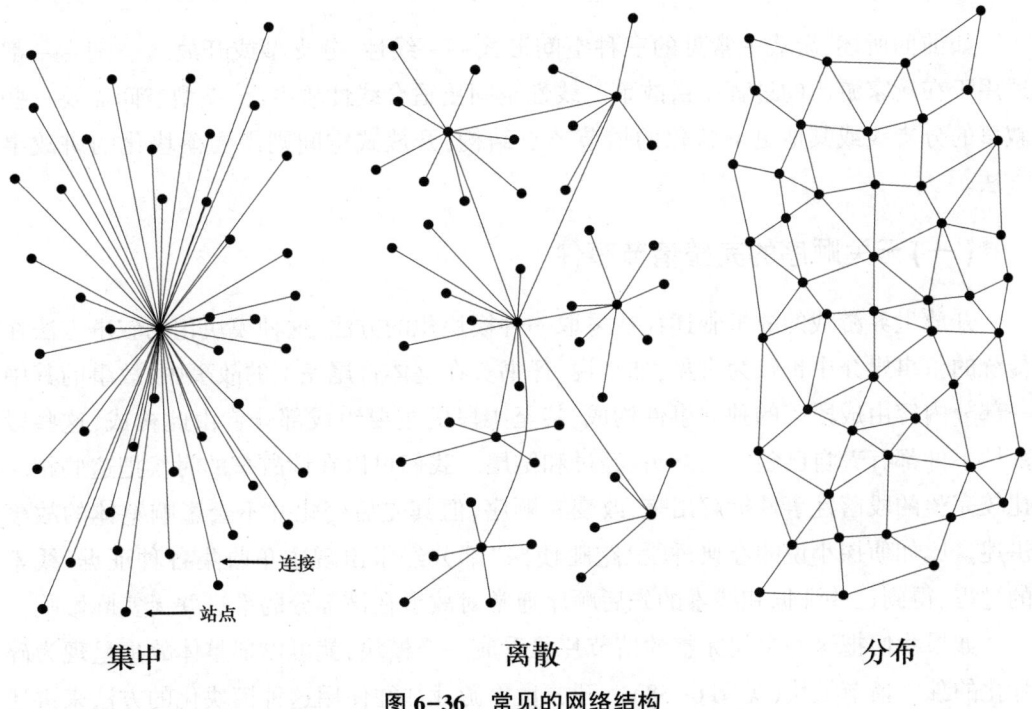

图 6-36 常见的网络结构

Rhizome 结构中的每个点都可以同时连接到其他的所有点,在空间中可以用来描

---

① 见哲学家吉尔·德勒兹(Gilles Deleuze)和费利克斯·加塔利(Felix Guattari)的著作 *Capitalism and Schizophrenia*(《资本主义与精神分裂》)。

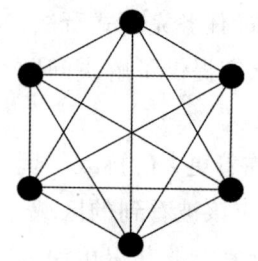

图6-37 在 Rhizome 空间图形上的所有顶点都连接到该图形中所有其他顶点

述一个可以立刻到达任意地点的地方（见图6-37）。

在现实世界中，全球航空网络在某种程度上可以被看作这种空间结构的具象化。在游戏中，有各种各样实现即时交通的机制设计，以此来达成快速的场景跳转或地图传送。

在《塞尔达传说：旷野之息》(The Legend of Zelda: Breath of the Wild)中，达成这一功能的是神庙建筑。在《精灵宝可梦》(Pokémon)中，玩家可以获得一种鸟类的口袋妖怪，该口袋妖怪能够将玩家运送到他们已经到达过的任何一个地方，于是玩家通过这个机制得到了在游戏里快速游历的能力。

很多开放世界游戏使用类似的功能或机制，来帮助玩家管理和游历庞大的游戏场景。有些大型的虚拟世界游戏甚至允许玩家通过输入精确的坐标值，直接到达他们想要去的任意地方。

三、开放世界中的模块化叙事

如前面所述，游戏中常见的三种空间形式——线性、分支型或开放式空间——都适用于在玩家游历的过程中讲故事。线性空间更适合线性故事，分支型空间需要一些叙事的分支线或其他更网状化的情节节点结构，开放式空间则需要模块化的讲故事方法。

（一）无关顺序的完整情节事件

开放世界游戏的故事叙述往往采取一种模块化的方法，这种模块化的叙事方法在传统的叙事媒介中也较为常见，如小说、评书。在整体首尾完整的故事中，故事的其中一部分内容由成段落的独立事件构成，甚至中段的主要组成部分皆由此构成，这些段落性事件都有着自己独立的开头、经过和结尾。我们可以在读故事的时候把这些相对比较完整的段落性事件拆解出来，改变其顺序，但其先后变化并不会影响整体的故事讲述。比如侦探小说的经典桥段"跑腿侦探"部分经常出现主角收集各种证据、线索的过程，得到这些证据和线索的先后顺序通常对故事在该部分的推进并无实际影响。

如果我们把这些中间完整的情节片段看成一个模块，就可以把整体故事呈现为碎片化的独立情节模块（见图6-38）。开放世界游戏往往使用这种模块化的方法来讲述故事。

以西班牙作家塞万提斯的《堂吉诃德》为例，它属于当时西班牙流行的周游小说

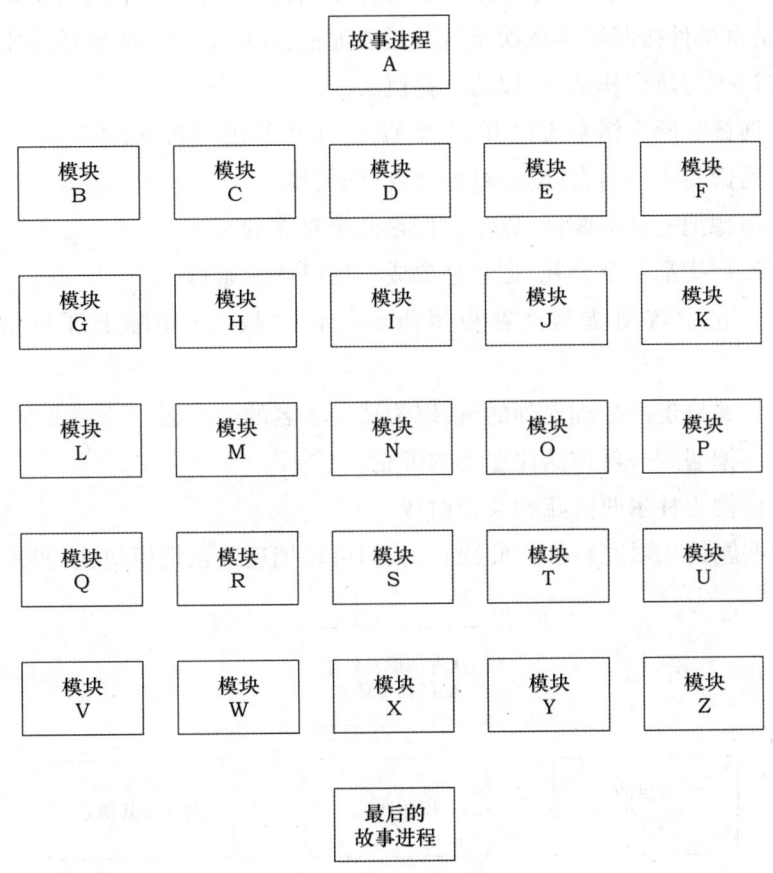

图 6-38　模块化叙事的模型①

（流浪汉小说）。这类小说往往有一系列结构松散的情节，整体剧情由一个中心人物串联起来。

《堂吉诃德》的主角堂吉诃德是一个有点迷糊的乡村贵族，他沉迷于骑士小说，认为自己也是一个英勇的骑士，梦想着闯荡江湖以证明骑士精神没有消亡。

故事的一开始，堂吉诃德宣布了他的伟大愿景，并召集他的伙伴（桑丘和女仆杜尔西内娅）一起出发，这部分的情节相当线性，比较像"英雄之旅"中试炼与旅程的早期阶段，或者玩家在单人角色扮演游戏前期收集伙伴的过程。但在该情节点之后，小说出现了新的特征。主角在浪迹天涯的过程中经历了几次冒险，这几次冒险的情节段落在情感强度和重要程度上都基本均等，每段都可以被看作一个独立的模块和剧情片段。这些段落相对独立而完整，又同时互相连接，成为整体主线剧情的组成部分。

---

① SHELDON L. Character development and storytelling for games[M]. Boca Raton：CRC Press，2022：280.

《堂吉诃德》中每段情节之间的联结没有使用像《奥德赛》中的"闪回"式的技巧性手法,只是将事件按照顺序依次呈现在读者面前,这些完整的故事段落排列如下:

- 堂吉诃德与风车作战,误以为其是巨人。
- 堂吉诃德从两个缉拿者(实际上是修士)手中救出一名"公主"。
- 堂吉诃德卷入一名女仆和她情人会面的情境。
- 堂吉诃德把一群羊驱散,以为它们是两个对立的军队。
- 堂吉诃德扰乱一个葬礼,把它想象成一场怪物的游行。
- 桑丘阻止堂吉诃德与他在夜里听到的怪物战斗(实际上那只是风车的咆哮声)。
- 堂吉诃德抢走一个理发师的碗,以为那是著名的金头盔。
- 堂吉诃德遇到一群被送往船上的囚犯。
- 堂吉诃德为杜尔西内娅的荣誉而战。

因为这些剧情相对完整和彼此独立,我们可以把这些剧情模块化(见图6-39)。

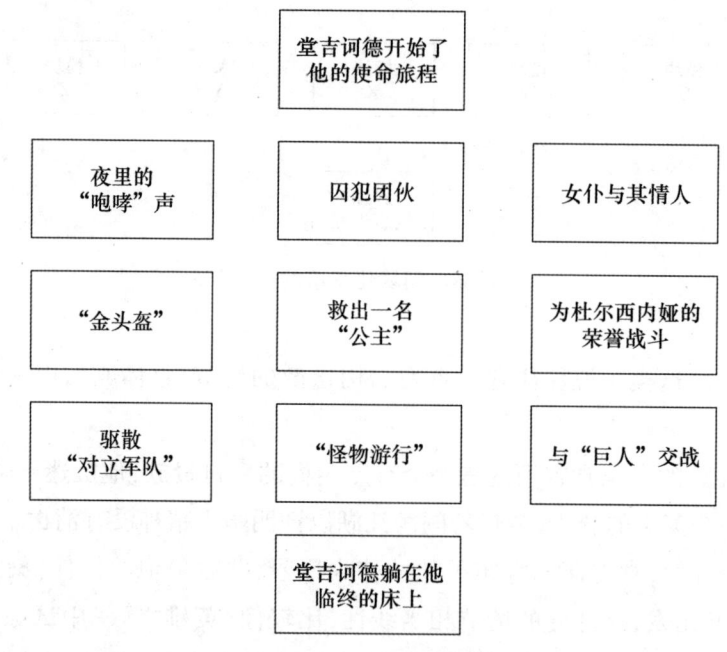

图 6-39 《堂吉诃德》叙事的模块化①

---

① SHELDON L. Character development and storytelling for games[M]. Boca Raton: CRC Press, 2022: 251.

如果我们用模块化的方法来呈现《堂吉诃德》中的故事事件,可以看到即使故事事件不是按照原来小说的线性顺序,但堂吉诃德浪迹江湖的故事仍然成立,并且也能包含所有的叙事内容。作为一个有深意的故事,它引人入胜的主题、动人的高潮和讽刺的结局都会逐一呈现在读者面前,不管模块如何组合,故事本身都会让读者获得相同的满意感。

开放世界游戏经常使用这种模块化的方式来讲故事。以《塞尔达传说:旷野之息》为例,玩家在巨大的海拉鲁大陆的地图上探索或者拍摄记录时,会触发游戏剧情的闪回,这些闪回讲述了游戏背景故事或增添了其中的细节。玩家可以按照任意顺序探索地图和拍摄照片,并不会影响玩家对剩余剧情故事的选择和游历。也就是说,只要游戏故事的内容足够模块化,就不会弱化游戏世界的开放性或非线性。

(二)玩家角色的个体叙事线

周游小说的故事本身跟空间地图直接相关,在小说中,一系列结构松散的情节由一个中心人物串联起来,而在游戏中,这个中心人物就是玩家。对于玩家来说,故事本身的模块化结构是不可见的,玩家体验到的故事总是沿着一条线性的路径向前发展,即使玩家可以通过不同的路径来经历这些模块化、碎片化的事件,但线性路径所形成的故事整体仍然是流畅的,并最终都会到达游戏故事的结尾。如图 6-40 所示,我们可以看到一个线性的故事在开放式的地图上蜿蜒曲折地展开。

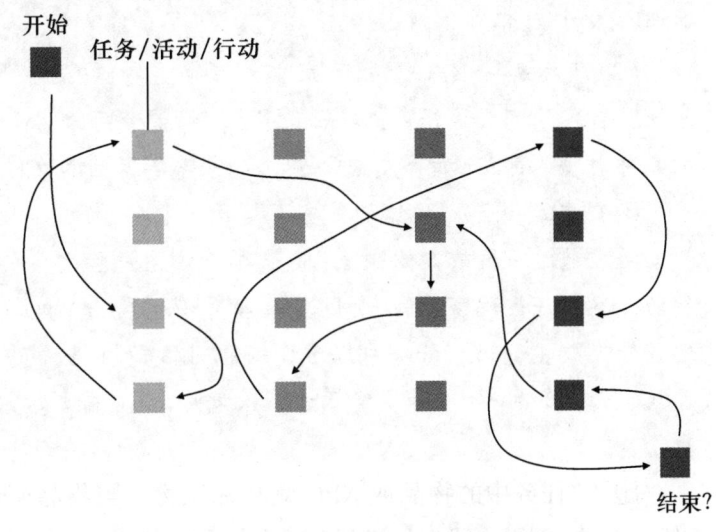

图 6-40　玩家体验到的叙事线①

虽然玩家可以以任何顺序来读取游戏的故事模块,但系统需要跟踪变量以确保动态世界始终对玩家有意义。开放世界中故事的情节事件与其发生的特定场景是分离的,同时也与其发生的先后顺序无关,所以设计师需要跟踪玩家的每一点进度才能设计出以玩家体验为基础的叙事线。

---

① 布莱恩特,吉格奥.屠龙记:创造游戏世界的艺术[M].许格格,译.北京:电子工业出版社,2017:150.

不管玩家是在故事的某一任务线上,还是已经脱离了主线、选择在开放世界中自由游荡,只要玩家在游戏的任何部分有进展或者发生状态变化,比如说任何的技能、任务、获得物品的变化等,开放世界的系统都要确保能够追踪和记录这些与玩家有关的任何一个动作、任何一个选择。

追踪玩家个体故事进度的常用方法有如下几种。

(1)设定标识物(Token):Token[1]可被译为"标识物",指的是游戏中用于计量玩家游戏进度的数据片段。该术语在不同语境下可被称为代币(用于计量游戏中得到的资源)或者令牌(用于传递状态或指玩家获取某种身份)。

> **"跑腿"任务:**
>
> 我们在第三章提到过"跑腿"任务。"跑腿"任务指的是游戏中一类比较简单普遍的类似于送快递式的任务,大概有以下几种形式:
>
> (1)送货取货:NPC 甲告诉玩家要从 NPC 乙那里取得一件物品,或玩家会从 NPC 甲处收到一个物品,并被要求将其转交给 NPC 乙。之后玩家可能从其中一个或两个 NPC 处得到奖励。
>
> (2)涉及战斗:NPC 要求玩家击杀特定生物,并要求带回与之有关的特定物品来证明自己已完成该任务,以获取奖励。需要带回的物品通常是从生物身体上得到的某种财物或部位(如兽皮或牙齿),玩家需要返回 NPC 处交付物品以领取奖励。
>
> (3)"护送"任务:玩家的任务不是运送物品,而是运送 NPC。NPC 经常会被设计成必须通过一段敌方的领土,或是本身处在危险之中的人。因为任务中 NPC 是移动的且无法被玩家控制,所以其很容易受到攻击,如果在过程中 NPC 死去,任务就宣告失败。"护送"任务可以难度很高,比如可以让被护送的 NPC 主动攻击比自己强大得多的目标,或者不经意地陷入危险之中,需要玩家警惕护送并及时施救等。

"跑腿"任务中的物品或 NPC 就是标识物。当物品(如送货任务中的一封信、击杀任务中的白虎牙)或者护送任务中的 NPC(如需要保护的重要证人)被交给玩家角色时,相当于标识物已经被传递给了玩家角色,即游戏系统被告知玩家角色已经将物品纳入库存;或者在涉及 NPC 的情况之下,信息以某种方式附着在 NPC 身上。当玩家完好地移交物品或将 NPC 安全送达时,系统会将该标识物从玩家角色上移除,并给予玩家角色奖励。

(2)设置旗标(Flag):旗标[2]指代游戏中表示玩家进度的标志物,可以是各种信号

---

[1] SHELDON L. Character development and storytelling for games[M]. Boca Raton:CRC Press, 2022:199.
[2] SHELDON L. Character development and storytelling for games[M]. Boca Raton:CRC Press, 2022:200.

(signal)、符号(symbol)、字符(character)、数字(digit)等。除了跟踪标识物以外,游戏可以通过切换或翻转旗标的方法来追踪玩家的进度。比如,当玩家在游戏中到达某个地理位置时,旗标会改变状态,向游戏系统发出信号来触发下一步操作,如触发游戏世界中的遭遇战和其他事件,或者仅供系统程序归档记录,以备日后使用。

例如,在游戏《地平线》中,前期的侦察兵任务会要求玩家去往一系列地点侦查敌人活动,当玩家到达某个地点时,游戏系统就会翻转旗标,此时系统内就会有状态变化,比如系统将在玩家返回任务发布者处时支付奖励,或者系统可以给玩家分配系列任务中的下一个任务等。

(3)背包系统:背包在游戏中的作用远比其在现实生活中的要大,是一个用来管理游戏库存的经典组件。玩家可以想象自己背着背包,在开放世界中徒步旅行,但实际上游戏中的背包可以"装下"的东西远远超过现实生活中的事物,玩家也对这种游戏惯例习以为常。背包中不仅有故事世界中可能出现的各种物品,而且可以包括故事的情节步骤,甚至NPC的角色发展等。与其说背包系统是物品库存,不如说它是一个数据库系统,游戏系统可以在查阅背包数据时了解到玩家在开放世界中的各种进度信息:玩家去过哪里、玩家做了什么、玩家学到了什么、NPC如何看待玩家角色等。

有了这些信息之后,游戏系统可以根据玩家目前在故事线上走过的路径,把玩家可能访问的下一个故事模块添加到"下一步"的步骤中。如果玩家因个人故事线的进展限制,无法在当前模块体验到所有可供使用的体验要素,那么这些要素仍会被保留在背包中。当玩家进入下一个故事模块时,这些要素将被再次激活,变为可用状态。背包系统中设计出的各种要素变量可以自由地与其他变量绑定或保持独立。例如,游戏系统可能需要特定的故事步骤来展示NPC的成长,但即便有这种特定的先后顺序,具体的实现方法仍然可以是灵活流动的。

图6-41用简单的矩形代表构成叙事模块的情节块或关卡节点,图中用"恒"来代表玩家的永久特性,用"动"来代表玩家的动态特性。

在图6-41的假设案例中,玩家小红通过在游戏进程中选择不同的模块,形成了一条属于自己的个体化故事线,玩家小明也是如此。虽然玩家小明在去哪里和做什么方面的选择与玩家小红截然不同,但到了最后,这两名玩家还是处于游戏故事中的相同节点上。

这两名玩家都体验到了设计者最初为他们准备的所有游戏内容,也就是说,设计者仍然保有作为作者的控制权。如果游戏有联网的功能,在游戏的虚拟世界中,小明和小红可能会同时参加同样的任务,以相同的速度跟进任务链并逐一完成它们,但他们可能永远不会在游戏世界中遇到对方。这种处在相同的虚拟世界但又完全不同的游戏经历,往往是游戏社区中的玩家谈资的重要来源。

游戏互动叙事

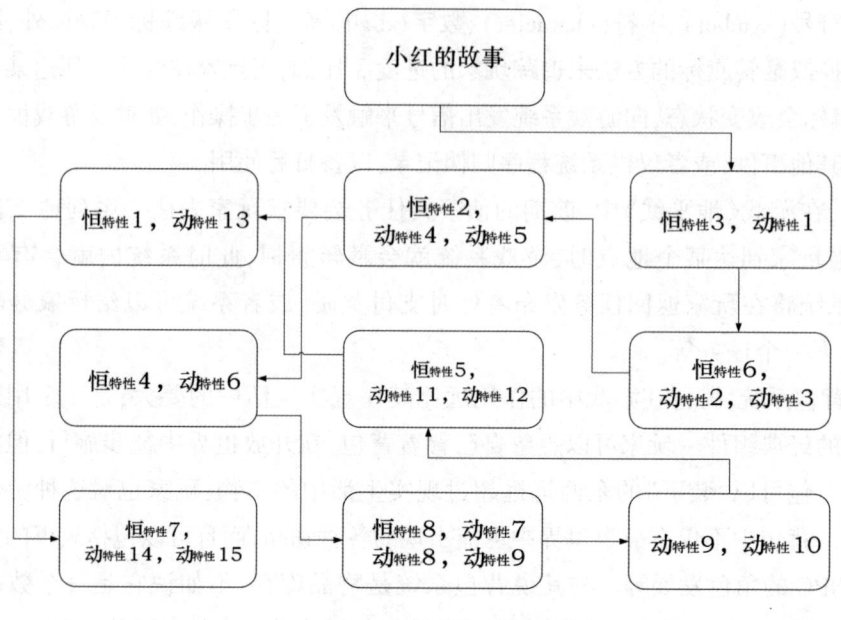

小红在游戏中的进展

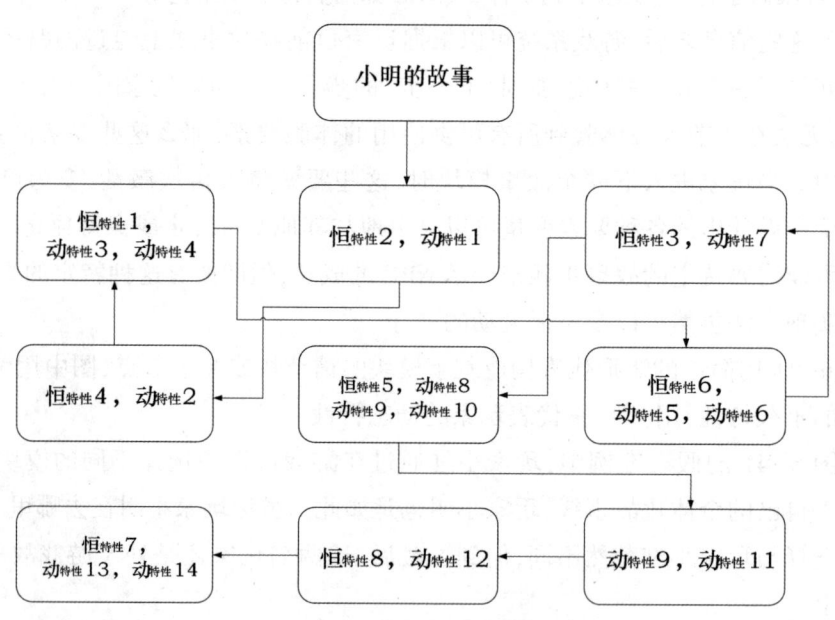

小明在游戏中的进展

图 6-41　不同的玩家在游戏故事中玩出的不同叙事线①

---

① SHELDON L. Character development and storytelling for games[M]. Boca Raton: CRC Press, 2022: 284.

(三)叙事模块的排列顺序对情节意义的影响

通常情况下,叙事模块出现的先后顺序并不会对玩家的游戏体验产生很大的影响。在某些情况下,不同的叙事模块的先后排列会形成一些差异化的感受与情绪,影响整体故事的叙事传达和意义塑造,形成不同的故事体验。

我们假设一个模块化叙事的游戏案例(见图6-42)。

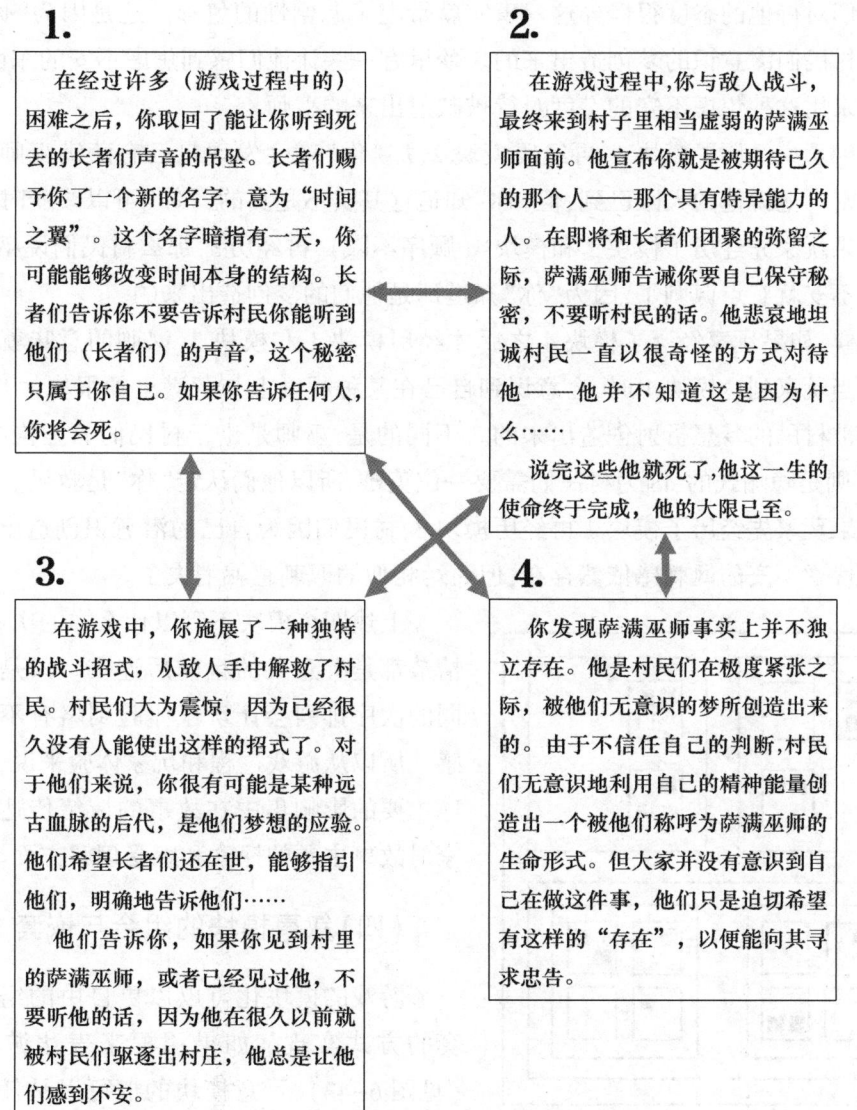

图 6-42 有四个叙事模块的假设游戏案例①

---

① FREEMAN D.大师谈游戏剧本与角色设定[M].史莱姆工作室,译.台北:上奇科技股份有限公司,2004:2-171.

在这个游戏案例中,模块组合出的每种顺序所传达出的故事感觉和情绪都不太一样。

如果玩家经历了模块1、模块2(次序不限),然后再经历模块3,那么玩家会守着逝去长者们所说的秘密,这是村民们认为不可能的事情。而且玩家知道"你"就是他们等待的人,虽然他们自己还不确定。

如果玩家先经历了模块3和模块4(顺序不限),再经历模块2,那么萨满巫师所说的村民们对待他的态度很怪异这一事实就带上了悲剧性的色彩。这是因为"你"知道他是被村民们潜意识的梦创造出来的。梦里有一些让他们感到焦虑不安的东西,而他们反过来用这种焦虑不安的态度对待被映射出来的巫师。

如果玩家经历了模块1,再经历模块2,那"你"就会发现自己有萨满巫师所不知道的秘密。他说他的大限已到,但"你"知道这其实不是真的,"你"可以改变时间。

如果玩家先经历了模块2和模块4(顺序不限),再经历3,那么村民们说巫师让他们焦虑不安就有点讽刺了,因为"你"知道那是他们的梦创造出来的。

同样,如果玩家经历了模块4之后才经历模块1和模块3,讽刺的意味就会更加明显。当玩家到达模块1时,会意识到自己在某种程度上与萨满巫师很像,"你"们可能都是被村民的梦想折射创造出来的。不同的是,巫师是出于村民们的虚构与想象,而"你"则是隐喻式的,因为村民们需要一位英雄,所以他们认定"你"是救星。

如果玩家先经历了模块1再经历模块3,村民们因为自己的潜意识创造出的萨满巫师而忧虑不安的讽刺感依然存在,但命运相似的讽刺感就消失了。

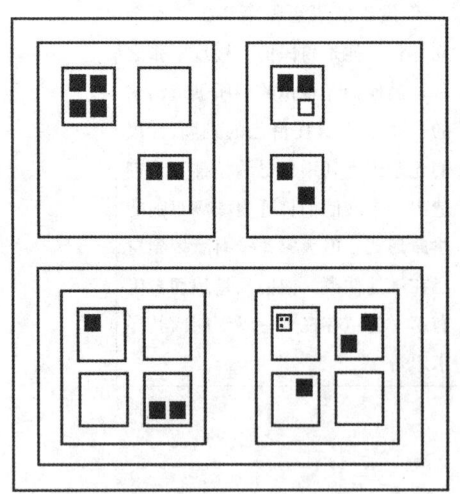

图6-43 模块化叙事的嵌套构成示意图①

上述四个模块不管以什么样的次序排列,情节都是有意义的且前后连贯。只是模块不同的次序排列会让玩家体验到略有不同的情感。所以从游戏过程和玩家体验来说,模块顺序主要的影响集中在故事的情绪传达以及玩家对故事主题的探索和感受理解方面。

(四)叙事模块的组合与嵌套

游戏的模块化可以以更自由的组合和嵌套的方式实现。如果用框来表达游戏模块(见图6-43),示意模块的框可以是任意大小的。它们可以是一整个场景,也可以只是游戏

---

① SHELDON L. Character development and storytelling for games[M]. Boca Raton:CRC Press, 2022:287.

进程中的一个短暂瞬间。任何能推动故事向前发展的部分,都可以作为一个模块存在。

模块不仅可以大小不同,其本身的组成方式与关联方式也可以是动态的。我们可以分解场景和关卡中的元素,查看模块在转换时需要保留的信息;也可以在相似的模块中执行相同的操作,检查与决定哪些组件与特定故事步骤相关联,哪些组件可以更为灵活。

某些内容可以被设定为与特定的模块相关联。例如,在大多数情况下,身体动作与环境相关联,但我们也可以将身体动作设置为与情节模块相关联,游戏引擎可以根据玩家先前的操作,在场景中设置锁,或者放置钥匙、解锁特定的门等。角色也可以与人物模块进行关联性绑定,如果 NPC 可以移动,就可以像真实演员一样,在系统需要时进入某个模块,在其他时间则切换为其他状态。这甚至可以给玩家留下一些错觉,仿佛 NPC 在游戏世界的"后台"拥有真实的生活。

在电影故事中,推动故事向前意味着推动故事向冲突发展和解决的方向前进。而在游戏世界中,尽管模块化叙事过程中没有作者控制,但我们知道故事仍会从 A 模块开始,最终在 Z 模块结束。无论玩家以何种顺序经历故事步骤,故事也总是从开头开始到结尾结束,玩家可能从一个模块跳到另外一个模块,但最终还是会到达设计者希望他们去的地点。玩家在经历模块时所体验到的冲突的发展和解决的过程,才是游戏故事提供给玩家的核心体验。

四、开放世界中的叙事节奏

在分支型的关卡设计中,我们可以将不同的位置与游戏玩法相关联,并且分配给这些位置特定的节拍。这种方法使玩家无论选择哪条路径到达目标点,都能保证其进度大体一致。

这种方法可以保证不同路径各有特色,并且不同区域之间有足够的差异。它可以允许玩家们选择他们自己想走的路,同时能保证玩家的进程在所有分支线上大致相同,设计者可以预测玩家在特定时间"可能"会在的位置(见图 6-44)。

在开放世界中,玩家可能会出现在地图中的任何一个位置。如果开放世界中空荡荡的,没有任何引导,玩家就会在这种空间中失去方向性。他们似乎可以去任何地方,但其实又没有任何值得去的目标(见图 6-45)。

如果我们在地图中引入一个兴趣点,玩家就会注意到它(见图 6-46)。

○ 游戏互动叙事

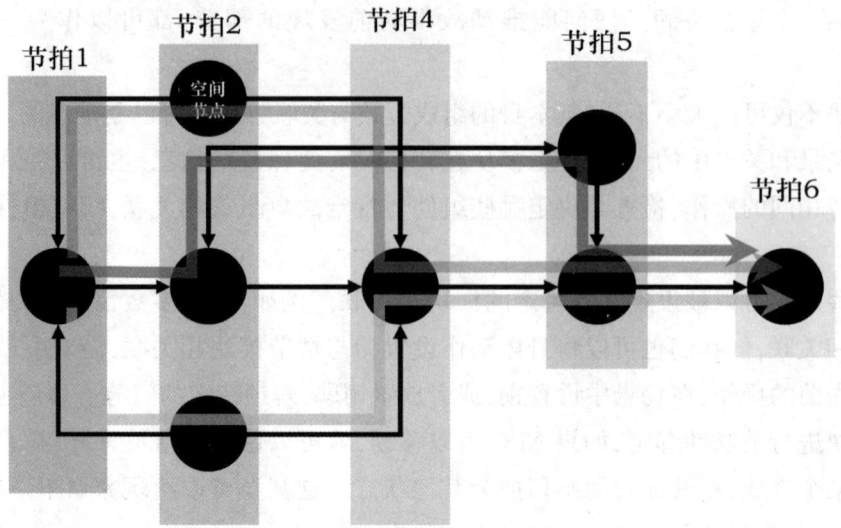

图 6-44 分支关卡中的叙事节拍①

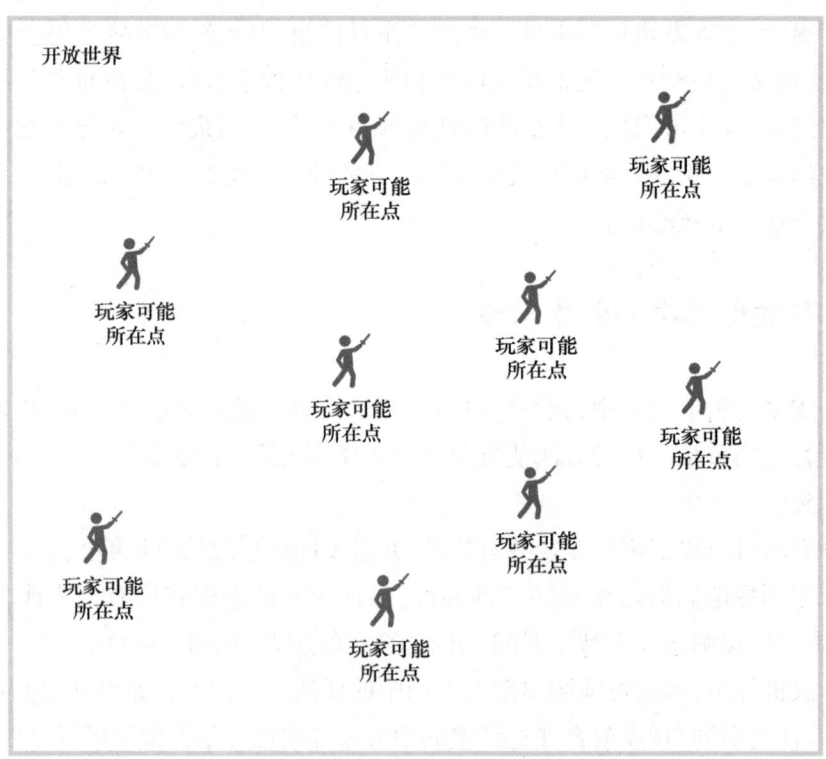

图 6-45 没有引导的空间

---

① ONISCU L-C. Linear/Multi-path/Open-world[EB/OL]. (2020-09-09) [2023-12-31]. https://iuliu-cosmin-oniscu.medium.com/linear-multi-path-open-world-level-design-7ef6a6831a05.

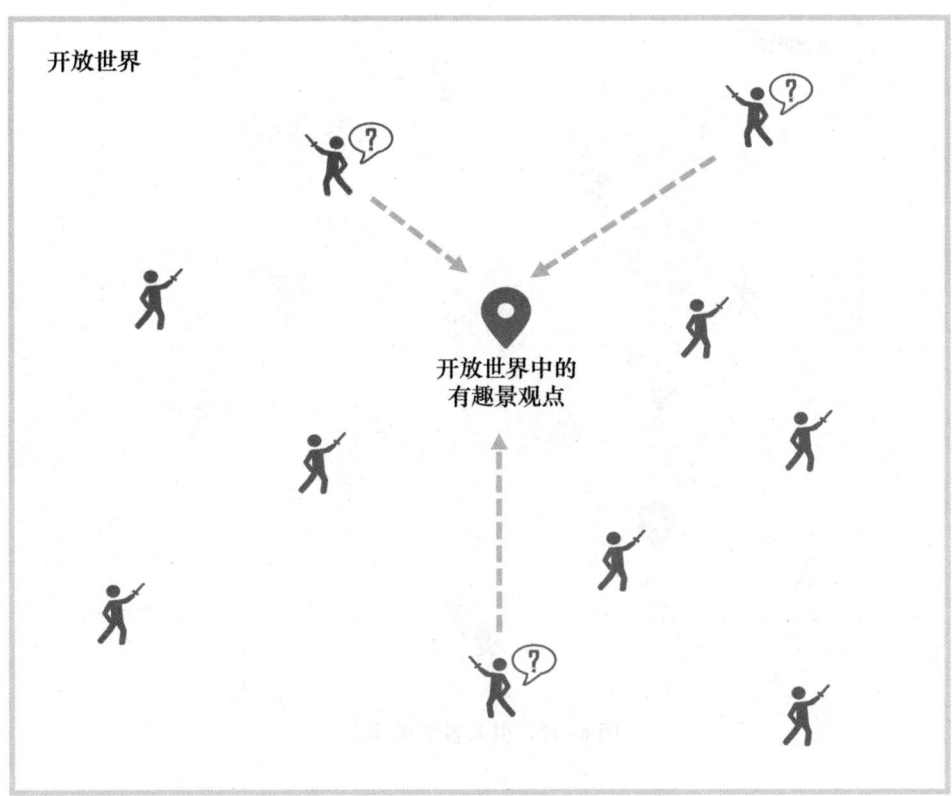

图 6-46　引入一个兴趣点的空间

在没有任何指引的情况下,玩家会自然地探索地图中有趣的事物。开放世界地图中每个有趣的景观点都会对玩家施加吸引力,引导他们前往这些地点。如果在地图上引入多个兴趣点,情况就会变得更复杂。这些兴趣点会相互竞争,争夺玩家的注意力(见图 6-47)。

玩家在选择朝这些兴趣点进发时会考虑一些因素,比如:

(1)它有多远?

(2)它看起来比其他地方更有趣吗?

(3)关于它我已经知道了什么?

(4)我是否已经去过那里?

设计者可以通过设置各种变量来调节一个位置的吸引力,使这些位置彼此区别明显且更有趣(见图 6-48)。

这形成了开放世界地图中的各类不同玩法,并在实际上形成了叙事节拍(见图 6-49)。不同的玩家会根据不同的游戏风格和类型、自己的偏好等选择不同的玩法。比如,有些玩家喜欢挑战难度高的地方,而有些玩家喜欢探索陌生的地点。

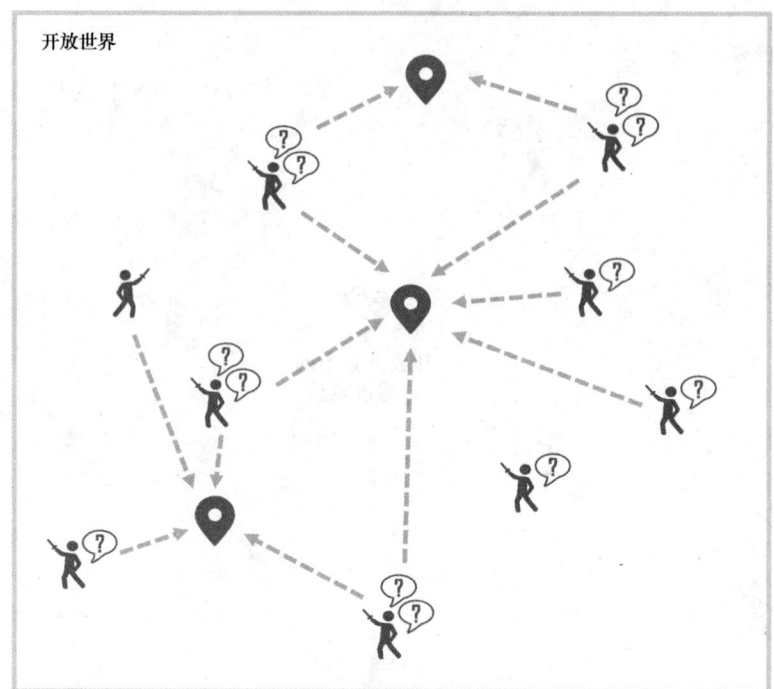

图 6-47　引入多个兴趣点

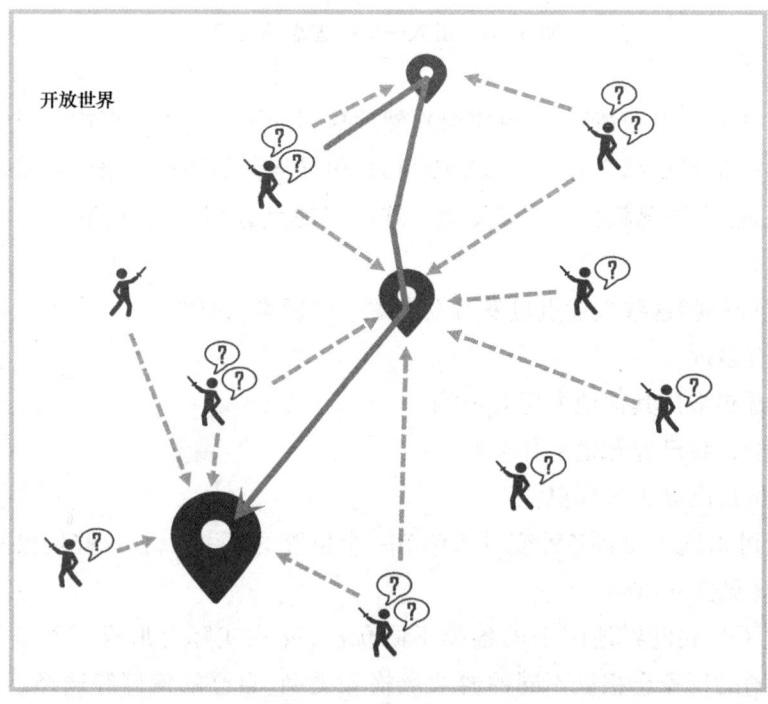

图 6-48　使兴趣点区别明显

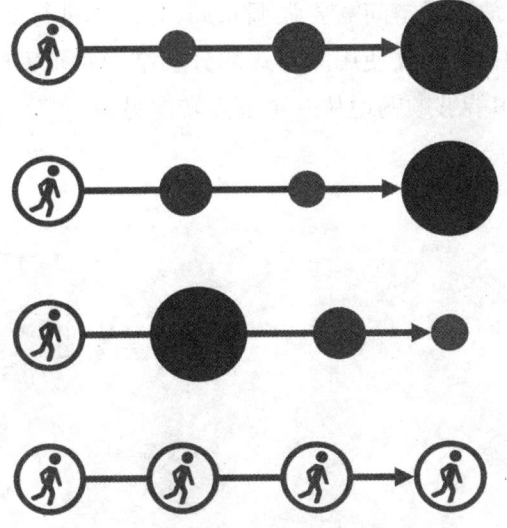

图 6-49 探索不同兴趣点形成的节拍

所有这些可能吸引玩家的兴趣点都需要引人注目。因为玩家只有先看到它们,才会真正去观察它们、探索它们,并参与到游戏的节拍中。如果地图中加入了更多的位置和变化,情况会变得更加复杂和难以预测。兴趣点分布如果太过零散,玩家要去哪里就很难被预测,节拍进程线的有效性也很难得到保证(见图6-50)。

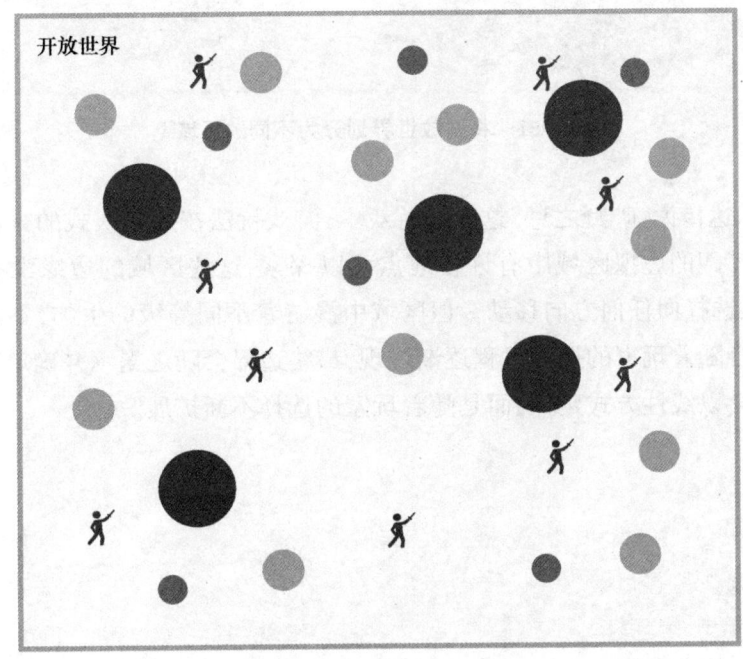

图 6-50 分布零散的兴趣点

在这种情况下,开放世界空间需要强调布局,并对其进行简化设计。通常的做法是将世界划分为不同的区域,并使用洋葱式的分层结构对玩家的进程进行分层,确保玩家在实际的进程线中能够顺畅地从一个节点转向另一个节点,以比较理想的方式来体验游戏内容(见图6-51)。

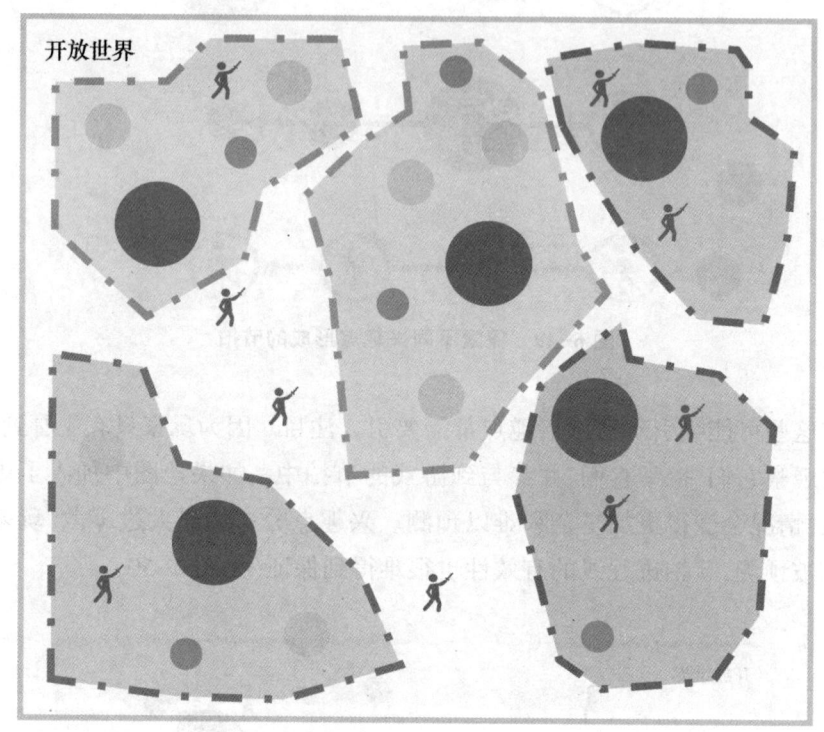

图6-51　将开放世界划分为不同的区域①

在《塞尔达传说:旷野之息》这样的游戏中,游戏玩法按照模块式的方法进行了布局。玩家在广阔的虚拟区域中有许多地点可以探索,这些区域的边缘没有真正的边界,玩家可以选择向任何方向移动。但区域中漫游着不同等级的生物,不会立刻展现全貌的地图会随着玩家的探索过程逐渐展现,最终边界会随之揭示并确定。游戏中的地理世界不会以线性方式延伸,而是随着玩家的选择不断扩展。

---

①　ONISCU L-C. Linear/Multi-path/Open-world[EB/OL]. (2020-09-09)[2023-12-31]. https://iuliu-cosmin-oniscu.medium.com/linear-multi-path-open-world-level-design-7ef6a6831a05.

第五节　使用空间塑造角色故事

相对于其他叙事媒介来说，使用空间结构来组织故事是游戏比较特别的一种讲述方式。电影无法通过纯粹展示空间的方法来展开一个故事，部分原因可能是电影在视觉层面提供了太多的冗余信息，这会使观众的注意力很快衰退。但在游戏中，由于其本身的交互性，玩家会在积极探索游戏空间时自然产生好奇心，这种游历过程也会使玩家注意力发生持续性的转换，玩家会自行忽略空间中出现的不太重要的信息，故事就这样在玩家的空间探索之下全面展开。

有一类叙事游戏擅长利用空间塑造人物，以此来讲述故事。该类型游戏不再用我们前面提到的特定地点（空间节点）触发事件、嵌入情节碎片、关卡中锁与钥匙结构等方法来构建叙事流程，而是通过空间中的信息和物品来塑造角色（包括提供角色的生存环境）、构建人物关系、提供角色或人物关系变化的时间线等。较为出名的有《艾迪·芬奇的记忆》《失去的家》《史丹利的寓言》等。此类游戏的特点是，角色本身很少出现在游戏空间中或根本不存在任何实际的角色或人物，游戏通过让玩家游历空间来讲述一个故事。

> 角色比人物的概念外延要大，不是"人"的角色也可以成为故事的主角。本节出于论述一致性的考量，粗略地将两者作为等同的概念加以描述。

这些游戏中所使用的塑造角色、构建人物关系的方法仍然来自传统媒体，如电影、戏剧等。但游戏中组织这些人物相关元素和信息的方式则是利用游戏中的空间。

本节将通过几个案例分析这类游戏的构成方法，同时给这种类型的实践提供一些思路和方法，尤其是给那些低成本、小体量和小制作的创作实践提供借鉴。

一、如何通过空间来塑造人物、讲述故事

电影中常说"人物即故事"，这是游戏通过使用空间跟物品来塑造角色就能成功讲述故事的原因。电影在表现及塑造角色人物方面所使用的种种技巧和手段都可以被用来讲述游戏故事。

> **拓展阅读**：悉德·菲尔德所著《电影剧本写作基础：从构思到完成剧本的具体指南》①第五章"故事与人物"

电影通常是通过展示职业生活、个人生活和私生活（自己与自己相处）三个方面的维度来展示一个人在社会（环境）中的职业坐标、生活坐标和自己对自己的评价等，以此来塑造人物（见图6-52）。一般在电影时间线之前（不在片中讲述的前史部分），有关人物过去的经历、过去的信息（人物的传记）就已经积累形成展示人物目前的状态和需求的叙事，即图6-52中的内在形成部分。

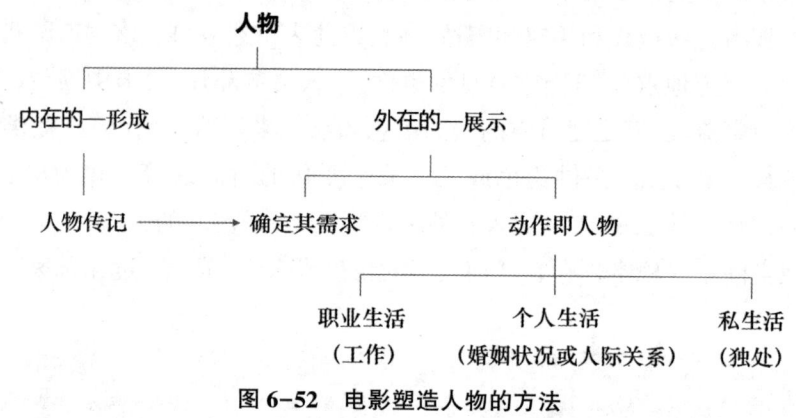

图6-52 电影塑造人物的方法

有了角色的需求，故事就有了最初的动力。展现了角色在三个维度方面的现状后，就可以确定和展现角色在目前状态下的目标障碍。有了需求和障碍，再加上一个关于角色的时间线，就可以展现角色在故事中为了克服障碍所做的事，形成叙事线。这就是"人物即故事"的由来。只要塑造了可信的角色或人物，构成人物故事的目标、需求、障碍和努力就会一一展现在我们眼前，故事也由此得以发生和展开。

《失去的家》就是这样一个完全使用空间中的物品塑造人物、揭示信息来讲述故事的成功案例。

Steam平台有一个高赞的有趣评论："这游戏最恐怖的是整个房子里都没有一面镜子！"从这点我们也可以看出，因为成本问题，整个故事虽然模仿了第一人称视角，但实际游戏中并没有角色模型和角色动作动画的制作，只有直接绑定的一个第一人称的主视角虚拟摄像机。《失去的家》完全在一个没有"人"的空间中，通过展示属于人

---

① 菲尔德.电影剧本写作基础：从构思到完成剧本的具体指南[M].鲍玉珩，钟大丰，译.北京：中国电影出版社，2002.

物的物品和生活痕迹,提供故事所需要的有关角色的一切信息,并通过塑造可信的角色来讲述一个情绪饱满的故事。

游戏在借助空间物品具体展现角色时,使用的是与电影中相同的方法,即使用空间的物品来展示角色三个维度上的生活,比如:

(1)他们的姓名、性别、年龄?
(2)他们的职业是什么?他们与同事的关系怎么样?
(3)他们的婚姻状况如何?个人生活中的人际关系怎么样?
(4)他们自己独处的时候都在做什么?
(5)这些信息如何巧妙地通过物品来展示?

游戏中具体使用哪些物品和环境展现与揭示这些信息,对设计者的巧思和功力提出了挑战。在《失去的家》中,除了完全的空间信息之外,故事还通过声音信息绑定了一段故事的时间线。从玩家进门开始,到之后进入大厅,到最后一直来到最高的阁楼,每一个特定的地点都会触发妹妹的一段配音音频,这些声音信息是妹妹写在日记里要向姐姐倾诉的话。它展现了妹妹目前孤独的处境,以及姐姐二人过去亲密无间、无话不谈的关系。

玩家在空间中的移动是随机的、没有先后顺序的,但触发的声音信息的时间线是固定的。通过这样的设计,故事使用随机探索的空间线索和碎片化但固定的时间线索完成了情节设计。

案例分析:《失去的家》

游戏的整体视角来自回家的姐姐,但故事的主角是妹妹。该游戏通过姐姐这个叙事者的视角,讲述了一段有关妹妹的故事。

1.有关角色的基础信息

姐姐的信息在游戏的一开始是通过音频、护照和行李箱上的行李牌来展示的。游戏开场通过姐姐(玩家替身)给家人打电话的音频信息,描述她为了省些机票钱,凌晨从欧洲乘坐红眼航班回来的情节。虽然她在电话里说大家不用去接她,但当看到姐姐淋着雨提着大行李箱站在家门前而真的没有人接的时候,玩家还是能感受到这其中存在的失落情绪。

行李箱上的行李牌揭示了故事发生在1995年6月7日凌晨1点15分。这在游戏故事的整体设计中是一个很重要的时间节点。1995年是微软的第一代图形界面系统windows95出现的时间,从这一年开始,个人电脑带来了信息全面数字化的倾向,1995年可能是人们可以通过空间中的物品直接全面读取信息的最后一年。

物品栏中有姐姐的护照和登机牌,由此可以看到姐姐的航班信息,获得姐姐的姓名、年龄、国籍、相貌(照片)、家庭住址(游戏故事的主要地点)、从哪里旅游回来等具体信息。

进入大厅后,所有家庭成员的基础信息会通过一张全家福画像展示(相貌和姓名)。普通的全家福上不会有各个家庭成员的姓名,但此处却写着所有人的姓名和"爸爸、妈妈"等家庭身份。稍后,游戏通过一个手工课老师的作业评语对这些带有称呼的名牌进行了合理解释,这些带有称呼的金属件名牌是妹妹的手工作业,妹妹在做全家福的名牌时本应写人名,但却错做成了家庭身份称呼。全家福暗示了这一家人曾经非常和睦。

2.角色的职业生活、与同事的关系

妈妈的职业生活从进门大厅处开始就被几条信息反复展示了。衣帽间里放着一套妈妈的工作服,工作服的上部口袋处夹着妈妈护林员的工作卡。开门钥匙柜上的纸片上也写明了妈妈的工作单位以及她搬家之后到新单位的通勤距离,纸上地图信息显示这个距离非常遥远。另外一些信息直接写明妈妈是塔克尔玛郡林业局的高级护林员。

家庭中人物关系的后续变化跟妈妈的职业生活有关。妈妈在一个离家很远的地方上班,长时间不在家。后因工作需要,妈妈与另外一位调来的同事长时间相处,由此萌生了好感。这也是后来爸爸和妈妈的感情生活生变的一个主要原因。

爸爸的职业生活在书房中有很多展示,比如墙上的便签板上写着爸爸写悬疑小说时留下的相关头脑风暴信息,打字机上留着写了一半的有关音响硬件的测评和产品广告的稿件等。

空间中有更多的信息表明爸爸的职业生涯并不成功。我们能看到爸爸因卖不出去而积压在影音室的书,在影音室和客厅里我们能看到出版社给爸爸的退稿信。信中出版社拒绝出版他的第三本悬疑小说,并且直言他的前两本书并不受市场欢迎。有关音响硬件测评的工作爸爸也做得并不顺利,杂志编辑反馈他写得不合要求,认为他写了太多跟个人相关的东西,并且总是超过字数限制。我们也可以从反馈中看到,这个跟爸爸的作家梦想相离甚远的工作,也并不是靠他自己的能力和工作经验得到的,而是因为他有一个当杂志社老板的朋友。

妹妹的很多信息在她写给姐姐的几段日记里,游戏中以地点触发的方式,按时间顺序通过音频展示了这些信息。在这些音频的一开始,我们会听到妹妹抱怨同学们都叫她"鬼屋女孩",她作为一个新的转校生感到非常孤独,难以适应。玩家稍后也会发现角落里有其他同学给她传的小纸条,小纸条的内容是说想跟她做朋友,但友好的表面下是恶意的问题:"你们家是只有你叔叔疯了,还是你们全家都疯了?"

我们可以得知妹妹是个学生,她跟同学们之间的关系很疏离,她感到非常孤独,有种处处被孤立的感觉,处境艰难。她此时异常需要关心和关爱,但并没人发现。

3. 人际关系(家庭生活)

由于爸爸长期处于事业的低谷,妈妈身边出现了互生好感的同事,爸爸和妈妈的婚姻明显出了状况。游戏中的家里有婚姻问题相关的书,也提示玩家他们的婚姻出了问题。为了挽救自己的婚姻,爸爸和妈妈骗孩子们说去旅游了,但其实他们去的是婚姻指导干涉的夏令营,以期通过专业的指导和自己的努力恢复原来的关系。这也解释了爸爸妈妈不在家的原因。

从妈妈的好友写给她的信中,我们可以看到妈妈向朋友提过担忧女儿最近跟自己关系疏远的问题。在妹妹房间的墙上,我们可以看到妹妹在向妈妈抗议:"……姐姐仅比我大三岁,就允许她漂洋过海,我甚至不能单独在城里过夜……"

从另外一些方面可以看出来,爸爸其实是一个很有趣的人,妹妹和爸爸的关系曾经非常亲密。妹妹最兴奋的事情是跟爸爸一起组装大摩托,然后骑车出去兜风。爸爸会努力看关于青少年的书,给妹妹提出建议,虽然这些建议可能并无实际帮助。

有关家庭中的其他人际关系在游戏中也有所体现。我们可以在地下室找到爷爷写给爸爸的信。爷爷是大学英语文学专业的教授,他在爸爸第一本书出版的时候,写了一封表面上算是祝贺的信,轻描淡写地表扬了儿子,甚至显得非常言不由衷。我们能看出,爷爷事实上对于自己儿子写的第一本书非常不满意。即使爸爸现在是一个非常不成功的作家,但出版一部作品也算是前所未有的人生成就了,这个高光时刻理应得到来自家人的赞许,但爷爷的反馈却是这样冰冷。所以我们也可以看出这对父子之间的关系:一个自我成就很高、苛刻的父亲和一个总是被视为失败者、得不到认可的儿子。

4. 私生活(与自己相处、兴趣爱好)

妹妹是一个摇滚乐爱好者,她有很多海报、磁带,这其中也涉及我们前面提到的关于时间背景的问题。1994年是朋克摇滚明星科特·柯本去世的时间,作为游戏故事背景的时间1995年正好在这个时间点上,营造出了那个时代摇滚乐坛特有的一些类型音乐的流行情况。

屋子里有很多妹妹从小到大写的小故事和小片段,在她的幻想中,自己是一个帅气勇敢的船长,与化身为大副的好友在大海上展开奇妙的冒险。她的老师也推荐她去参加有关写作的创作课程,这证明妹妹继承了爷爷和爸爸的文学天赋。

> 游戏中用妹妹留下的详细研究《街头霸王》中春丽的招式的纸条,表明妹妹在玩街机时最喜欢用的角色是春丽,并特意详加练习。通过房间中的吊牌和画像,我们可以推测出妹妹养过一只深受她喜爱的小猫。
> 5.故事的其他环境、背景知识
> 游戏中有一些关于故事的其他的背景性的信息,比如这家人并不富裕,他们没有买下这个房子的财力,这套房子是爸爸的叔叔赠送给这家人的,而这个叔叔有他自己藏在整体故事背后的个人隐秘,这也解释了妹妹"鬼屋女孩"这个不友好绰号的来源。

玩家在游历游戏空间的时候,可以感受到《失去的家》在空间设计方面的深意。一般来说,越基础的信息,越是设计者想让玩家先获得的信息,在玩家行进的路线上越是会被尽早呈现。有一些重要的信息,则会被反复展示,以让玩家即使以碎片化的方式来获取信息也不会错过。

随着故事的发展,越深的信息、越难以得知的真相,越会被放在隐蔽的地方。在空间探索中这意味着得到它们有着更大的难度,这种难度往往与信息的重要程度相匹配。因为空间整体的非线性,游戏仍然使用了大量"锁与钥匙"机制,玩家需要通过各种密码或者各种碎片连成整体信息,获知打开这些更隐蔽的空间的方式,然后从这些空间中得到一些更完整的信息。

因为空间信息本身的特性,玩家可以看到在《失去的家》中出现了一种使用空间来塑造角色、讲述故事的特殊表达方式:相同空间中的时间并置。空间中本身就会存在同一个角色在不同时间留下的各种物品和信息,它们会像没有时间差似的被放在一起,就像断裂的岩石面上有各个时期留下的化石遗迹一样,给我们提供有关人物和角色的整体切面。在《失去的家》中,妹妹的房间里有明显不属于目前时间线的东西,它们是以往时间在该空间中遗留的痕迹,空间中时间不同的物品和痕迹压缩在一起,给了我们更多信息和想象空间。可以说,空间就像电影中的场面一样,虽然发生在当下,但可以提供现在的信息、过去的信息,甚至是未来的信息。

总之,《失去的家》作为第一个成功使用此种空间漫游的方式讲述故事的游戏,讲述了一个充满少女情怀、青春迷茫色彩的哀伤故事。

二、通过物品来讲述人物故事的时间线:人物传记式游戏故事

人物小传是电影中塑造人物角色的常用方法或辅助手段(见图6-53)。有些游戏

如 Unpacking 用的就是人物小传的方法，通过纯粹使用物品跟道具来表现角色人生中的某一段，以呈现人生经历的方法来塑造角色、讲述故事。我们可以通过在游戏中看到的物品和道具，推测出主角是什么人，他（她）过着什么样的生活。玩家甚至可以自行联想、补全那些没有提到的信息，以此来获得一个完整的人生画卷。

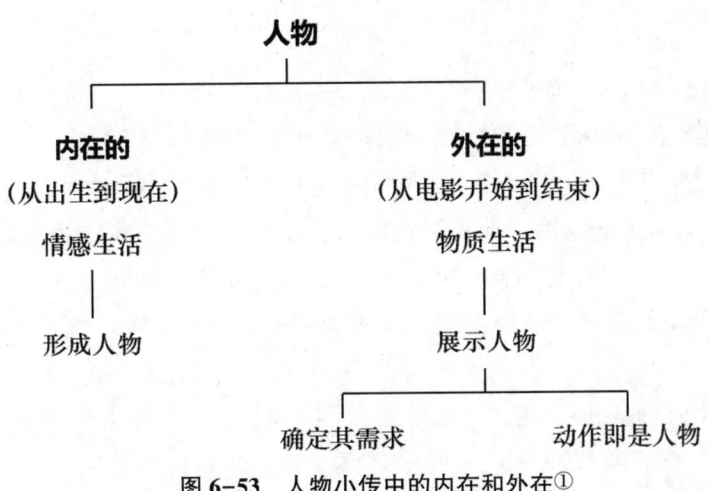

图 6-53　人物小传中的内在和外在①

案例分析：*Unpacking*

Unpacking 是一个（搬家）放置类游戏，其主要机制是让玩家通过打开搬家时的行李纸箱，将游戏主角搬到各种房间（家）中的物品收拾归类，并放到新房间（家）的各处。在放置这些物品时，玩家有一定的自由度，但系统设置了一定的放置规则，如果玩家放置错误，系统会予以提示。按自己的想法和机制的要求把东西全部放置好之后，玩家就可以拍照留念进入下一关。

但在放置类的交互机制之外，该游戏还讲了一个温馨的有关人生的故事。故事讲述类似于人物小传中的时间线展示，其分关卡章节展现的房间代表了（主角）人生的几个阶段：

1.第 1 关时间为 1997 年。最终玩家给房间拍照的影薄有主角的留言："终于有我自己的房间了！"意味着此时主角应该还是个孩子，这是主角自己人生中的第一个单独的房间。

---

① 菲尔德.电影剧本写作基础：从构思到完成剧本的具体指南[M].鲍玉珩，钟大丰，译.北京：中国电影出版社，2002：36.

我们可以在纸箱的物品中看出主角是一个爱好广泛的人,比如喜欢足球、画画、音乐、游戏等。

2.第2关的时间为2004年。最终玩家给房间拍照的影薄有主角的留言:"周一便开学了,大学我来了!"意味着这是主角租/住的大学宿舍。我们可以推测,2004年时主角大约18岁。

行李中大量的美术用品暗示了她是一个学美术的艺术生。在第1关中,主角的性别比较模糊,在这里,物品中的生理用品表明了主角是一个女性。

3.第3关没有明确的时间提示,我们可以从客厅的COS服和假发推测出主角的室友是一个Coser。最终玩家给房间拍照的影薄有主角的留言:"游戏之夜变得更方便了!"表明这是一个有着共同爱好的室友。

游戏机制要求一些个人物品如健身用的哑铃和日记不可以放在公共区域,这也提示了主角与朋友之间的个人边界。

4.第4关的时间为2010年,主角这时大约24岁。通过室内的陈设,玩家可以推测出主角搬进了男友的房子,开始了同居生活。游戏机制展现了人物亲密程度的变化。室友的东西是不可以移动的,但男友的东西可以动,主角可以通过挤占男友衣柜的方法,把自己的衣服挂起来,把男友的衣服收叠起来。这也是有关人物关系的展示。

5.第5关的时间为2012年,主角大约26岁,又搬回了儿时家里自己的小房间住。这一关展示了主角的情感变化,搬回自己家里住意味着与男友的分手,儿时的房间也意味着寻回自我与情感疗伤。

与男友的合照上,男友的脸上被钉了一枚图钉,暗示着分手多半是因为男友。游戏机制要求这张照片不能摆出来,玩家只能将其收入柜中。

搬家时的东西较以前少了好多,但游戏机制要求与男友的照片不能被丢弃但又不能被摆出来,表现了主角对男友放不下但又受情伤的感觉。

这一关的空间非常小,营造出了压抑感。时间线主角此时个人感情受挫,游戏通过机制设置营造低落的感觉,也让人感慨长大后就回不去的家,主角此时仿佛处处受限。

6.第6关的时间为2013年,主角大约27岁,又一个人搬出去住了。从她的物品中我们可以看到主角跟前男友学会了做咖啡,有了喝咖啡的习惯。这表现出之前人生中出现的人都在自己的生活中留下了痕迹。

房间里有很多充满童趣的东西。这帮助玩家推测主角的工作可能跟儿童绘画或者儿童读物、儿童出版有关。一直跟着主角一路搬家的一只残破的布偶小猪也被补好了。

独居状态下主角的物品虽然多,但空间非常大,给人一种独立之后自由舒爽的感觉。

7.第7关的时间为2015年,主角大约29岁,有了新的同居人。房间里放着两个人吃饭的餐垫,厨房里有各种亚洲人才会用到的食物工具,如蒸笼、捣蒜臼、酱油等。新的同居人非常喜欢多肉类的盆栽小植物,它们占据了家里的阳台。

8.第8关的时间为2018年,主角大约32岁,新搬的家里有婴儿床,行李中也有很多婴儿用品,暗示着她有了自己的宝宝。主角的儿童绘本得了奖,成了一个事业有成的人。与同居人的东西开始被混装在物品纸箱里,暗示着两个人的亲密关系。

从1997年到2018年,主角从10岁到32岁,玩家通过主角每一次搬家,了解了她的人生轨迹。空间的每次转换都意味着人生的一次大变动,我们也随着主角的起起落落感受到了人生的这种悲喜。

三、通过关键道具来讲述故事的实例

表6-1是一个学生作业的片段①,其使用了关键物品(关键道具)来对人物和人物关系进行刻画,并由此串联起整个故事。它展示了一个由于家庭破裂而被忽视的小孩子的内心活动,反映了他对现实的无能为力及对亲情和关爱的极度渴望。

表6-1 学生作业片段

……前略……

1.地点:第四层楼梯间1

说明:主角在第四层的楼梯处,墙上有涂鸦与广告,灯光昏暗,氛围相对诡异。较为显眼的是一则招租广告。

文字信息:①招租广告内容:招租/联系电话/两室一厅一卫,有意者请联络。

---

① 作者:沈琪琦、蔺芯萌。

续表

交互信息：
①（点击非招租的涂鸦或广告）主角：这些看起来好奇怪啊。
②（点击招租广告）主角：咦？这个房间怎么这么眼熟啊……这好像是……我的房间？

交互方式：
①点击非招租的广告或涂鸦显示对应信息。
②双击可拉近视角查看。
③点击招租广告可放大查看，再次放大广告中房间图片进入房间场景。

2.地点：主角房间
说明：房间十分明亮。床十分干净整洁，床上有一个鼠鼠玩偶。书桌很整洁，桌上有一盏很旧的灯，还有一个摊开的笔记本，那是主角的日记。墙上有一张全家福照片。合照旁有一个挂钩，却没有挂什么东西。书桌旁边是一个很大的书柜，柜子里有许多书和学习资料，有一层放着一个首饰盒。地面很整洁，地毯也十分干净。

文字信息：
①日记内容：×年×月×日/爸爸妈妈又吵架了，虽然我没太听清他们在吵什么，但似乎是因为别的叔叔阿姨吵起来的。我好讨厌他们吵架，为什么每次吵到最后都会说到我的头上来。好希望他们能无视我。

交互信息：
①（点击床）主角：床很干净，因为不收拾的话会被骂，所以我一直收拾得很整齐。
②（点击书桌）主角：书桌上没什么东西，因为住校以后我就很少回来了，家里和学校也没什么区别。
③（点击日记）显示日记与日记内容。
④（点击全家福）主角：在我很小的时候拍的，那时候他们就开始吵架了。
⑤（点击挂钩）主角：这里以前挂着奶奶给我的平安符，之前取下来以后放在桌上忘记带走了，再回家以后就找不到了。
⑥（点击书柜）主角：装书和以前学习资料用的柜子。
⑦（双击书柜视角拉近查看）（点击首饰盒并打开）主角：这是以前妈妈给我买的手链，我记得我没有拿出来啊……被放到哪里去了呢？

交互方式：
①点击对应物品查看对应信息。
②双击可拉近视角查看。
③首饰盒再次点击可以打开。
④旋转场景可进入父母房间。

续表

3. 地点:父母房间

说明:父母在争吵,桌上有还没签字的离婚协议,以及两个手机。争吵的话语通过不断冒出的气泡呈现。

文字信息:

①父母争吵的气泡内容

母:你是不是去见那个女人了?让你去接孩子放学你怎么又忘了?

父:我接孩子,你就去见那个男的?亲生的你不管,别人家的孩子你倒是很会照顾啊?

母:我亲生的?你没参与?

父:我真是后悔跟你生了那个孩子!

母:我最后悔的就是跟你结婚!

父:离婚协议你签不签吧!

母:那孩子我带?你一分钱不花了?

……

交互信息:

①(点击桌子上的离婚协议)主角:这是爸爸让妈妈签字的东西,但妈妈一直没签。

②(点击手机)主角:这是爸爸新买的手机吗?

交互方式:

①点击对应物品查看对应信息。

②旋转场景可进入父亲回忆/母亲回忆。

4. 地点:父亲回忆场景

说明:在私家车里,父亲在开车,副驾驶上坐着一个女人,整体视角是从车后座朝前看。父亲单手开车,右手与女人的手牵在一起。后视镜下面挂着平安符,是之前在主角房间里挂着的。父亲的两个手机放在前排两个驾驶座中间,一个亮着屏幕的手机上是之前主角房间里那张全家福。

有爱心气泡冒出。

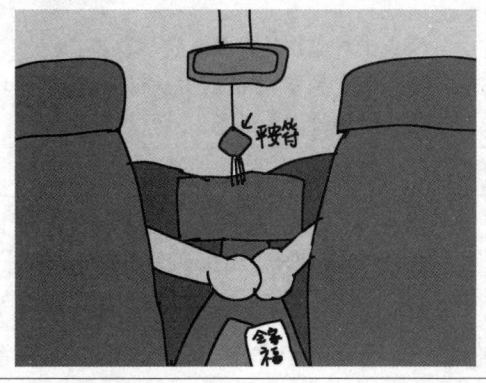

续表

交互信息: ①(点击前排左边驾驶座)主角:这是爸爸,他开车的时候脾气不是很好。 ②(点击前排右边驾驶座)主角:我不认识这个阿姨。 ③(点击平安符)主角:这是奶奶给我的那个平安符……爸爸怎么把它拿走了…… ④(点击手机)主角:这是那张照片,另一个手机也是爸爸的吗?他什么时候开始用两个手机了…… 交互方式: ①点击对应物品查看对应信息。 ②点击平安符、手机后可获得道具【平安符】以及【全家福】。 ③旋转场景可进入母亲回忆。
5.地点:母亲回忆场景 说明:公园长椅上坐着母亲和一个男人,二人中间是一个孩子。母亲脚边的礼品袋里,鼠鼠玩偶露出了半个脑袋。孩子手上戴着的是主角的手链。 有爱心气泡冒出。  交互信息: ①(点击母亲)主角:妈妈平时挺严肃的,对我很凶。 ②(点击男人)主角:不认识的叔叔。 ③(点击孩子)主角:比我还要小的小朋友,跟叔叔长得有点像。 ④(点击礼品袋)主角:……这是我的玩偶。 ⑤(点击手链)主角:原来是妈妈把手链拿走了…… 交互方式: ①点击对应物品查看对应信息。 ②点击礼品袋、手链后可获得道具【鼠鼠玩偶】以及【手链】。 ③旋转场景进入过场1。
……后略……

在这个作业中,几个关键的道具如平安符、鼠鼠玩偶、手链、招租广告中的房间等,象征着主角自己从前拥有的而后来属于别人的生活。平安符来自奶奶,象征着对家的保护,但后被父亲拿走,成为他的"新关系"的护身符;鼠鼠玩偶和手链是母亲给主角的礼物,后来却属于母亲新家庭的小朋友;招租广告意味着属于主角自己的房间(因长期住校)被剥夺,家人对房间另做它用感到理所当然,对于主角忽视又漠然。这些

都暗示着在分崩离析的家庭中主角是多余的,新的家庭中并没有他的位置。

物品的位置及在场景中的变化体现了人物关系的变化以及主角所要面对的新的艰难环境。物品的缺位、遗失,象征着故事中父亲、母亲的缺位和亲情的失去。最终游戏展示了作为主角的小孩子对于失去这些物品的内心活动:"为什么要偷我的东西?""东西"一方面指这些"物品",另一方面也暗指"被偷去"而离开的、"原属于自己"的爸爸妈妈。

第六节 空间作为叙事机制与环境叙事

一、空间作为叙事机制

空间沉浸是几种游戏沉浸中重要的一类体验。计算机能够有效模拟玩家替身在虚拟世界中的身体位置,使其能够流畅地进行各种动作,但空间沉浸不仅仅是通过运动帮助体验空间,还包含着玩家与特定地点建立的情感联系。在某些游戏类型中,玩家会精心打造属于自己的小空间,花大量时间与精力装饰它们,并与他人分享。基于认知心理学家的观点,环境设定是最容易被人记住的叙事组成部分之一,在游戏中,空间的供用性(affordance)得以被最大化使用,提供具有叙事感的空间成为空间叙事在游戏中的重要表现之一。

> Affordance 一词在各个领域翻译不一。
>
> 在新媒体领域,affordance 指一种物体或界面的特性,提示或暗示用户可进行的操作或互动。这个概念最早由心理学家詹姆斯·吉布森(James J. Gibson)提出,后来在设计和新媒体领域中得到广泛应用。
>
> 在游戏领域,"供用性"(affordance)涉及游戏中的角色、界面元素以及玩家与虚拟环境的各种互动,强调设计应该使用户能够直观地理解物体或界面的功能,而无须额外的说明。例如,一个显眼的按钮暗示用户可以点击它,一个突出显示的物体可能表明其在游戏中具有特殊的互动性质。在游戏中,环境或对象的供用性可指示玩家能够进行哪些操作,如开门、攀爬墙壁等。
>
> 总的来说,供用性描述了用户如何理解环境或媒介并与之互动的方式。良好的供用性可以提高用户体验,降低用户的认知负担。它强调设计需要保证用户能够理解和有效地使用相应的环境或媒介。

(一)空间触发情节

前面在介绍嵌入式叙事时提到,它的空间叙事是把叙事情节松散地嵌入游戏空间的场景中,情节发生的时间先后顺序并不固定,或者说相对没有那么重要,事件随着玩家对空间的游历而自然而然地展现。

游戏的关卡设计通常会特别展示情节发生的舞台式空间,预示着此处将会发生戏剧性的情节事件。一旦事件条件满足,相关事件就会在该平台空间内发生,如一场玩家与敌人的遭遇战、NPC在此揭示剧情反转、与BOSS的最终一战等。

除展示情节事件之外,空间还可以为新的事件提供触发条件。首先,空间本身可以作为事件发生的直接触发条件,当玩家进入某个空间时,相应事件会自然发生。其次,可以将空间与存在于其中的人物与物体关联起来,为触发机制配备更多细节条件,例如完成特定的物品收集或触发特定的机关条件。

在早期的游戏中,将空间事件与处于空间中的人物相连作为触发机制是相当普遍的。尽管从叙事的角度来看,这种机制有时显得十分僵硬。例如,有些游戏会在房间中放一个不与之交谈就永远不会有动作的NPC,或者在狭窄通道中放置一个不与之交谈就永远不会让玩家通过的NPC。在房间中专门用于触发地点事件的NPC功能单一,即使玩家突然闯进门,也不会有任何正常人物的吃惊反应。在早期《古墓丽影》游戏中,设计师安排了一个在楼梯的所有方向上阻挡玩家前行的黑袍人,这个NPC又沉默又神秘,看起来并不想聊天,在外观设计上也毫无记忆点。这些僵化的触发方式都会破坏玩家体验的沉浸感。

总之,地点与情节的结合是游戏中空间叙事的重要组成部分。这种模式下情节主要靠玩家游历触发,但游戏中有多种利用空间布局实现对游戏叙事流程有序控制和调整的方法,设计者也因此保有相当一部分对事件发生先后顺序的控制权。

(二)使用"环境叙事"传递信息

有些游戏设计者认为,让玩家自己发现游戏故事比被动观看游戏中设计好的故事更有愉悦感,最理想的状态是设计者仅提供可以引发叙事的互动环境,让玩家自己见证或参与叙事事件,用他们的体验来讲述故事。

如前面所述,环境叙事就是通过游戏环境传达必要信息,而不依赖对话、文本或其他硬性信息介质来解释情况,因而是一种让玩家自己发现故事的设计思路和呈现方式。

在环境叙事中,玩家为了自己的目标,会通过特定的过程与周围环境互动,找到叙事线索并同时形成叙事事件。除了可探索的空间之外,游戏中能传达叙事内容的一切元素的集合,如各种供玩家互动的对象、角色、物体,以及存在的生态系统等,都可以成为环境叙事的手段。

举例来说,游戏《半条命》某个关卡处有这样一个机制设置:玩家眼前的沙滩区域被设为危险区域,只要踩到沙滩上,玩家就会被沙中的大型昆虫杀死。为了向玩家传达这一重要信息,游戏中可以采取各种设计方式,例如使用文本进行强制警告,或者让玩家通过试错实践自行发现。而《半条命》采用了一种环境叙事的方法,让玩家目睹一个NPC在沙滩上行走而被巨虫吞下的场景,这种通过NPC展示致命危险行为的方式不仅向玩家提供了必要的信息,也完美融入了游戏环境。

1.环境直观传达必要信息

环境叙事有助于规避对话或者系统的限制性行为,例如必须与NPC互动等,可以在传达叙事的同时保留玩家的空间意识,因而被一些快节奏的游戏广泛采用。

环境信息可以提示过去发生的事情,起到传递历史信息的作用。在《求生之路》[*Left for Dead*(Valve)]中,玩家一旦进入安全屋,就会看到墙上布满了涂鸦(见图6-54)。这些涂鸦有的讲述了人们的故事,有的警告玩家需要避开某些地方,还有的指出在这个关卡中哪里有武器储藏。设计者利用环境的一部分向玩家传达了很多重要信息。

图 6-54 《求生之路》墙上的线索①

---

① AYUB M. Navigating the maze using environmental narratives [EB/OL]. (2015-05-11) [2023-12-30]. https://www.gamedeveloper.com/design/navigating-the-maze-using-environmental-narratives.

2. 氛围信息与引导玩家行为

环境叙事不使用大量的对话和文本,而是引导玩家自行探索发现信息。这种模式使玩家不仅在游戏地图中游历,而且积极地去分析空间。从这个角度看,游戏需要构建一个富有说服力的环境,以激发玩家的冒险本能,巩固玩家对游戏流程的长期参与,并增加叙事的深度。

在《杀出重围:人类分裂》(Deus Ex: Mankind Divided)中,玩家需要探索游戏的各个区域,并通过散落在环境中的线索来解开谜团和案件。玩家进入游戏的布拉格区域后,会看到各种环境提示,如血迹暗示了曾经发生的致命暴行、邪教的膜拜物暗示了迷信的存在等。这种气氛渲染式的环境加强了玩家对危机和自身面临危险程度的理解,也激发了玩家解谜的冲动和拼接起完整故事的欲望。

这些依赖背景环境设置的故事涉及多个角色和任务,并引导着玩家的行为。它以一种非常自然的方式,将主角从空间的一处吸引到另一处,可以说这款游戏的独特之处就是通过游戏空间来植入一部分游戏机制。

使用环境表现一些营造氛围式的模糊信息,可以引发玩家探索的好奇心,并引导玩家的行为,此外,从更大的范围来看,也可以使玩家通过想象来建构与开拓虚拟世界的故事宇宙。空间中各种可供玩家自行发掘和阐释的信息,可以被视为大量的补充性的小故事。设计者可以通过呈现一个留有解释空间的场景,提供一系列程度不同的模糊性事件,使玩家有意识地搜罗与挖掘其中的细节。从这个角度来看,空间叙事本身就具有模糊性,玩家可以以更广阔的视野、从不同的故事和游戏角度去理解游戏故事。

玩家通过自己的想法参与和补充整体游戏故事可以被看作一种创作,这种自我创作一方面可以被视为玩家与设计师共享游戏的所有权,增加玩家对于虚拟世界的认同与沉浸感,另一方面,玩家用与设计者不同的视角与理解来展开故事想象,也可被视作对于虚拟世界中故事宇宙内涵的扩展与丰富。它可以增强虚拟世界中故事的价值性和故事本身的可塑性,使其超越虚拟世界本身。

空间叙事中细节的数量和清晰程度与游戏的节奏和氛围密切相关。设计者一方面需要确保玩家能找到了解世界所需要的信息,另一方面又要保留一定的神秘性以保证玩家在虚拟世界的沉浸度。设计者需要认真考虑如何实现这两方面因素的完美平衡。

3. 空间导航作用

环境叙事可以将故事元素融入环境,以此来展现部分故事内容,还可以在不使用任何文本和标记的情况下,将一些必要的导航信息整合进游戏环境。由此,游戏中的导航不再仅是让玩家跟随的箭头,而是可以无缝地融入游戏,如通过环境的地标、灯光、配色方案等元素,碎屑式导航(trails of breadcrumbs)法甚至设计 NPC 等方法,实现沉浸式导航。

颜色、灯光、环境肌理的形式和其中出现的道具会吸引玩家的注意力,引发玩家的探究兴趣。游戏环境可以以此来转移玩家的关注点。比如,颜色可以帮助玩家区分盟友和敌方领土,建筑物或者大型道具能够充当参考点,成为导航的地标,帮助玩家快速定位。

碎屑式导航指的是通过冒险者在地下、墙上留下的符号或痕迹来引导方向。据传它由冰岛冒险家发明,他们探险时会在墙上留下文字符号,并且在地上撒下面包屑(breadcrumbs)充当线索,以便后来的冒险者能够跟随前人的路线。在游戏《暗黑破坏神 2》(Diablo II)中,玩家会在复杂的隧道和走廊迷宫中看到一串又一串小的幼虫,这些幼虫就相当于碎屑式导航,玩家可以通过跟随这些幼虫,找到最终 BOSS 所在的位置,并在此处与这只大型昆虫决战。

导航 AI(角色 NPC)也可以被看作环境式导航的一部分,虽然它们可能难以被归入"空间"内容元素。在某些游戏中,系统记录到玩家在游戏场景中似乎已毫无目标地漫游了很长一段时间后,会自动产生一些 NPC 去接近玩家,跟他们交谈,询问他们是否迷路,需不需跟随自己。玩家如果选择跟随,系统也并不会强迫玩家一直前行,玩家可以在此过程中随时停下。这些方法在不同层面增强了玩家的沉浸感,同时也提高了游戏中的导航体验。

4.机制教学

我们在阐述环境叙事时提到过,游戏可以通过展示 NPC 的不当行为来提示游戏规则。同样的,设计者也可以把有关机制教学的信息融入游戏空间,所谓的嵌入信息也可以包括嵌入机制信息。

在游戏《半条命 2》中,当玩家进入莱温霍姆(Raven Holm)场景时,会发现地上到处都是被扔下的锯片。这些遍布场景的工具不仅暗示了过去发生的事件,也暗示了锯片可能是对付场景中僵尸的有效武器。因此,此处空间不仅向玩家展示了目前他们所处的环境的危险性,也教会了他们如何利用道具来提升能力。

从环境的角度来看,游戏性和故事本身存在着一种协同性。如前面所述,环境叙事中机制和系统都被融入了虚拟世界的构建中,这需要玩家更深入地理解和分析空间,以充分利用其中的细节信息。因为这种结合,规则和机制得以避免以直接且生硬的方式出现,而空间也因此得以转化,玩家可以在实现游戏目标的同时更深入地了解虚拟世界的整体环境和运作方式,增强玩游戏的代入感和沉浸度。

(三)气氛渲染与情感唤起

1.空间作为叙事载体

建筑和其他类型的空间元素都可以成为讲述故事的媒介,其中壁画是一种常见的表达形式。先民在岩洞中使用壁画来记录信息,宗教性质的建筑和空间场所也经常有讲述宗教故事的壁画,以此来传经布道。在中国,地宫和墓葬中的壁画可以让人们了解墓主人的生平和经历,而出土的各种砖画、石雕、碑刻等也常常带有故事性的内容。传统中国的室内空间布置,如木雕、梁柱甚至家具类的床头雕花,都经常围绕着故事人物和角色进行设计,传递叙事性的信息。在人们识字水平不高的情况下,这些建筑及其他空间元素本身携带的信息可以起到传达故事内容的作用,而这些故事往往有着教育性。

2.情感唤起

游戏空间中的情感唤起是游戏设计的重要组成部分。空间本身具有唤起人们生理和心理情感的能力。如前面所述,情绪或情感不仅可以加强叙事,而且本身也是叙事过程的一部分。有时,传达某类情绪或情感,是实现叙事目标的关键,也是增加叙事感染力或形成事件冲击力不可或缺的条件。由于游戏媒介中空间的特殊性,通过创造特定的环境来引发玩家某种特殊的感觉是其叙事传达的重要手段。

一些空间引发的情感属于生理性情感,即当玩家置身于某个地点或位置时因空间体验而自然产生的情感(可见游戏心理学中的"映像情绪")。例如,当玩家跟随替身的视野站在山巅之上俯瞰大地时,壮丽的场景往往会让人产生一种心旷神怡的感觉,为玩家带来思绪坠飞的开阔感。

这种身临其境的感觉不同于传统叙事媒介中的"共情",它是切实让屏幕前的玩家以第一人称的视角主观体验到的生理性感觉。有时某些空间性的建构在现实场景中难以实现,但在三维游戏中却较容易模拟,因此游戏空间中的体验有时可以超越人在现实中普通体验的种种限制,带来一些特别的感觉经验。这也使得空间体验成为游戏中比较独特的一种情感唤起方式。

空间还可以激发心理性的情感。在现实世界中,空间中各种建筑内容元素本身就是带有美学特征的视觉符号,能够给人们带来艺术化的情感感受。例如知名的建筑泰姬陵,作为一栋美丽优雅的纯白色建筑,它代表了建造者对所爱之人的感情印象,看到它能唤起对所爱之人生前种种回忆与想象。这种温柔的意象也传达给了观赏到它的人。而在一些纪念战争或灾难的历史性建筑上,设计者会重现特定时期的建筑元素或引用特别的视觉元素,这些元素能使人联想到悲惨的过往,引发人们的哀伤情感。这些空间建筑元素本身附带有大量具有表现力的内容,它们都是情感的触发器。

除了美学表现外,空间本身的大小、尺寸比例、公共与私密的差异等都会引起人们潜在的心理变化,比如狭窄或开阔的空间会影响玩家下意识的行为。在设计游戏空间时,利用这些引发不同属性情感的空间,安排其引导玩家的行为,可以使玩家体验游戏故事进程的经历更贴近设计者的期望。

因此,通过构建具有特定情感属性的空间环境,并精心安排其带来情感的强度和波动起伏,设计者可以对他们想要传达的故事进行规划,并塑造玩家在其中的叙事性体验(第七章将更进一步地讨论相关内容)。

3.环境细节与人物塑造

环境叙事的重要作用之一是传递历史信息,这种历史信息也包括人的信息。空间与居住在其中的人的方方面面交织在一起,留下自然的生活痕迹。因此,环境细节可以不露声色地揭示很多关于人物的信息,物品由此成为承载角色历史记忆的媒介。虚拟空间可以被看作一个多维度的角色本身,渗透着角色的个性和意识状态。

希区柯克在他的电影《蝴蝶梦》(*Rebecca*)中描述了一位从未出现的角色,他使用的方法就是表现她留下的空间,这一空间对影片中的其他人物有着深远的影响力。影片中该空间的第二任主人德温特夫人必须居住在这样一个每一件物品都能让她想起前任主人的空间中。房间中锁着的门、墙上有压迫力的肖像、抽屉里物品的触感、植物和窗帘的质地等,每个角落的细节都在提醒她,无论如何她都无法逃脱这个空间中有关丽贝卡的记忆。

虚拟世界中空间的可信度依赖居住在其中的人们所留下的细节。塑造一个丰富的环境,并通过物品和空间本身传达信息,准确地反映居住者(们)的思想、情感的历史和现状,是提升虚拟世界可信度的重要手段。只有一块窗帘的空间和一个令人回味的充满回忆的空间在表现力上是完全不同的,它们之间主要的区别就在于这些细节的堆叠。

空间中的细节情况会展现一定的背景故事和感情基调。如前面所述,使用空间来塑造角色的一个典型的例子是《失去的家》。这款游戏通过视听方面的点缀,极好地营造了忧郁和落寞的氛围,电视沙沙的彩条和吱嘎作响的木地板都突出了房子的空置感。游戏将环境变成了反映角色心态的媒介,空间中的物品巧妙地传达了妹妹的叛逆和父母的保守。这种手法增强了场景的目的性,传达了叙事性的情感。

设计者可以利用空间细节揭示虚拟世界,并塑造其中的居住者,使空间成为足以代表角色性格的特别之所,增加虚拟世界的可信度和沉浸感。这种微妙的质感也是空间沉浸因素的核心,使游戏能通过体验而非描述的方法,混合使用情境、道具和任务线索,挖掘玩家的探索本能,推动玩家与空间的互动和相关行动决策。

4.类型叙事的再现

玩家对于特定空间环境的预期性期望,建立在对特定叙事世界的经验性理解之上。这种理解源于玩家从其他如电影、漫画、小说以及其他相关体裁故事中积累的经验。每种媒介都有自己擅长表现的内容,受众对于媒介内容的接受也都是相对独立的。游戏媒介的长处在于可以创造一个可供互动和徜徉的沉浸式环境,换言之,人们对于故事世界本身有一定的"记忆"与想象,而游戏赋予了这种"记忆"和想象以具体的形态,而且很大程度上是空间的形态。

在游戏中,要创建引人入胜的环境叙事,就要重视对玩家的经验储备的调用。游戏并不需要像传统叙事媒介一样讲述一个完整的故事,它们可以在相当宽泛的轮廓中描绘一个世界,然后依赖玩家去补充另外的部分,即使类似性的东西已在许多游戏中存在。

玩家可能对特定的故事类型或某种传统题材的游戏环境有着非常经验化的认知。也就是说,玩家在进入游戏故事之前,对自己所要进入的虚拟世界的环境和空间不仅有所期待,而且有所"记忆"。他们对这个世界应该呈现的样子已经有了一些成熟的想象,这种虚拟世界的再现是玩家快感的重要组成部分。

特定类型故事的空间环境也是气氛渲染的一部分。例如,如果故事是关于"海盗"的,那么游戏中物理空间的设计就应尽量围绕"海盗"展开。游戏空间中的每一个细节都可以被利用来传达或强化"海盗"的概念,比如环境质感、游戏音效甚至关卡流程中拐弯处的设计。

游戏中会有类型化的叙事空间环境,它们可以充满细节,并通过玩家们的参与和想象与无数个同类型故事的平行宇宙相连,形成广阔的多重叙事宇宙。从这个角度来看,通过空间环境所构造的叙事总比它直观表现出来的虚拟世界要更大、更丰富。这也是游戏通过空间环境能够给玩家带来的特有的叙事体验之一。

(四)空间本身作为机制

1.空间并置

我们在前面"通过空间塑造人物"中讨论过,物品和空间本身寄述着过往的信息,它们可以展示过去发生的事情,展现曾经存在的人。这些提示曾经的事与人的物品,从某种程度上来说,可以被看成一个空间并置。

电影中有一种被称为"同屏叙事"的镜头表现手法。在某些特定的情况下,电影媒介可以使用镜头语言,在一个屏幕上同时表现两个或多个空间。在戏剧中,舞台空间可以通过艺术化的处理,在同一个物理地点实现不同空间的布置和转场。

在游戏中,我们也可以经常看到空间并置的情况。游戏中的空间并置不是通过分屏或分镜头语言来实现的,而是通过同一物理地点相关场景的空间置换。最常见的例子就是游戏中"表里世界"的模式,它一般指的是同一空间在不同条件下的两种(或以上)不同的状态。

这种表现形式通常与游戏中的叙事时间、游戏的玩法或角色机制相关。例如,在不同的空间状态下,角色的能力或此刻可供玩家使用的道具会有所不同。在叙事方面,这种不同空间模式的切换可以引发不同的事件,从而使故事在同一空间地点下产生不同的情节分枝。这种空间切换模式与其他视觉媒介都不尽相同,是游戏媒介中一种比较独特的表现手法。

2. 空间作为奖励

在游戏设计中,空间可以被视为一种奖励机制。玩家通过关卡或角色到达特定地点可以被视为一种激励手段,而陆续开放的空间则可以成为一种机制性的回报与奖励,成为推动玩家行动的直接动力。

某些类型的空间比其他空间更适合传达叙事性的记忆或提供情感性的体验。在剧情与地点紧密结合的故事中,地图上特定空间的寻觅难度、开放空间条件达成的难易程度等,都标志着空间中信息或事件本身的重要性。核心解谜事件,或者最能揭示角色深层动机的信息,往往与最隐秘的空间相关。

随着地点的逐一点亮,空间可以成为延续故事的手段。就像获取物品/钥匙/能力一样,玩家在游戏中不断获得新开放的空间,从而控制故事进程。

情节的发生顺序或者信息在故事中出现得早晚,会给玩家带来不同的叙事冲击力。在空间叙事中,时间被转化为事件发生地点的顺序,控制空间开放的顺序就等同于调整叙事线的时间。从这个角度看,在空间叙事中,空间的开放即意味着事件的发生。对设计师而言,在其他因素相同的状况下,调整空间在关卡中的布局结构就可以调整情节发生的时间顺序,并可以与玩家的选择相配合,以不同的方式推动叙事线前进。

3. 敌人作为另类的空间元素

在游戏中,敌人可以被视为一种另类的空间建筑。通过布局和移动敌人,可以引导或阻碍玩家进入特定空间(空间往往与获取某种特定的信息相关)。战胜敌人意味着突破障碍,获得新空间的准入条件。从这个角度看,空间更可以被视为一种奖励。

4.彩蛋

在特定条件下,游戏中的空间会发生变化,出现一些不容易被发现的彩蛋式内容。在游戏创作中,在空间中置入彩蛋是一种传统。更精细的探索场景和空间意味着更大的发现和惊喜,类似的不重要但富有趣味性或补充性的元素,也是部分玩家乐此不疲探索游戏空间的激励因素之一。

二、从情节到游戏空间

游戏与传统故事的主要区别在于其强调互动性,着重于让玩家参与故事。因此,游戏故事及其情节不应该仅作为叙事的推动力,还应成为玩家进行游戏的行动动力。

游戏设计的首要原则是确保玩家在游戏中有(足够的)事可做。即使是以讲故事为主要目的的游戏,也会设置大量的可交互内容,以让玩家获得较好的体验。在互动故事环境下,为了寻找更多的互动元素,玩家本身就倾向于略过纯剧情部分,尽快推进游戏进度。

一旦玩家发现他们即使不了解任何游戏剧情,也可以毫无障碍地推进游戏,甚至完全不会影响后续游戏流程时,他们就会倾向于直接跳过多数叙事情节点,即使其中部分情节点在设计者看来非常关键。因此,如果游戏仅在某个时刻以某种方式叙述关键情节点,然后游戏进程就能继续向前推进,那么最终的结果可能会是,游戏虽然有叙事目标,但并未能成功传达给玩家任何有效的故事内容。要改变这种情况,就需要在游戏故事中创造互动。最常见的方法之一就是让游戏故事中的叙事信息有用,叙事信息需要被应用在玩家游戏行动的过程中,让玩家只有仔细地获取叙事信息才能有效参与故事、产生行动。

以情节来构建关卡、设计游戏空间时可以遵循一个重要的原则,即如果玩家不了解此处任何必要的故事内容,那么将无法成功通关。在此基础上,我们应该尽量确保内容的完整性。也就是说,如果玩家正常游历游戏空间并穿越关卡,那么他应该大致上能玩到游戏中有关叙事的大部分重要内容,即使有所遗漏,玩家也可以通过自我理解和建构,来获得一个相对完整的故事。

在游戏中,利用信息形成互动最简单的方法之一就是形成选择。玩家在游戏中遇到、获得叙事性信息的方式有很多,可以在屏幕上直接读到文本信息,在角色对话中听到信息,或者在过场动画中看到信息。然而,所有这些通过外部环境获取信息的方式都不如互动来得有效,玩家在游戏中需要直接用到某个信息才会对此产生深刻的印象。如果设计者希望玩家注意到某些重要信息,或者需要记住一些细节,最好的方法就是制造一些与这些信息相关的选择,创造一些需要用到这些信息的环节。

需要注意的是,创造与信息相关的选择并不是指简单地创造选择分支。在具有分支叙事线的游戏故事中,因为分支选择本身是一种"限时决策",要求玩家快速反应,所以当玩家发现选择的后果对后续产生的影响不大时,使用随便选择或默认选择来简单跳过剧情的情况会更为严重。

因此,在设置选择或创造使用信息的方式时,需要考虑到如何能让玩家以比较理想化的方式去使用这些关键信息,而不仅仅是创造冗余选项。

不同的游戏故事对于关键信息的定义有所不同。例如,在一个以理解角色内心世界为主要命题的故事中,揭示主角为何要做某事的隐秘动机可能是故事的主驱动力,因此关于角色想法的信息在故事中就显得非常关键。而在一个解谜故事中,那些与完成某个任务、解决某个问题相关的选择或特定信息就会显得比较关键。

使玩家在游戏中主动使用信息,并设计使用信息的不同方法,不仅能够提高玩家对搜集游戏中叙事信息碎片的兴趣,还能使玩家在使用新信息的过程中获得对于整体游戏故事的理解与认识。

如果故事预先设计好了重要节拍(beats),但设计者觉得仅让玩家使用叙事性信息还不够,那么他可以在节拍上创建需要参与的任务或事件,以此来强调叙事的节拍。在游戏中,玩家可以通过抉择或行动推动情节事件的发生,但在关键的情节点或节拍点上,某事是否会发生是一种级别很高的选择,如果设计者不能开放此级别的选择给玩家,那么可以提供一些次等层面的选择。例如,假设某件事一定会发生,那它会以什么样的形式发生;角色对这件事情的感受或者看法是什么;或者它注定要发生之后,玩家能从后果中挽回些什么。需要注意的是,一些游戏故事可能有两个或者更多个可能的结局,通向这些结局的支线故事在进程中可能有着不同的展开节奏,也因此需要不同的情节节拍点,这就意味着每个节拍点可能需要单独的设置与安排。

总的来说,我们可以把游戏故事的叙述看作一种对游戏空间的游历,这些游戏空间也是事件序列的集合体,按照特定的结构整合和包含了各种叙事元素,玩家按照某种特定的先后顺序经历这些游戏空间,同时经历一个故事。玩家经历这些空间时所形成的特定顺序,就是空间叙事在传达信息时形成的巧妙的谋篇布局。

本章小结

本章详细探讨了数字游戏如何通过空间来构建和展现叙事。空间不仅是游戏中特定事件发生的场景或游戏中故事的背景,更是重要的叙事工具。游戏叙事围绕空间形成了一些独特的叙事策略。

第一节首先对比了数字游戏中的空间和时间,强调了空间在游戏中的特殊地位。接着以主题公园中的叙事设计为引子,讨论了几种对于游戏空间叙事的概念性理解。最后介绍了五种组织游戏空间的关键元素。

第二节至第四节将游戏的空间布局大致分为三种类型:线性空间、分支型空间和开放性空间,并讨论了与它们相适应的故事类型,进一步探讨了它们与叙事的结合特点、叙事手法和相应策略,最后对部分相关实践工具进行了解释与说明。

第五节主要介绍了游戏中特有的一种叙事手法,即通过空间塑造角色来构建故事。这种方法的潜力尚未被完全释放,但已有一些成功的应用案例可供我们参考和学习。

第六节再次回到空间叙事本身,对环境叙事以及从情节到空间设计故事做了一些重点说明。

总体而言,本章介绍了游戏空间叙事的基础内容,涵盖了从基本概念到实际策略的重要内容,有助于读者从空间设计的角度更好地理解游戏互动叙事,并进行相关的设计实践。

思考与练习题

1.试着分析一个使用空间来塑造角色的游戏:

(1)这个故事中涉及了哪些人物的信息?试着使用展现人物的方法来分析一下它们分别涉及了人物的哪些层面。

(2)它们是通过什么样的环境、物品或方式传达出来的?

(3)哪些比较巧妙?哪些相对笨拙?哪些给你留下了深刻的印象?

2.为自己在第五章创作实践中生成的故事进行简单的空间设计:

(1)其情节点如何与地图节点相结合?

(2)其中的分支线需要单独的空间布局设计吗?

3.对关卡设计有一定了解的同学,可以开始直接从设计游戏地图开始构建游戏故事。在设计过程中,请确保将游戏故事中的事件或任务有机地融入关卡地图。

第七章　情绪体验与动态故事的创建

　　故事除了讲述事件、情节之外，还会自然产生一些有规律性的情感结构，这种情感结构是不分媒介、普遍存在于叙事内容中的，因而可以引发人们的情绪性反应。游戏设计可以利用情感结构来反推构成某个游戏所需的特定叙事事件。这是游戏作为体验性媒介所能使用的比较特殊的构建叙事、传达叙事的方式。

　　在整体设计的层面，游戏可以把内容投放、机制、氛围、空间等安排成可以引发玩家某种特定情绪流的节奏性结构。设计师可以把游戏想要传达的叙事性的情绪结构加以分析，使用强弱交互、正负反馈等各种机制，来错落有致地把控与设计其想要玩家在游戏空间中达成的情绪体验，让玩家经历一段带有叙事感的体验历程。

　　这意味着游戏叙事设计可以不以情节事件为前提来创作故事内容，而是从能引起玩家情感反应的机制等要素出发来构建叙事。但如何把这些零散的由机制、玩家行动和其他元素组成的内容融合成一个完整的故事？这个问题的解决依赖游戏的叙事框架与互动机制两部分，需要我们自上而下地将故事框架和基于机制设计的玩家行动相结合，实现动态化故事的创建。本章将概括性地总结游戏中自上而下的两种故事构建方法。

第一节　游戏的情绪节奏与叙事

一、以情绪来处理叙事的基础

肯德尔·亥文在其讲座《大脑的故事效应》(*Your Brain on Story*)[1]中指出,叙事之所以能吸引人的注意力并长久留存于人们的记忆中,甚至改变人们的想法和行为,是因为人们在经历故事的时候也在经历非常个人化的情感,这种情感性的投入会让故事对个体产生强大的影响。

我们的交流能力部分取决于共享的情感体验,故事通常会遵循不同的情感轨迹,形成一些特定的情感曲线,并形成对人们来说有意义的故事模型。库尔特·冯内古特(Kurt Vonnegut)[2]等很多作家和学者都探讨过关于叙事情感曲线的理论,并提出过自己的模型。值得注意的是,这些故事形成的情感曲线并不为我们揭示故事情节、作者意图、内容含义等直接信息,而只是整个叙事中自然产生的一个组成部分。

也就是说,我们通常会认为故事情节是组成故事的核心部分,但在各种故事中,情感的起伏可能来自完全不同的故事结构和情节组合,即经验性的情感体验所形成的有一定通用性的情感曲线并不包含情节本身。

安德鲁·里根(Andrew J. Reagan)和他的团队利用大数据技术,通过文本分析法进行有关叙事与情绪曲线方面的研究。他们在古腾堡计划电子书库网站(Project Gutenberg's Fiction Collection)中选取了1327本词数在2万至10万、下载量超过40次的故事读本作为分析样本。[3]

这些分析样本是纯文字的,由于缺少其他媒介,作者只能使用文字与词语来塑造所有的个体体验,因此如何在书面故事中激发读者的情感体验就成为其内容中不可或缺的一个重要组成部分。

该实验假定言语可以影响情绪,使其变得积极或消极,那么文本中所出现的词汇也可以用来度量此刻传达的情感是正面还是负面、强度如何及其随时间会如何变化。

---

[1] HAVEN K. Your brain on story[EB/OL]. (2015-03-31) [2023-12-30].https://www.youtube.com/watch? v=zGrf0LGn6Y4.
[2] VONNEGUT K. Kurt Vonnegut on the shapes of stories[EB/OL]. (2010-10-30) [2023-12-30]. https://www.youtube.com/watch? v=oP3c1h8v2ZQ.
[3] REAGAN A J, MITCHELL L, KILEY D, et al. The emotional arcs of stories are dominated by six basic shapes[J]. EPJ data science, 2016, 5(1): 1-12.

通过词汇分析,研究者评估了文本故事在每个时刻产生的情感倾向(正面、负面)以及变化的情况,并由此得出了故事情感轨迹的形状。

研究团队分析了前述1327本故事书文本的情绪轨迹,并通过数据挖掘的方法展示了其中几种最常见的,最终总结出了故事会形成的最基本的六种情绪曲线(见图7-1),这六种情绪曲线有大量经典文本案例做支撑。

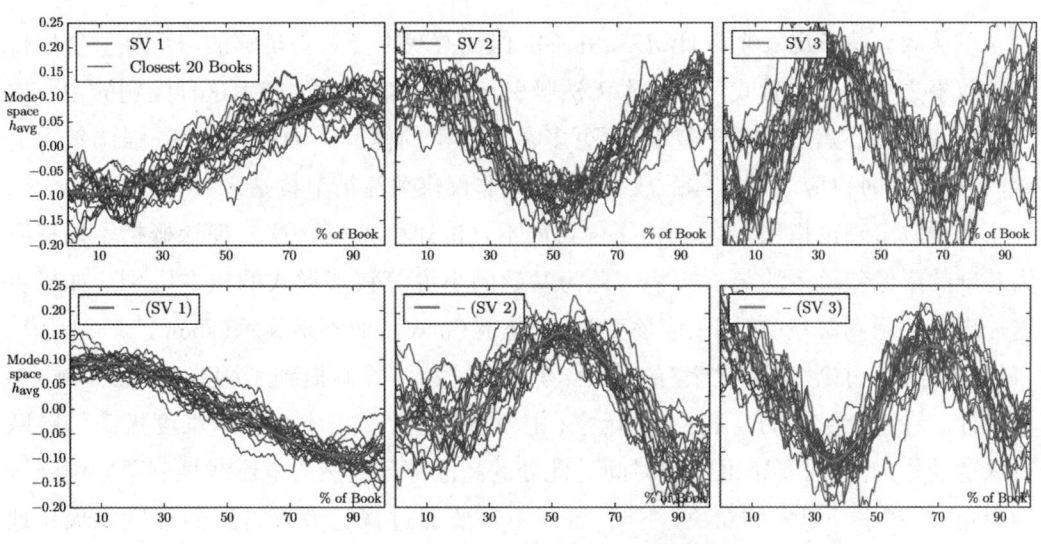

图7-1 六种基本的情绪曲线

研究进一步指出,这六种基本的情绪曲线是形成更复杂故事的基石,并以此为基础分析了《哈利·波特与死亡圣器》整本小说的情绪曲线,认为虽然小说本身情节是嵌套的和复杂的,但与每个子叙事相关的情绪曲线仍然清晰可见。文章将这六种情绪曲线(通过轨迹趋势映射出的故事情节)总结为以下六种故事原型。

(1)正模型1(SV1):从一文不名到百万富翁。[上升/扬]

(2)负模型1(-SV1):"悲剧"或者"从百万富翁到一文不名"。[下降/抑]

(3)正模型2(SV2):反败为胜。[抑—扬]

(4)负模型2(-SV2):《伊卡洛斯》:从高峰跌落(希腊神话故事,讲述了伊卡洛斯飞得离太阳太近,蜡粘的翅膀被烤化,最终坠亡的故事)。[扬—抑]

(5)正模型3(SV3):《灰姑娘》。[扬—抑—扬]

(6)负模型3(-SV3):《俄狄浦斯》。[抑—扬—抑]

这个研究证实了在无数个不同情节的故事文本之下,均隐藏着一套叙事本身固有的且有一定通用性的情绪曲线,这些曲线与人类在故事中的情感体验息息相关。文本故事使用文字、词语建构的不仅是情节,而且是在这些情节之中形成的叙事情感体验的感觉以及氛围。

二、以情感体验构建游戏叙事

（一）机制与情感体验

单从故事情节出发来设计游戏，并不能保证游戏本身具备足够的可玩性。使用传统的叙事方法设计的游戏可能根本无法吸引玩家持续玩下去，产生这种问题的主要原因是游戏的核心焦点不在于叙事，而更多在于玩家的体验。因此，即使是强调叙事的游戏，在设计时也应注重整体的故事体验，而非仅仅关注情节构造。

影像叙事理论指出"要展示（show），而不是讲述（tell）"。这一理念概括了以视听为基础的影像叙事手法与以文字信息为基础的小说等叙事形式的根本区别。如果将这一理念应用到游戏中，那么应该变为"要体验（play），而不是展示（show）"。

在第三章讨论"英雄之旅"的"严酷考验"阶段时，我们提到了游戏《神秘海域》中的设计。在这个游戏的高潮阶段，玩家（主角替身）需要完成一连串难度极高的跳跃或躲避动作，并且需要精准把握时间。此处的高潮部分显然与电影线性三幕剧中强调的主角"与对手一对一的对决"不同，游戏不需要通过视觉效果将激烈程度外现化地"展示"给观众，只需在玩家"自我"内心唤起类似的情感体验即可。此刻玩家即"主角"，无须寻求其他的情感共鸣或移情。当玩家真切地感受到此处机制的难度、感觉自己在跟一个巨大的障碍或者困难搏斗时，其紧张情绪也会在这一刻达到游戏故事中的高潮点。这种事件强度与情绪紧张度的机制安排和电影线性三幕剧中主角与对手搏斗的情节节点其实是相通的。

游戏作为一种数据库式的富文本数字媒体形式，传达故事的方式多种多样，其中可诉诸的感官媒介也各有不同。如果这些媒介讲述故事的方式不能与游戏本身的机制有效结合，可能会导致游戏缺乏必要的吸引力，使玩家很快丧失深入了解的动力。所以，相较于传统媒介依赖情节来构建叙事，游戏在塑造叙事体验时拥有更多可用的方法和手段，能够更加多样化地传达其所希望表现的内容与情感。

重视体验感的游戏可以通过玩家在游戏过程中产生的情绪或情感，直接塑造出一种类故事的叙事体验。就像文本故事可以通过词汇本身的积极或消极来构建情感结构一样，游戏也可以从它们想要让玩家体验的情感结构出发，采用游戏中可用的各种机制手段，实现所需的情绪变化，为玩家营造出一种沉浸式的叙事感。

游戏故事与其他故事的不同之处在于，游戏通过第一人称的方式传达情感，这与观看故事时的共情与移情不同。在传统故事中，人们可能会因为故事中的一个角色做了错事受到惩罚而厌恶或同情他,但绝不会感到后悔与愧疚。这体现了"移情"跟"第一人称情感"之间的差异。在玩游戏时,我们体验到的情感相较真实世界更为有限,比我们平时在日常生活中以自我为中心所能体验到情绪范围要窄得多,但这些兴奋、胜利、沮丧、释然、挫败、放松、好奇与欢乐都是玩家在积极参与故事、解决问题时产生的。这与纯粹以精神活动建构对故事的想象是完全不同的。

如果使用四象限图来分析游戏情感与游戏机制的关系,我们可以将这个四象限图中的横轴定义为情绪反馈的机制,即游戏中这个机制会引发玩家正面的情绪反应还是负面的情绪反应;将纵轴设为玩家在游戏中对于该机制的参与程度和控制力,例如强交互与强行动机制意味着玩家的高参与度,而弱交互则意味着玩家的低参与度。结合这两个维度,我们可以绘制出如图 7-2 所示的四象限图。

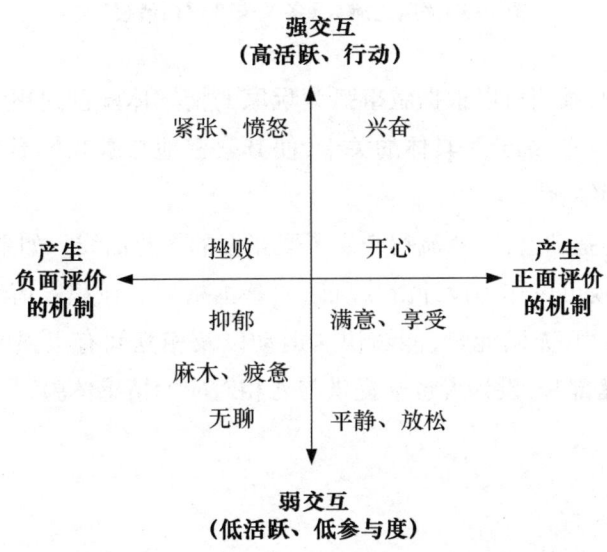

图 7-2　游戏机制与情绪产生之间的关系

(二) 重视情感体验的游戏叙事

在通过情绪结构给玩家带来叙事感体验的游戏中,较为著名的有《风之旅人》。其设计者陈星汉在其设计分享①中提道,英雄之旅最重要的故事结构是关于一个人的改变,英雄之旅的主角人物变化和三段式结构的情绪起伏变化可以形成同一条曲线,一个人的一生正好与一个英雄之旅的三幕剧故事相匹配,而他的灵感正来源于此。

在标准的好莱坞三幕剧式结构中,故事的结尾处会有一个巨大的情绪落差,这种

---

① CHEN J. Designing journey[EB/OL].[2023-12-30]. https://www.gdcvault.com/play/1017700/Designing.

高潮处的情节紧张度落差标志着情感的宣泄和释放（见图 7-3）。

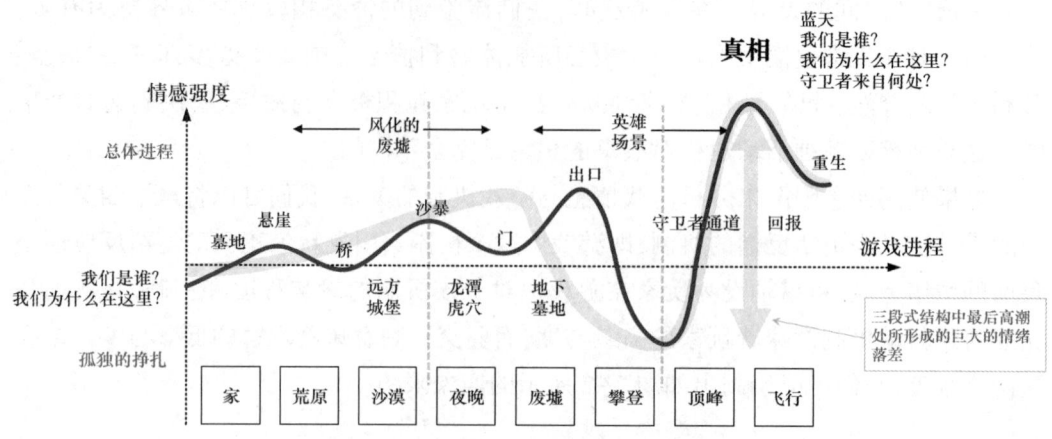

图 7-3 《风之旅人》各关卡情绪曲线设计

在游戏设计中，我们可以根据叙事弧为玩家的情感体验创建更详细的情绪曲线。这些曲线可以被进一步细分为具体的关卡，使其紧密地与游戏地形、事件发生场景以及关卡景观设计相结合。

在这些曲线的基础上，游戏流程产生了紧张度的变化曲线。如果把这些曲线绘制在一个坐标轴上，就可以作为设计游戏玩法的基本指导。在积极情绪的部分，设计者希望玩家感觉到自由、充满能量、能够快速运动以及相互间有很强的情感联结（见图 7-4）。在消极情绪部分，设计者也会提供与之相对应的情感体验。

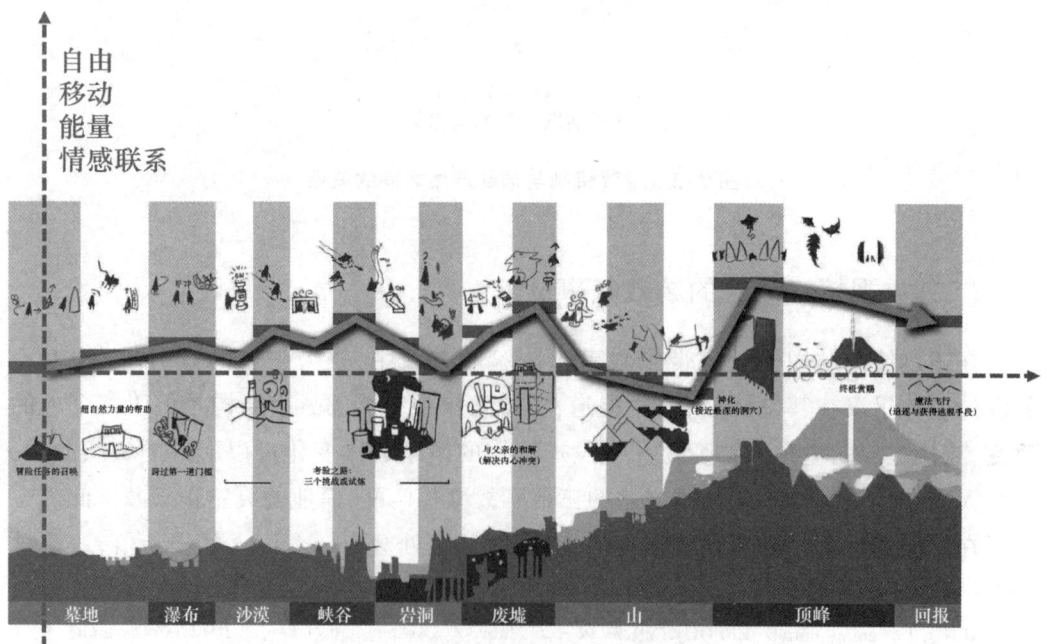

图 7-4 英雄之旅游戏流程的情绪坐标

从游戏的整体氛围来看,美术与音乐可以营造紧张或低沉、快乐或悲伤的效果,但在设计游戏的机制和玩法时,很难定义什么是悲伤。为了在游戏的最后实现情感的上升,在之前的关卡中需要让玩家的情绪进入足够的低谷。在《风之旅人》中,设计者把情感低谷处的关卡机制设计得更具挑战性、更加艰苦,环境也具有之前所没有的攻击性,而避难所也会坍塌,关卡的长度被拉长,玩家需要在这一关花费更长的时间,从而产生更加艰辛的感觉。在低谷的后期,四周的光线变暗,暗示着角色慢慢失去希望,最终彻底走向死亡。在此过程中,为了让玩家进入预先设计的情绪,玩家在此处经历的游戏进程时长是经过精心调试设计的。

为了让最后的高潮更加激动人心,并且为了保持对玩家来说非常重要的自由度,设计者取消了最后轨道式的行进路线,改为增加滑行的区域,让玩家体验到快速运动所带来的愉悦和自由感。

为了在最后高潮部分实现玩家在游戏中情感体验的上升,游戏机制在此处的设计策略实际上是通过提供高度自由、充沛能量、迅速移动、与另一玩家产生强情感联系等玩法,提高玩家的行动力和游戏的交互度,以此提升玩家对与游戏的控制力与在其中的参与感。

(三) 空间设计与情绪体验控制

1. 有关预期与情绪差

空间叙事的第六节"气氛渲染与情感唤起"的部分已经论述过空间设计对玩家的"情感唤起"。Brian Upton 在其讲座中提到了游戏如何通过关卡和空间设计来操控玩家的情绪体验。

Upton 指出了两个核心手段:一是建立预期(以及预期变化),二是制造情绪差。他以现实中的迪士尼乐园为例,解释了如何利用空间设计来构建叙事性的情绪体验,指出其中"激流勇进"(Splash Mountain)的设计就是通过情绪设计让游客体验电影般跌宕起伏的历程。

(1) 边缘揭示预期。

边缘在空间设计中是新信息、新元素出现的地方,通常伴有戏剧性内容发生。过山车乘客到达斜坡最高点时,就处在一个重要的边缘上,此刻一个宏大而全新的景观呈现在乘客眼前,他们能清晰地看到前方长而陡峭的路径,以及其与自己所在位置之间的巨大落差。这样的空间布局使每个人都能看到并且预见即将发生的事,产生对于之后的情况(自己的经历和反应)和危险的各种猜测,但大家也明白自己是绝对安全的,这种紧张与兴奋的混合带来整个旅程中情感的高潮,形成了一个重要的情绪(叙事)节拍。

(2)制造结尾的情绪差。

从游戏关卡的角度来看,"激流勇进"最有趣也最重要的部分在于其体验结束的节点。全球的过山车设计大体相似,游客达到最高点后会越过边缘向下冲刺,向下的路径往往很长,速度与动感带来瞬间的刺激,带给游客即时的兴奋和紧张感。

但迪士尼的过山车跟其他的过山车略有不同。许多过山车只提供一个瞬间或一个很刺激的高潮,之后整个旅程就结束了,游客会直接离开,而迪士尼的过山车则是游客经过了最后的路径之后,还会经历一个特意添加的节点。

这个节点就是游客经历了高速下滑后进入一个布满机械动物的房间。当他们通过时,动物们会唱起一首叫《每个人都有欢笑之地》(Everybody Has a Laughing Place)的歌。尽管这首歌在日常状态下听起来可能显得有些滑稽,但此时所有人都刚刚经历了直坠50英尺,正处于晕头转向的状态,这使它与人们当前的状态高度契合。

这个最终的空间节点舒缓了乘客的情绪,此时"每个人都有欢笑之地"的音乐主题在这个让人放松下来的空间里与游客们所经历的情绪旅程产生了共鸣。这个设计通过舒缓与宣泄之前的兴奋与惊恐,把从本质上来说只有兴奋与紧张情绪的混合时刻(相当于游戏中遭遇迎面而来的枪战时刻)转化成了一个叙事和情感的时刻。在结束的终点上,这个添加的空间节点会让人们真正觉得"是的,每个人都会有欢笑之地,我刚刚就经历了一次,这真是太棒了"。这个节点增加了整个旅程的分量和意义,这是仅有飞速下坠所带来的感官体验做不到的。

2.四种常见的情绪塑造

Upton 提到了游戏里通过关卡和空间设计可以引发的几种常见情绪以及控制它们的方法。

(1)紧张感:制造情绪差。

紧张感是游戏中几种最基本的玩家情绪之一。玩家在某一时刻或因处于某地而感到危险或者面临挑战时,就会产生紧张的感觉。但游戏不能让玩家一直处于高度紧张的状态。如果玩家在游戏中一直感觉到的都是紧张、威胁或挑战,那么他很快就会筋疲力尽,这是最糟糕的游戏体验之一。

从设计上来看,如果要让玩家一直保持高度紧张的状态,就需要将游戏中所有出现的新事物都设计为保持持续上升的趋势,不能有任何下降的情况,这对游戏设计来说十分困难。同时,一直让玩家保持在紧张状态之下,也意味着游戏没有给玩家足够的时间与虚拟世界进行充分的交互,玩家可能无法了解游戏的故事内容,也没有时间进行深入的思考或计划游戏策略。

通常情况下,设计者会在游戏空间中构建一套具有一致性的环境状态或引导线索,让玩家在熟悉游戏的过程中,能够本能地判断什么情况是安全的,什么状况又意味着危险。这些持续一致的状态和线索,就是关卡中控制玩家紧张感的基础元素。

(2)胜利感:强化并匹配预期。

空间可以增强玩家对在游戏中所做之事的体验。当玩家击败了一个强大的、难以战胜的敌人时,行为本身会给人带来胜利感,但我们还可以通过刻意的空间安排来让这种体验更加深刻。在整个设计上,我们要让玩家对即将经历的一切充满期待和兴奋,激发玩家想要取得胜利的渴望,让击败敌人这件事显得意义重大、价值非凡。

要创造胜利感,我们需要在游戏中设置一个节点,它是之前所有事件的积累和最终的高潮。这个节点的设计必须让人感到有足够的分量,能给人一种不枉此行的感觉。例如,为了与艰苦的 BOSS 决战相匹配,我们需要设立一个壮观的王宫。玩家抵达此处花费了大量时间与精力,一切经历的过程在这一刻都应该被证明完全是值得的,这里配得上一个终止符,一切都该结束了。

由于胜利感的这种特性,胜利的巅峰节点在比例上与游戏的整体规模和结构密切相关。它在时间和空间上都应与前期游戏的内容相匹配,并且要与游戏的特定机制相协调。比如,如果我们要做一个与整个游戏体量相匹配的节点,那么我们可能需要把某一关整体设计为高潮点。

(3)惊悚感:制造预期及其变化(与预期不匹配/打破预期)。

惊悚感主要来源于对安全的预期与实际安全的程度不符。当人们认为自己安全却有意外发生时,就会产生被吓到的感觉。

很多恐怖类生存游戏会使用机制来特地营造这种感觉。比如在《生化危机》(Biohazard)系列中,游戏会在最初的几个关卡中通过环境状态的一致性给玩家建立起一些预期,例如在走廊里行进是安全的,但在墙角转弯时可能会遇到僵尸敌人。然而,在后面的关卡中,游戏会突然改变规则,例如让玩家发现当他们在走廊上移动时,僵尸可以从窗户爬进来攻击。这种环境预期的改变制造了一种心理压力:现在没有什么地方是绝对安全的。

从总体上来说,游戏先在早期的关卡中建构了一些模式,训练玩家能在游戏特定状态下感知到环境的安全指数,因此在游戏的早期,游戏世界中所发生的一切情况相对来说都是可预料的,因而显得比较安全。然后,游戏再以一种惊悚的方式打破这种模式,一旦发生了预期之外的事情,在剩下的游戏时间里,玩家将不再觉得游戏中有地方是安全的。这正是生存类的恐怖游戏想要达到的效果。

(4)奇迹感:预期及其变化。

游戏也可以给玩家创造出一些超越基本情绪(比如说紧张感)的感受,奇迹感就是其中一种。在《魔兽世界》中,铁炉堡(Iron Forge)的设计就凸显了这种感觉。在空间布局上,通向铁炉堡的路径极长,玩家在接近它时需要花费相当长的时间,道路的最后一段是一条向上倾斜的长坡,从这条长坡走向主城时,会让人觉得自己正向某个非常巨大而重要的物体迈进,让人觉得向主城行进、缓慢地接近它本身就是一件重要的事。铁炉堡远观时展现出的体量与规模感,以及玩家接近它的方式,都给人一种奇迹感。

游戏作为一种特殊的媒介,其核心在于体验。我们可以将体验本身构建为一种故事结构,并以其为中心,通过制造体验创建故事叙事结构。情感是叙事体验的重要组成部分。本节首先讨论了以情绪来处理叙事的基础:在接受故事的过程中,人们会自然地形成某种有规律可循的曲线式的情绪波动,这使得情感结构也能成为一种重要的游戏叙事结构。

前一章提到空间是控制和唤醒玩家情绪和体验的重要手段。无论是空间元素(如路径、边缘和节点等)还是其中的视觉元素(如场景、色彩光线等),都可以成为营造玩家情绪的玩法机制的一部分。设计者需要超越以玩家任务和动作机制为单一对象的设计手法,更深入地思考玩家在空间中从一个情境转移到另一个情境时可能经历的情感变化。我们可以以塑造空间来匹配或影响玩家的情绪体验为核心,从更高级别的空间设计理念出发来设计布局。

第二节　动态故事的创建

在很多三消类的小游戏中,玩家在完成某个关卡后,会在关卡之间看到故事性的内容。依据前面所述游戏机制与情绪产生之间的关系(见图7-2),我们可以推断出此时这些叙事内容的主要功能是为玩家提供情绪上的舒缓。它们通常出现在玩家经历了一段需要较高认知投入(高参与度)的游戏阶段之后,作为一种情绪调节的手段,达成某种形式的休息。这些叙事往往采用纯文本或类似于过场动画的形式,玩家在此过程中仅作为观众,缺乏互动性。通过这种加入叙事内容的方式,游戏设计者能够调节玩家的参与度(活跃度),创造出一种波浪式的推进体验。

游戏设计的核心在于其机制,即玩家在游戏中能够进行的交互和活动。在以强调游戏机制为出发点的设计中,设计者有时仍然希望在整体流程中融入叙事元素,以实现机制与叙事的自然结合,或在玩家体验上达到和谐统一的效果,能够在整体的游玩体验中形成一条完整的、相对比较有叙事感的情绪曲线。

在第二章第四节中,我们讨论了游戏机制与叙事并不总是结合严密、和谐相处,设计不当会导致分裂乃至冲突。若从游戏玩法机制而非整体叙事框架出发,设计时可能会遇到将零散的动作机制与整体框架相结合的问题。在这种情况下,如果想在最终实现较为完整的叙事效果,可以利用情绪或情感结构作为叙事曲线的依据,反向推导出所需设计。在探讨如何运用情绪/情感/体验结构进行叙事设计之前,我们应先了解两种更高层次的游戏设计思路。

一、游戏叙事设计的两种思路

在第二章"互动与叙事的冲突"部分,我们谈到由于游戏拥有自下而上的信息输入方式,因此在设计互动性文本以构建完整故事时,需要保持弹性的叙事流,以便玩家可以参与并影响故事。与此同时,整体设计也需要保持一定的结构,以确保这些琐碎的输入能被整合到一个框架中,使故事能按照正常的叙事弧线发展,有自己的高潮和结局。这种用既定的叙事框架来融合游戏与故事的设计方法就是自上而下的故事设计思路,它依赖预先设定的剧本内容,通过既定的情节点引导游戏的叙事与进程。

第五章"互动叙事结构"提到过"玩家驱动式"结构,它允许创建完全由玩家行为驱动的游戏,类似于真实世界的"过家家",从而在游戏中产生有故事感的或者类故事式的体验。这属于自下而上的设计结构,即从故事人物的行为决策开始,向上塑造故事体验。

总而言之,通常情况下,将玩家行为与游戏机制整合并产生游戏叙事有两种不同的方法,我们可以将其概括为"自上而下"式和"自下而上"式。"自上而下"式强调设计者对故事的整体把握,从顶层结构确定了游戏中叙事的情节结构和起伏节奏;而"自下而上"式更强调玩家的自由度与掌控力,把游戏故事的产生交给玩家。

(1)"自上而下"式:游戏使用一个完整的叙事框架来讲述故事,可能包含固定的情节节点和叙事节拍,并以该框架整合玩家在游戏中参与的事件和具体行动。在冒险游戏或角色扮演游戏中,我们经常可以看到此类型设计。

(2)"自下而上"式:这种方式是从玩家的输入开始,在与玩家的互动过程中逐步塑造故事情节。这种设计强调玩家在互动中的自由度,其故事创造体验更加灵活和个性化。

二、"自下而上"式的类故事体验

在全息面板叙事机上,玩家的每一个动作都会对虚拟故事世界中的人物产生影响,每一次不同的选择都可能使故事朝不同的方向发展。这种动态的过程使输出有了突现的特性。"突现"这一术语出自复杂性理论,指的是一种系统现象,即系统的整体行为特性无法(直接)通过它的各组成部分简单推导出来。游戏也和其他任何复杂系统一样,其整体可玩性中的突现特性并非源于游戏单个组成部分的复杂性,而是源于游戏各部分之间相互作用所产生的结果之和。

"自下而上"式的叙事设计方法利用了突现式机制来塑造游戏故事,一个直观的例子就是《模拟人生》。在这款游戏中,玩家进入了一个充满人物和物体的世界,世界中的每一个对象都与一组与其对应的可触发行为(possible behaviors)相连接,当玩家选择与特定对象交互时,可行行为的列表就会在屏幕上跳出来。选择一种行为后,故事世界就进入了另一种状态,许多其他可选动作将变得可用。故事世界通过玩家的选择逐渐构建出一个故事。

有观点认为,故事只是一些事物与另一些事物产生的一系列事件的组合。好的游戏很容易产生一系列有趣的事件,并让玩家乐于将其分享给他人。这些让人情不自禁地和他人分享的有趣事件体验本身就非常具有叙事性,就像小孩子在游戏"过家家"中所经历的那样。

"自下而上"式的叙事设计就像玩家(主角替身)参加电视真人秀节目一样,"你"和一些性格各异的"人物"被放置在同一个空间里,"你"想知道与他们之间的互动会产生怎样的故事。尽管游戏只能为玩家提供有限的结构和自由度,但这并没有制约人们去创造真正美好、愉快且令人难忘的交互式故事体验。

"自下而上"式的系统的缺陷在于,由于缺乏自上而下的作者式控制,其故事塑造容易导致情节漫无目的地朝多个方向发展,几乎无法产生充满张力的戏剧式上升和下降的情节曲线。在这种机制中,系统的输出也缺乏自动闭合故事线的机制,几乎无法使一系列事件在冲突被解决的情况下自然停止。然而,故事的闭合对于叙事的愉悦性来说也并非必需,从网络连载小说到电视肥皂剧,人们也总是被持续不断的叙事吸引,就像生活本身一样。

三、"自上而下"式设计法的两种模式

叙事游戏的呈现形式与游戏的机制系统有着密切的关联。即使两个游戏都建立在一个总体的叙事框架之上,但由于游戏目标的不同,当故事与玩家的参与和行为相结合时,其展现出的形式也会有所差异。

(一)"从整到零"的设计模式

在采用这种设计方法的游戏中,故事在整个设计和呈现过程中占据了核心地位。该设计方法解决的主要问题是如何让玩家按照预设的情节推进游戏故事。这种设计

从最高层的情节主线和整体故事的叙事框架开始,进一步分析如何将高层主线转化为玩家可以参与的行动,从而实现故事中的具体细节事件。

"自上而下"式的方法更倾向于采用传统的线性故事或者"英雄之旅"模式的故事架构。我们在第二章中也提到过,这并非仅仅是因为它们符合传统叙事弧,更多的是因为它们能弥补数字游戏所能提供的匮乏的叙事资源。

这种故事的普遍模式是一个英雄接受使命,通过执行各种各样的任务来完成它,并在最后得到奖励。这种模式使英雄的行为动作易于被游戏控制模拟,基本的"成就—奖励"的序列可以不断重复,玩家可以逐渐通过越来越难(高)的关卡并获得成就。剧本在故事设定和任务性质上可以有很大的变化,可以使不同的游戏故事有完全不同的新鲜感与体验。

在这种模式下,英雄通常需要单独完成任务,这导致游戏中的英雄往往独自行动。而其他角色多被设定为固定的"功能人物",要么是反派,要么是助手。这样一来,游戏中角色之间的关系就变得可有可无,系统无须构建复杂的人物关系来发展剧情,因为关系通常是游戏 AI 最难模拟的部分。若游戏中涉及更复杂的情节和背景故事,游戏会以降低玩家沉浸度和叙事连贯性为代价,把故事进程的控制权从玩家那里拿走,采用预先渲染的过场动画来展示故事内容。

采用"从整到零"的方法设计游戏时,设计者通常需要首先建立一个完整的故事框架,其中可能会有精细的情节点控制,再通过挖掘故事中的事件,考虑如何引入玩家的行动元素以提供更多的互动性,好让玩家在游戏中有事可做。这种设计方法在许多改编自文学或影视作品的游戏中都有所体现,如《哈利·波特》《黑客帝国》《指环王》《爱丽丝梦游奇幻境》等。它们从确定的故事世界开始,通过融入玩家可以执行的动作来产生交互性和游戏性,并由叙事情节产生机制系统。本章第三节将基于游戏实例来分析这种设计方法的应用。

(二)"从零到整"的设计模式

传统的叙事以主题、情节等推动故事的行动线与事件序列的发展。相比之下,游戏的叙事起点是玩家的行为,游戏故事需要考虑玩家行为与主题、情节之间的关联。在自由度较高的叙事游戏中,故事由传统媒体的"情节"转向由玩家主导的"进程"。

如"情绪节奏"部分所述,我们可以从机制出发激发情感,构建与叙事弧相匹配的情感框架来形成故事体验。如何将这种碎片化的机制与顶层的叙事框架相结合,是这种模式的一个关键问题。

"自上而下"式的叙事设计方法之一是以游戏玩法为基础来进行设计。其考虑的核心内容是玩家在游戏中能做什么、游戏会给玩家带来怎样的挑战等。这种由机制产生叙事的模式特点为：首先设定一系列的事件、动作和场景，然后通过编织一个故事，将所有的机制、场景和玩家参与的事件串联起来，整合成为完整的游戏。这种设计方法在动作类游戏中尤为常见，例如《波斯王子》。本书将这种方法称为"从零到整"的设计方法。

在这个设计方法中，"零"代表从"玩家可以做什么"开始构想和设计，玩家的参与会为游戏提供新的信息；"整"则指将这些零散的玩家行为整合起来，形成结构性的框架。这种整合性框架可以围绕某一元素建立起以该元素为核心的节奏起伏，使玩家在游戏过程中获得类似于传统叙事弧的经历和体验。本书提及的这种结构框架主要有以下三种。

（1）情节结构：根据特定的情节结构，安排事件形成情节节点和叙事弧线，在其中生成玩家可以参与或做出决策的事件序列，从而形成玩家经历故事的流程。

（2）情绪结构：以机制给玩家带来的交互强度（刺激度、紧张度等）及其变化为核心，通过玩家在游戏进程中所感受到的情绪感觉和体验等元素构成落差，从而形成具有叙事感的流程。

（3）空间结构：以游戏空间的布局和设计为核心，通过调整事件在游戏空间中（或情绪氛围）的疏密、发生的早晚、进程的长短及其强度错落的格局，来营造具有叙事感的环境，使玩家在游历游戏空间的过程中产生亲历故事的感觉。

在实际应用中，这三种结构在游戏设计时是紧密结合的，情节、情绪与空间三者之间往往存在互相依赖与互相转换的关系。

（三）"自上而下"式两种设计模式总结

从设计模式角度来看，"自上而下"式的游戏（机制）与故事结合的设计可被粗略归纳为两种方法。

（1）"从整到零"：从整体故事出发，推导出玩家在游戏中需要执行的行动或任务，从情节事件上产生一套能够支持叙事的玩法机制。

（2）"从零到整"：将零散的玩家行为整合，形成一个叙事框架，生成一个能够支持游戏中所有玩法机制的故事。

四、"自上而下"式与"自下而上"式两种设计思路的结合

值得强调的是，"自上而下"式和"自下而上"式的设计方法并不是互斥的。一个优秀的游戏故事往往能够在游戏性（机制）和故事性之间找到平衡。

在"自下而上"式的方法中，剧情元素同样可以在系统中被应用，以合适的叙事形

式呈现。以《模拟人生》为例,游戏的趣味有时产生于系统暂时接管玩家的控制权,触发一些预设的情节或玩家意料之外的事件。比如在早期的版本中,男性角色可能会被外星人绑架到外太空,回到地球时已经怀孕了。而想要被外星人绑架并不容易,因此引发了很多玩家乐此不疲的尝试各种可能与此有关的行为。

而在"自上而下"式的系统中,玩家输入的限制性更大,故事互动性可能因此而减弱。为了增加游戏性,系统往往会将这两种方式结合起来。在故事驱动的第一人称射击游戏《杀出重围:人类分裂》中,玩家前往的目的地是由故事情节指定的,而玩家则可以运用丰富多样的战术策略应对在路途中遇到的障碍,并根据自己的选择来决定解决方法。

总而言之,创造性地结合这两种设计方法可能为解决众多游戏叙事中的问题提供方案。传统的故事结构和游戏机制以非传统的方式结合起来,不仅是故事本身突破与进化的一个方向,也是游戏叙事发展和应对挑战的趋势所向。

第三节 "自上而下"式设计中故事与机制的结合

一、"从整到零"的模式示例

《哈利·波特》系列游戏由 Electronic Arts（EA Games）公司出品,前六部每部有一作游戏,第七部有两作游戏,共八作。《哈利·波特》系列游戏符合"自上而下—从整到零"的设计方法。

从剧情上来讲,《哈利·波特》系列游戏的整体情节从第三部开始,基本上改编自电影而不是小说。数字游戏的故事一直有着强空间叙事的特征,相较于小说文字性的特点,游戏叙事直接借鉴基于视觉构造故事的电影会更简单直接。这个系列中比较有突破性的是第五部《哈利·波特与凤凰社》,相较之前的几作,游戏的空间呈现更为完备,其以电影中出现的地点作为游戏故事中铺陈情节点的结构,使玩家理解起来更为清晰简单。

该游戏制作精良,其中的 3D 场景几乎还原了电影中霍格沃茨城堡的全貌,供玩家在魔法世界中游历。方式灵活的战斗、咒语的应用以及一些附带的小游戏等,使该作成为《哈利·波特》系列游戏中较为完善的一部。

下面以游戏《哈利·波特与凤凰社》为例,分析"自上而下—从零到整"的游戏叙事设计结构。

(一) 有关《哈利·波特与凤凰社》原电影的基本情节

(1) 激励事件:哈利·波特在暑假被摄魂怪攻击,他使用魔法自卫,却因此违反了校规,面临着被开除的危险。邓布利多为他争取了一次听证会,让他有机会保住学籍。

哈利的教父小天狼星和其他凤凰社成员把哈利带到凤凰社的秘密基地,并告诉他魔法部不承认伏地魔已经复活,还准备打压他和邓布利多。

哈利在魔法部的听证会上遇到了想要定他罪的乌姆里奇。幸好邓布利多出面为他辩护,哈利才得以无罪释放,返回霍格沃茨。

(2) 第一情节点:哈利和朋友们回到霍格沃茨,发现乌姆里奇成了黑魔法防御课的老师。她是魔法部长的眼线,来这里是为了控制霍格沃茨,钳制哈利和邓布利多。

(3) 冲突点:乌姆里奇获得了魔法部的授权,成了可以随意插手霍格沃茨事务的调查官。她以应对考试为借口,只教学生们魔法理论,不让他们实践魔法,并解雇了预言术老师特里劳妮。

小天狼星通过火炉告诉哈利,魔法部长更担心被邓布利多篡位,而不是伏地魔的威胁,哈利必须自己学会如何对抗伏地魔。赫敏建议哈利教大家防御咒语。许多同学相信伏地魔已经复活,因此加入了哈利的秘密训练组织邓布利多军(DA, Dumbledore's Army)。威尔发现了有求必应屋,这成为他们隐秘的训练场所。哈利和张秋相恋。

(4) 中点:伏地魔复活后,哈利和他的心灵联系更加紧密,哈利经常做有关伏地魔的梦。有一次哈利梦到自己是一条蛇,攻击了罗恩的父亲,他立刻告诉了邓布利多,邓布利多根据提示救了罗恩的父亲。哈利得知自己和伏地魔能互相感知对方的思想,这意味着他能看到伏地魔的行动,但伏地魔也可能影响或控制他的心智。为了防止这种情况发生,邓布利多让斯内普教哈利头脑封闭术。

(5) 第二情节点:乌姆里奇在张秋身上使用了吐真剂,发现了有求必应屋和邓布利多军,以及哈利在练习使用魔法的事。

乌姆里奇向魔法部长报告,要求开除邓布利多并逮捕他,邓布利多召唤他的凤凰逃脱。乌姆里奇成为新的校长。

海格把他从山里带回来的巨人弟弟格罗普托付给哈利、罗恩和赫敏。

罗恩的双胞胎哥哥们在考试当天大闹一场,用烟火龙把乌姆里奇赶出考场,还炸毁了她挂满整面墙的校规。

(6) 第三情节点:哈利在脑中看到了伏地魔在神秘事务司折磨小天狼星的画面。赫敏怀疑这是伏地魔的圈套,但哈利还是决定去救小天狼星。他们冒险使用了乌姆里奇办公室里没有被监视的火炉,结果被发现。

赫敏为了保护哈利,谎称邓布利多有秘密武器。她带着乌姆里奇和哈利去了禁林,正当乌姆里奇开始怀疑时,半人马族出现了。乌姆里奇用魔法攻击半人马族,被格罗普打伤,最后被半人马族带走。

哈利和赫敏回到学校,其他被抓的学生也逃了出来。大家一起乘夜骐去神秘事务司救小天狼星。

(7)黑暗时刻:哈利一行到了神秘事务司,意识到自己在脑中看到的只是一个陷阱,小天狼星根本不在那里。在那里哈利找到了一个关于他和伏地魔预言的水晶球。这时以卢修斯为首的食死徒出现了,他们想要夺走水晶球。小天狼星带着凤凰社成员赶来,与食死徒展开了激战。混战中贝拉杀死了小天狼星。

邓布利多军的成员被贝拉和伏地魔围攻,危急之际,邓布利多赶到,和伏地魔展开了对决。最后伏地魔入侵了哈利的意识,想要控制他。

(8)高潮:邓布利多指导哈利摆脱伏地魔的影响,让他多想想自己和伏地魔的区别。哈利成功地把伏地魔赶出了自己的脑海,伏地魔只好撤退。

(9)冲突解决:魔法部部长来到现场,看到了伏地魔的身影,不得不承认他确实回来了。哈利和邓布利多的名誉和地位得到了恢复。离开霍格沃茨时,哈利分享了他的感悟:在这场战斗中,他有一样伏地魔没有的东西,那就是哈利拥有战斗的理由。

(二)《哈利·波特与凤凰社》游戏的基本情节分析

(1)游戏故事的顶层设计:对于原电影情节点的还原和细节保留。

《哈利·波特与凤凰社》是一部叙事相对完整、自由度较高、略有沙盒玩法特征的游戏,它的总体结构如图7-5所示。

它保留了原电影的基本情节点,较好地还原了剧情的一些细节(部分并未在图例中示出)。比如哈利与张秋产生情愫、哈利在圣诞节凤凰社总部时发现布莱克与马尔福家族的关系、阿兹卡班的爆炸等。

由于需要用大量的过场动画来处理重要的情节点,为了避免拖沓,部分剧情的展示使用了故事中魔法世界《预言家报》的相关报道这种文字信息的形式(比如阿兹卡班监狱的爆炸、黑魔王的回归等),或者用了很多省略的方法,把几个情节点捏合在一起简述。

(2)游戏故事的底层设计:根据上层的情节点来设计游戏的玩法机制和玩家可做的事。

在上层的情节点基本上已经确定之后,在每个特定的情节点之下,设计者会根据该情节点给出的信息,考虑玩家可以做、需要做、可能做的事(行动),重新梳理安排游戏的操作、玩家的技能机制等。也就是根据上层情节点发生的事件,来设计一种或几种玩家任务与玩法类型。

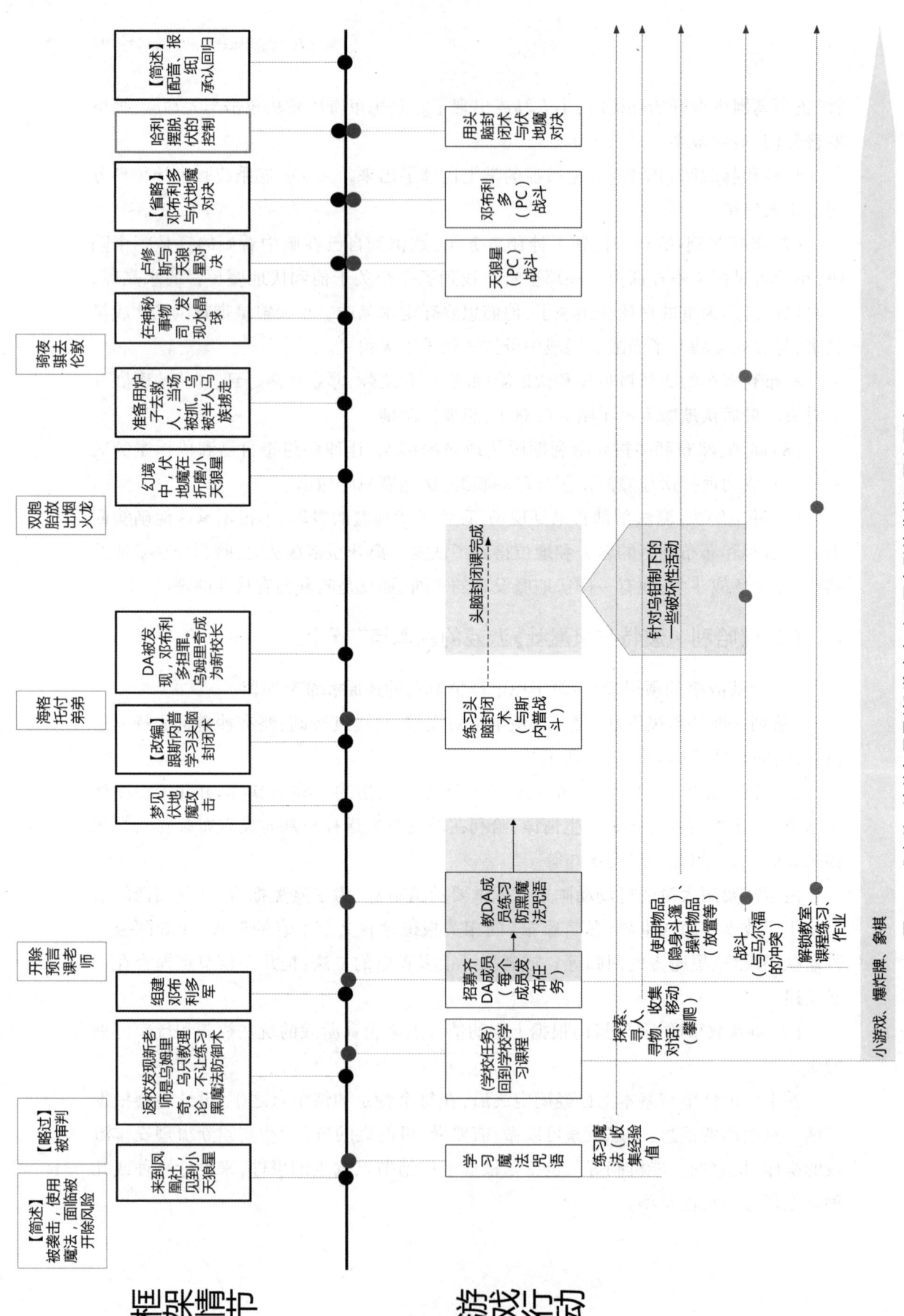

图7-5 《哈利·波特与凤凰社》游戏中对于原电影情节的还原和更改

比如，在故事的开头，玩家来到凤凰社见到小天狼星之后，系统发布了跟随小天狼星学习魔法咒语的任务，这与原片的情节完全无关，明显是为了让玩家熟悉基本操作而特意设计的内容。系统从此处也开启了练习魔法、积累熟练度经验值等类型任务。

审判、返校之后，系统开启与学校相关的任务，此处设计了上课任务（如解锁各种教室）、各种作业（如配置魔药、草药识别、咒语练习、写十二英尺长论文）任务、跟NPC（如遇到各位学校老师）对话寻人寻物（如寻找新生或者可以说话的石像）任务等。还有各种要素收集的任务，特殊移动、攀爬等游历性质的技能也出现，方便玩家探索虚拟世界。此处也设计了在学校里可以跟同学一起玩一些小游戏的机制，开启了如国际象棋、爆炸牌等休闲玩法部分。

值得一提的是，游戏中剧情的进程跟原电影故事中的情节点发生的时间，在各自整体时长上所处的位置是完全不同的。《哈利·波特与凤凰社》整体机制的设计并不是常见的那种会让玩家感到乏味的"前半段练习、后半段战斗"的游戏。在其中有玩家自由度较大的沙盒部分（在分析图中以色块标出），虽然在该图轴线范围内看上去其所占时间不多，但在游戏中却占据了主要的游戏时间，远超最后结尾处快速进行的三次战斗。

贯穿游戏前半段的主要任务是组建邓布利多军。这需要玩家跟邓布利多军的成员一位一位交谈，成员的招募顺序是无关紧要的，但每个人都有他们需要解决的问题。每个成员NPC都会发布他们的任务，完成任务即可使其加入邓布利多军，所以此处要完成多种寻人/寻物/集齐物品/移动、放置物品/使用物品的任务。这些操作与技能在开学任务之后都已成为玩家掌握的可选行动。

此处也新增了"战斗"类技能操作，在剧情中设计为玩家（因为其他人）与反派马尔福发生了冲突，因而学习并使用了战斗技术。在这之后，玩家的主要任务就是教邓布利多军成员练习黑魔法防御术，这个任务需要在有求必应屋这个特殊地点进行。

游戏后半段玩家可选择的行动和使用的技能与前半段是一样的，但与前半段所做任务不同的是，此处游戏设计的任务主要是在邓布利多军解散之后，玩家对乌姆里奇统治下的校园进行了一些破坏性的活动，比如使用物品（用隐身斗篷偷回东西）、放置物品（比如嚎叫巧克力、可移动沼泽）、攀爬寻物（恶搞扬声器）等。这些任务也与推动剧情紧密结合，比如玩家需要帮助双胞胎把烟火放在教务处，最后帮双胞胎放出烟火龙。

与前半段组建邓布利多军的开放性任务不同的是，后半段的任务在原电影的剧情中要么从未出现，要么跟哈利毫无关系。但游戏需要在此处设计出一部分符合故事剧情发展状况的开放性任务，使玩家的行为至少能占据与前半段相同的游戏时长。

在最后原剧情的高潮处，游戏允许玩家可以一次性进行三场大战。玩家本来是以哈利的视角参与游戏,但是在最后的打斗过程中,系统使小天狼星与邓布利多都成为玩家可控角色(PC)。为了增加操作感,玩家用头脑封闭术与伏地魔的对决也被换成了战斗模式(原剧情并无战斗)。

我们也可以在游戏中看到,对互动的需求使游戏需要对原剧情进行改编,因而出现了游戏剧情与原片中叙事不符的情况。

比如在原剧情中,乌姆里奇为了折磨哈利罚他抄书,并使他在抄书时手背上会因为魔咒刻出相同的字符而流血。为了添加互动性,游戏将情节改为哈利手背上出现莫名其妙的伤疤,然后玩家就需要找到可以疗伤的书、药(寻物),需要去特定地点(图书馆),遇到特定的人,引出后续情节(招募某个邓布利多军成员)。

改动较大的还有比如像"练习头脑封闭术"这一情节。在原故事中,因为哈利与斯内普教授发生冲突,斯内普教授愤而拒绝再教哈利,课程中断。但游戏为了让玩家有更多可做的事而保留了这个课程的练习,玩家在跟斯内普战斗几次并取得胜利之后,就可以完成这一课程(系统明确地给出"完成头脑封闭术"的提示。)

"自上而下—从零到整"的设计方法的特点可以被总结为故事世界优先于故事本身。这些游戏吸引玩家的与其说是享受游戏体验并在游戏中做一系列事,倒不如说他们喜欢的是某个故事世界中空间和视觉的预期享受。他们重视的是在一个熟悉的虚构故事世界中遇到自己喜欢的角色,并能使自己身处故事世界之中,浏览其中幻想过无数次的风景。

这些游戏的情节通常需要改编以适应游戏流程,这使游戏中有足够多的可供玩家"玩"(操作行为)的部分,因此这些游戏也通常会跟它的文学或电影版本等差异巨大。在最糟的情况下,它们的情节与玩家的行动在统一叙事线中基本未能整合,这导致许多基于已有故事的游戏变成千篇一律的动作射击游戏或者任务过关游戏。

二、"从零到整"的设计思路

在游戏设计的初期阶段,设计者对于游戏机制在特定环节的体验强度往往会有一个大致而模糊的认识。在这种情况下,寻找一个适宜的叙事情感曲线是构建叙事框架的第一步。本书介绍了几种叙事情感曲线,比如三幕式和英雄之旅等。对于结构紧凑或时长较短的游戏故事,三幕式或英雄之旅的情感曲线较为适用。但更多游戏由于关卡的存在,情感曲线与电视剧的叙事节奏更为相似。以下我们将从电视剧的叙事强度和节奏出发,详细阐述如何从零开始构建整体的设计思路,即如何基于游戏玩法机制,设计出一个相对合适的叙事框架。

(一)游戏关卡的叙事节奏感

1.缺乏结构导致随意的游戏体验

游戏的一个关卡、一个任务或一段过程中的事件顺序若没有经过细致规划,而是被随意定下,其结构可能会显得松散。这样的松散性使关卡中的一系列事件无法通过一条连贯的节奏曲线来表现,难以为玩家带来深刻的叙事体验。

如图7-6所示,尽管依靠系统驱动和环境构建的事件能够产生紧张度的高点和低点,但是这些起伏的高度呈现无规律的变化,事件之间的时间间隔也毫无章法可循。这种失去节奏和强度上的韵律所带来的后果是,玩家的注意力会随之消散,游戏变得毫无吸引力。

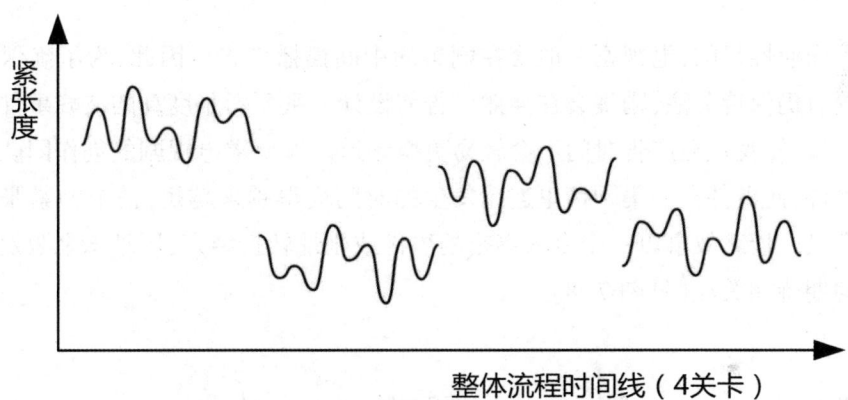

图7-6 缺乏结构等于随意的游戏体验

为了在游戏中产生一种如坐过山车般的刺激体验,我们需要首先对一系列的事件进行仔细的规划,完成关卡规划蓝图,再去依照其构造具体的关卡、任务或游戏过程。

2.关卡节奏:电视剧集的节奏感

我们在第三章中提道,关卡的存在使游戏的整体节奏与电视剧有相似之处。迈克·洛佩斯(Mike Lopez)指出,一集典型的电视剧通常会选择一个比较有吸引力的、具有刺激性的事件作为开场,这一般是为了解决前一集的悬念,这与我们在第三章中提到的线性三幕剧式动作电影的开场类似。而剧情的尾声则会出现一个高潮性的、有悬念未解的事件。因此,整集事件的节奏安排如图7-7所示:事件的紧张度起初从一个波峰开始,随后逐渐下降,再次攀升至另一个波峰。

游戏互动叙事

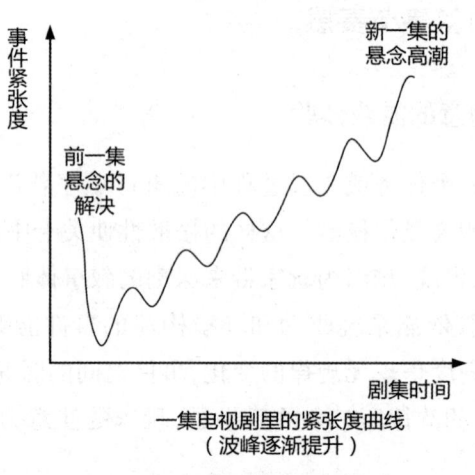

图 7-7 电视剧的剧情节奏

出于商业性目的,电视剧一般会在剧集的中间插播广告。因此,为了确保观众在广告间隔时仍保持关注,剧集会在插播广告前设计一系列紧张度高的波峰事件来吊足观众的胃口,使观众在广告时间不会轻易更换频道。这要求电视剧的创作团队更精细地编排事件,使事件在一集剧情里连续发生的时间变得越来越短,情节的紧张度和节奏不断升级。最终故事以一个令人兴奋的事件或剧情转折结束,用悬念来激发观众对下一集的期待和关注(见图 7-8)。

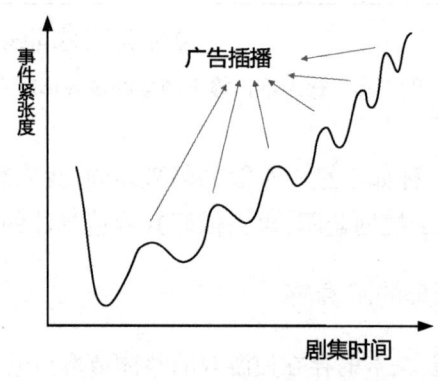

图 7-8 广告投放下电视剧的节奏曲线

一个电视剧系列的总体剧情趋势应如图 7-9 所示:在一个剧集的曲线中,剧情紧张度逐步上升,节奏逐渐加快,情节的对比和张力也随之增强。

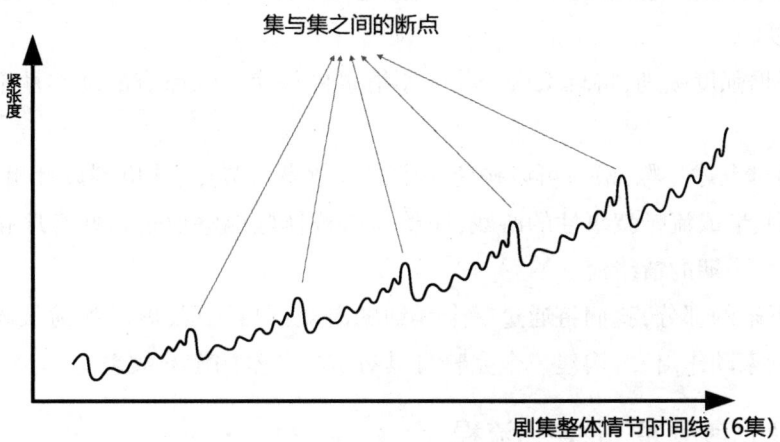

图 7-9　季度剧情节奏曲线示意图

3. 游戏中的事件分类：动作性事件与描述性事件

从玩家得到互动性权限的高低来说，游戏中存在两类事件。游戏中的动作性事件是指玩家可以具体执行或参与的事件，而描述性事件则仅限于系统表现剧情，玩家无法参与。在游戏设计中，动作性事件与描述性事件有着明显的差异。具体来说，前者是高互动性—高强度的，而后者是低互动性—低强度的。例如"男孩遇到女孩"是一个描述性事件表达，而"男孩追逐女孩"则是一个动作性事件表达。动作性事件提供给玩家更高的参与度与沉浸度，也因此比描述性事件更具游戏性。

4. "从零到整"的整体思路

从机制出发强调玩法行为，在剧情中将部分叙事事件转化为玩家可参与的事件，实现有序的安排和节奏，使动作性事件与描述性事件交错，是"从零到整"构建游戏体验的基本思路。以下是从玩法机制出发进行叙事安排的流程化方法。

（1）选择与游戏的基本时长和玩法结构较为匹配的故事曲线。在此过程中需要考虑叙事容量，也需要考虑特定节点可能会有明确的体验强度需要达成。

（2）将游戏中的玩家可执行的动作性事件按其体验/情感强度（激烈度）进行排序，使其节点符合上述故事情感曲线。这些动作性事件通常都是围绕游戏机制设计的。

（3）将游戏中讲故事的部分进行机制化设计。关键情节点中包含的剧情事件可以一部分被改造为玩家可参与的动作性事件。一种常见的做法是将剧情事件转化为任务。这样可以使玩家参与到叙事事件中，生成一些有玩家身处其中的故事性内容。

并非所有剧情的情节点都需要玩家参与,描述性事件可以在玩家投入玩法机制后提供情绪的舒缓。

(4)根据强度级别,将玩家可参与的剧情事件替换进入原有的动作性事件强度曲线中。

(5)通过上述步骤,最终可以构建一个嵌入故事情节点、从机制设计出发、体验强度有序排列、形成流畅叙事性的游戏,使整体游戏体验能够通过这些有序排列的事件和机制,产生预期的情绪流。

在接下来的部分,我们将通过一个详细的游戏项目流程,展示如何从碎片化的游戏机制或玩家动作出发,构建一个完整且具有叙事节奏的游戏故事。

(二)"从零到整"的详细流程

迈克·洛佩斯在其研究中介绍了如何从一个游戏最初产生的一个个想法出发,逐步构建一个带有叙事节奏和整体感的游戏的流程方法。[①] 该流程步骤的关键部分如下:

(1)构思游戏中的地点(关卡场所),考虑这些地点可能发生的各种场景。

(2)对游戏中可能出现的事件进行分类,区分动作性事件(机制产生的玩家动作性事件、剧情中玩家可参与事件)和描述性事件(叙述性的情节事件、游戏通用事件、休闲事件等)。

(3)确定地点(关卡)与事件的关联性与适配性,并评估事件体验的强度值。

(4)根据事件强度,搭配形成具有起伏节奏的叙事情感曲线。

(5)将玩家可参与的剧情事件替换进整体叙事曲线中。

1.构思游戏中的地点(关卡场所)及可能发生的场景

为了在游戏关卡中创造如电视剧集般的叙事节奏和情绪体验,我们需要按前面所述的步骤,对游戏中的事件进行精细设计和安排。第一步就是构思游戏中事件发生的场景或地点,也就是设计关卡中事件发生的场所。

罗列有关事件发生的地点场所的概念性想法如表7-1所示。

---

① LOPEZ M. Gameplay fundamentals revisited: harnessed pacing & intensity[EB/OL]. (2008-11-12)[2023-12-30]. https://www.gamedeveloper.com/design/gameplay-fundamentals-revisited-harnessed-pacing-intensity.

表 7-1 事件场所构思

事件可能发生的场所	可能发生的事件	
场所 1	……	
场所 2	……	
场所 3	……	
……	……	

2.评估所有事件的激烈度并赋值

游戏的每个场景中都应该包括几个玩家可以参与的、强度高的事件,洛佩斯把这些事件称为关键强动作/行为事件(key high-action event)。这部分流程中设计者需要:

(1)确定地点与事件的关联性与适配性。

- 你想让哪些刺激的事件发生在这些场景中?
- 其中哪些是玩家可以参与的?

(2)评估构思的关卡场所中的所有事件,并赋予它们一个与激烈度相关的强度值,事件的强度值可以由团队成员共同评估或投票得出(见表7-2)。

表 7-2 关卡中事件激烈度预估

事件可能发生的场所	可能发生的事件	预估激烈度
场所 1	事件 1 事件 2 事件 3 ……	3 6 5 ……
场所 2	事件 4 事件 5 事件 6 ……	8 4 2 ……
场所 3	事件 7 事件 8 事件 9 ……	7 1 3 ……
……	……	……

每关至少应该有三个高激烈度的事件,以保证足以形成如图7-10所示的曲线。

○ 游戏互动叙事

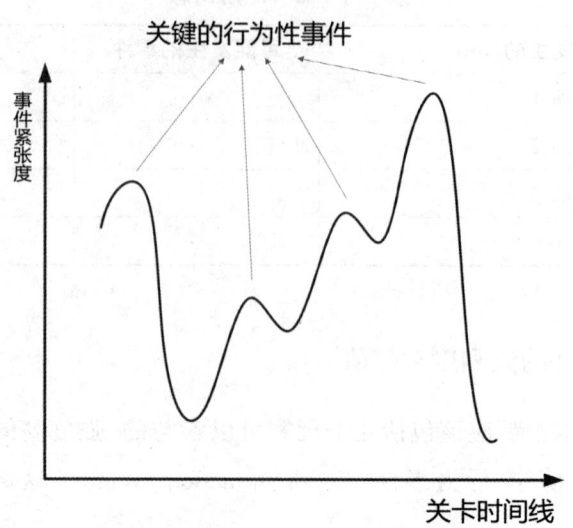

图 7-10　关卡内容所要求的事件节奏
（任务开始于第一个波峰与波谷之间）

大家可以注意到，此时团队对于事件强度的估值显示出此时事件的排列顺序是随意的。为了使图 7-6 中杂乱的情况变成图 7-9 所示的那样有叙事节奏感的游戏流程，我们需要将事件强度值转变为如表 7-3 所示的较为理想的情况。

表 7-3　理想的关卡动作事件强度列表

事件发生的场所	事件	想使其达到的激烈度
开场关卡	关键动作事件 0	6
关卡 1	关键动作事件 1A 关键动作事件 1B 关键动作事件 1C	1 2 3
关卡 2	关键动作事件 2A 关键动作事件 2B 关键动作事件 2C	2 3 4
关卡 3	关键动作事件 3A 关键动作事件 3B 关键动作事件 3C	3 4 5
……	……	……

借助一个假想中的游戏设计实例，表 7-4 展示了这种对比。

表 7-4　一个假想游戏设计实例中的事件强度对比

场所	关键动作/行为事件	关键事件描述	理想的目标紧张度级别	投票出来的强度级别
巨型游艇	开场逃跑	简短描述	8	4
码头	起重机倒塌	简短描述	1	2(+1)
	油桶爆炸	简短描述	2	2
	通道崩塌	简短描述	3	5(+2)
摩天大楼	脚手架追逐	简短描述	2	2
	升降机轴下降	简短描述	3	4(+1)
	直升机袭击	简短描述	4	4
地下水管系统	激流追逐	简短描述	3	2(-1)
	巨型瀑布	简短描述	4	4
	天花板崩塌	简短描述	5	5
工厂	液体制冷器突发事故	简短描述	4	5(+1)
	变压器短路	简短描述	5	5
	装配线内爆	简短描述	6	9(+3)
高速公路	18人劫持	简短描述	5	5
	车辆追逐/火拼	简短描述	6	6
	石油气油车爆炸	简短描述	7	8(+1)
燃油精炼厂	渗滤系统警报	简短描述	6	6
	脚手架追逐	简短描述	7	7
	连环爆炸	简短描述	8	9(+1)
私人岛屿	别墅袭击警报	简短描述	7	6(-1)
	……	简短描述	8	9(+1)
	……	简短描述	9	9

与此相对,低互动性或低强度的事件,如休闲舒缓的事件、可重复使用或不重要的事件,可以被单独归为"通用事件",它们可以在游戏中的多个场合或情境中被重复使用。

对于低激烈度的休闲事件和通用事件,设计者则不需要评估它们事件的强度值。在排布事件节奏时,只需要在每个高强度动作事件的前后都确保有一个舒缓事件发生以形成对比就可以了。

3.按强度节奏排列关卡中的玩家动作事件

(1)通过关键动作事件(及其强度)与地点互相搭配,定出基本的关卡草案。

(2)进一步调整关卡事件强度(见表7-5),将其按照能使游戏整体流程产生叙事感的强度和节奏结构排列(按团队整体评估大致符合即可)。

表7-5 假想游戏设计实例中的事件强度调整

场所	关键动作/行为事件	关键事件描述	理想的目标紧张度级别	投票出来的强度级别
巨型游艇	开场逃跑	简短描述	8	4
码头	起重机倒塌 水箱爆炸 狭长通道崩塌	简短描述 简短描述 简短描述	1 2 3	1 2 3
摩天大楼	脚手架追逐 通过电梯井下降 直升机袭击	简短描述 简短描述 简短描述	2 3 4	2 4(+1) 4
地下水管系统	激流追逐 巨型瀑布 天花板崩塌	简短描述 简短描述 简短描述	3 4 5	3 4 5
工厂	液体冷却剂事故 变压器短路 装配线内爆	简短描述 简短描述 简短描述	4 5 6	4 5 7(+1)
高速公路	劫持18轮重型货车 追车/追车交火 油车油箱爆炸	简短描述 简短描述 简短描述	5 6 7	5 6 8(+1)
燃油精炼厂	渗滤系统警报 脚手架追逐 连环爆炸	简短描述 简短描述 简短描述	6 7 8	6 8(+1) 8
私人岛屿	别墅袭击警报 …… ……	简短描述 简短描述 简短描述	7 8 9	7 9(+1) 10(+1)

(3)搭配强度高的事件与强度低(通用事件)的事件,按照前面所述电视剧结构式的叙事节奏起伏强度,排列生成动作事件列表(按每关有三个高强度的玩家可参与关键行为事件排列)(见图7-11)。

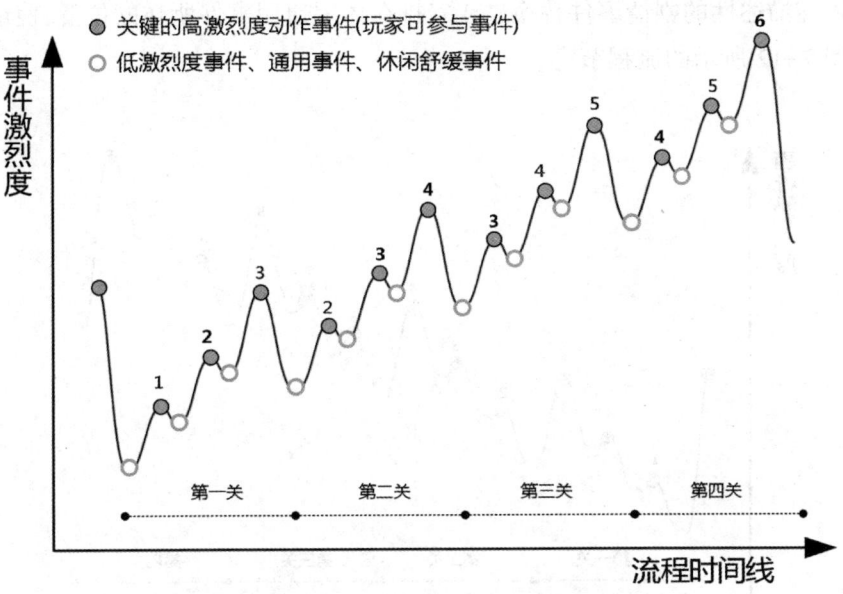

图 7-11 按强度节奏排列关卡中的玩家动作事件

4.将剧情事件按强度级别替换进玩家事件中

(1)将所需情节点事件按照相同强度事件替换的原则编排进事件序列。

- 写出游戏剧情大纲,把其中重要的情节点罗列出来。
- 将纯描述性的剧情(需要制作过场对话或依靠对话推进的剧情)与玩家可以参与的动作性剧情事件分开。
- 将这些情节点中所需要的动作性剧情事件也按强度高低排序(见表7-6)。

表 7-6 玩家剧情事件强度预估列表

事件发生的场所	事件	预估激烈度
……	玩家剧情事件1	2
……	玩家剧情事件2	3
……	玩家剧情事件3	3
……	玩家剧情事件4	4
……	玩家剧情事件5	6

(2)将这些情节点事件安排在它们应该发生的场景或关卡,使剧情事件在游戏故事中与发生的地点、关卡互相匹配。

- 在生成的动作事件列表中加入或替换成排序过后相同或相应强度的动作性剧情事件,直到把所有必须具备的情节点事件加入整体游戏关卡的事件结构。

- 将纯描述性的剧情事件替换进或安排在休闲通用事件所在的位置,使最终事件形成如图7-12所示的流程节奏。

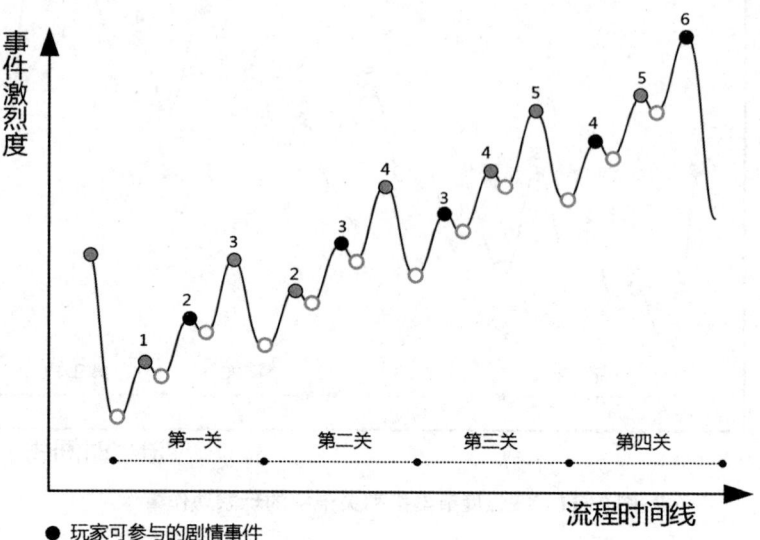

图7-12 将剧情事件按强度级别替换成同级玩家事件

（3）估算事件时长及安排时间节奏,转化事件时间为游戏关卡中的空间地点布局;之后,在测试过程中微调以及不断迭代,以改进整体流程。

在不依赖情节驱动的前提下,我们可以基于玩家的参与度(即事件强度)、体验和机制来构建一个框架。通过这种"自上而下"式的方法,我们能够首先设计出整体的游戏流程,接着考虑所有事件、场景、机制和元素的特性,将它们整合到这个框架中,从而打造一个连贯而富有起伏的故事。这一策略不仅能够为玩家在整个游戏过程中提供更加引人入胜的叙事体验,也能使游戏的设计更有逻辑、更加流畅。

本章小结

本章主要探讨了在不依赖情节事件的情况下,将情绪体验作为一种故事结构的可能性。以此为引子,本章讨论了围绕体验、机制进行叙事设计并产生动态故事的方法。

第一节主要讨论了游戏中情绪节奏与叙事的关系:人们在沉浸于故事时会自然地经历情绪的起伏,这些情绪起伏形成了一种有序且相对稳定的结构。游戏作为一种以体验为核心的媒介,强调玩家的积极参与,因此,即使在没有具体情节事件的情境下,我们仍然可以通过构建相应的情绪体验为玩家创造一种与故事相似的叙事体验感。

此外，我们还讨论了使用空间设计来控制玩家情感体验的方法。

第二节从更高的层面探讨了动态故事的设计方法，分别讨论了"自上而下"式和"自下而上"式两种设计思路，特别是"自上而下"式的两种模式。一是"从零到整"，即从叙事的情节结构出发来设计基本的游戏玩法；二是"从整到零"，即从游戏玩法和机制出发来构建整体的叙事脉络。

第三节通过两个具体案例，详细展示了如何采用上述设计方法来构建动态故事，以使读者能够更好地理解在设计中如何把机制玩法与游戏的情节事件结合在一起。

总的来说，本章作为本书的终章，旨在为读者提供一种以体验为核心来构建故事的视角。这一方法与传统的以情节为导向的叙事方法有着根本性的不同，是游戏中独有的手法，也因此还未得到充分挖掘与展现，有待设计者们进一步实践，以及进行理论探索与总结。

思考与练习题

1. 哪个没有太多情节事件的游戏给了你强烈的故事体验感？你为什么会有这种感觉？
2. 请分析它是如何做到的。

参考文献

[1] 罗钢.叙事学导论[M].昆明:云南人民出版社,1994.

[2] 申丹,王丽亚.西方叙事学:经典与后经典[M].北京:北京大学出版社,2010.

[3] 关萍萍.互动媒介论:电子游戏多重互动与叙事模式[M].杭州:浙江大学出版社,2012.

[4] 黄石,丁肇辰,陈妍洁.数字游戏策划[M].北京:清华大学出版社,2008.

[5] 姚忠礼,王巍寅.动画编剧与互动型剧本创作[M].上海:华东师范大学出版社,2013.

[6] 胡伊青加.人:游戏者[M].成穷,译.贵阳:贵州人民出版社,2019.

[7] 克劳福德.游戏大师 Chris Crawford 谈互动叙事[M].方舟,译.北京:人民邮电出版社,2015.

[8] 谢尔.全景探秘:游戏设计艺术[M].吕阳,蒋韬,唐文,译.北京:电子工业出版社,2010.

[9] 谢尔.游戏设计艺术:第2版[M].刘嘉俊,陈闻,陆佳琪,等译.北京:电子工业出版社,2016.

[10] 克瓦兹克,诺瓦克.游戏开发核心技术:剧本和角色创造[M].姚晓光,孙泱,译.北京:机械工业出版社,2007.

[11] 菲尔德.电影剧本写作基础:从构思到完成剧本的具体指南[M].鲍玉珩,钟大丰,译.北京:中国电影出版社,2002.

[12] 麦基.故事[M].周铁东,译.天津:天津人民出版社,2014.

[13] 亚当斯,多尔芒.游戏机制:高级游戏设计技术[M].石曦,译.北京:人民邮电出版社,2014.

[14] FREEMAN D.大师谈游戏剧本与角色设定[M].史莱姆工作室,译.台北:上奇科技股份有限公司,2004.

[15]布莱恩特,吉格奥.屠龙记:创造游戏世界的艺术[M].许格格,译.北京:电子工业出版社,2017.

[16]LEBOWITZ J, KLUG C. Interactive storytelling for video games: a player-centered approach to creating memorable characters and stories[M]. Massachusetts and Oxford: Taylor & Francis, 2011.

[17]MURRAY J H. Hamlet on the holodeck: the future of narrative in cyberspace[M]. New York: The Free Press, 1997.

[18]TOTTEN C W. An architectural approach to level design[M]. Boca Raton: CRC Press, 2014.

[19]SALMOND M. Video game level design: how to create video games with emotion, interaction, and engagement[M]. London: Bloomsbury Academic, 2021.

[20]SHELDON L. Character development and storytelling for games[M]. Boca Raton: CRC Press, 2022.

[21]川邊一外.ゲームシナリオ創作指南[M].东京:新紀元社,2014.

[22]王雷.数字影像的非线性与互动叙事[D].北京:中国传媒大学,2008.

[23]黄强.论起承转合[J].晋阳学刊,2010(3).

[24]斯坦福论文《Generative Agents》用AI角色模拟人类行为,能带来哪些应用?[EB/OL].(2023-04-14)[2023-12-30].https://www.zhihu.com/question/594898530.

[25]CHEN J. Designing journey[EB/OL].[2023-12-30]. https://www.gdcvault.com/play/1017700/Designing.

[26]UPTON B. Narrative landscapes: shaping player experience through world geometry[EB/OL].[2023-12-30]. https://www.gdcvault.com/play/729/Narrative-Landscapes-Shaping-Player-Experience.

[27]ERNEST W A. Three problems for interactive storytellers[EB/OL].(1999-12-29)[2023-12-30]. https://game.speldesign.uu.se/wp-content/uploads/2013/blog/Resolutions-to-Some-Problems-in-Interactive-Storytelling-Volume-2.pdf.

[28]ONISCU L-C. Linear/multi-path/open-world[EB/OL].(2020-09-09)[2023-12-31]. https://iuliu-cosmin-oniscu.medium.com/linear-multi-path-open-world-level-design-7ef6a6831a05.

[29]ADAMS E W. Resolutions to some problems in interactive storytelling volume 2[EB/OL].[2023-12-30]. https://game.speldesign.uu.se/wp-content/uploads/2013/blog/Resolutions-to-Some-Problems-in-Interactive-Storytelling-Volume-2.pdf.

[30]TmarTn2. Talking to smart AI NPCs in unreal engine 5 (the future of gaming &

[31] MOLEDWA S, MANNING C, POBST J, et al. Playful narrative: a toolbox for story-rich mechanics[EB/OL]. [2023-12-30]. https://polarisgamedesign.com/2022/playful-narrati ve-a-toolbox-for-story-rich-mechanics.

[32] LOPEZ M. Gameplay fundamentals revisited: harnessed pacing & intensity[EB/OL]. (2008-11-12)[2023-12-30]. https://www.gamedeveloper.com/design/gameplay-fundamentals-revisited-harnessed-pacing-intensity.

[33] FERAL. Star Ocean 2[EB/OL]. [2023-12-30]. http://shrines.rpgclassics.com/psx/so2/endings.shtml.

[34] AYUB M. Navigating the maze using environmental narratives[EB/OL]. (2015-05-11)[2023-12-30]. https://www.gamedeveloper.com/design/navigating-the-maze-using-environmental-narratives.

[35] MORGANTI E. GDC 2013[EB/OL]. (2013-04-05)[2023-12-30]. https://adventuregamers.com/articles/view/24361.

[36] LOPEZ M. Gameplay fundamentals revisited: harnessed pacing & intensity[EB/OL]. (2008-11-12)[2023-12-30]. https://www.gamedeveloper.com/design/gameplay-fundamentals-revisited-harnessed-pacing-intensity.

[37] HAVEN K. Your brain on story[EB/OL]. (2015-03-31)[2023-12-30]. https://www.youtube.com/watch?v=zGrf0LGn6Y4.

[38] VONNEGUT K. Kurt vonnegut on the shapes of stories[EB/OL]. (2010-10-30)[2023-12-30]. https://www.youtube.com/watch?v=oP3c1h8v2ZQ.

图书在版编目(CIP)数据

游戏互动叙事/丁宁编著.--北京:中国传媒大学出版社,2025.6.
(文化发展与传播丛书).
ISBN 978-7-5657-3831-9

Ⅰ.TP317.6

中国国家版本馆 CIP 数据核字第 2025MT9240 号

游戏互动叙事
YOUXI HUDONG XUSHI

编　　著	丁　宁
责任编辑	于水莲
封面设计	拓美设计
责任印制	李志鹏

出版发行	中国传媒大学 出版社			
社　　址	北京市朝阳区定福庄东街 1 号	邮　编	100024	
电　　话	86-10-65450528　65450532	传　真	65779405	
网　　址	http://cucp.cuc.edu.cn			
经　　销	全国新华书店			
印　　刷	艺堂印刷(天津)有限公司			
开　　本	787mm×1092mm　1/16			
印　　张	19.25			
字　　数	400 千字			
版　　次	2025 年 6 月第 1 版			
印　　次	2025 年 6 月第 1 次印刷			
书　　号	ISBN 978-7-5657-3831-9	定　价	72.00 元	

本社法律顾问:北京嘉润律师事务所　郭建平